KB245860

MOBILE
science & applications

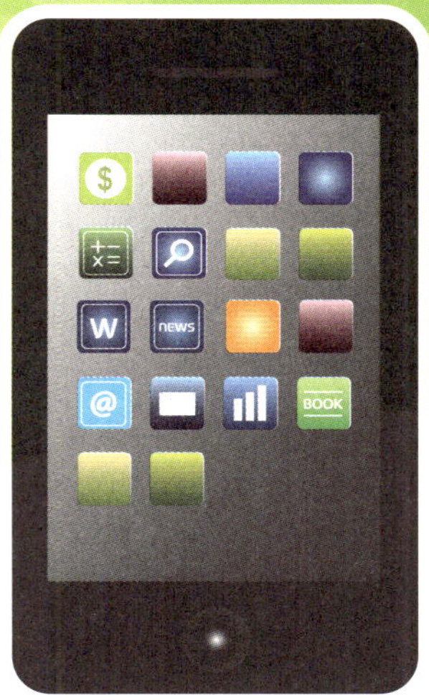

모바일 과학 개론

이재동, 최홍인, 최인복 지음

ITC
INFO-TECH COREA

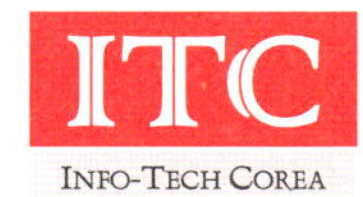

머리말

최근 10여 년간 급속한 IT 기술 발전은 전문가들이 예측한 것보다 훨씬 빠른 속도로 진행되어 왔고 우리 사회의 전반을 근본적으로 변화시켜 왔습니다. 특히 '모바일'이라는 단어가 우리 사회에 가장 큰 영향을 미치는 키워드로 대두되게 되었고, '모바일' 개념과 기술이 우리의 사회, 산업, 비즈니스, 교육, 오락, 의료, 교통 등 거의 모든 영역에서 지대한 영향을 발휘하게 되었습니다.

세계적 흐름이 '모바일' 환경으로 빠르게 개편되고 있는 현실에서 모바일 컴퓨팅 기술의 습득과 활용의 중요성은 아무리 강조해도 지나침이 없을 것입니다. 스마트폰의 이용 증가와 스마트폰을 이용한 신사업(킬러앱 제작)의 개발 요구가 증가함에 따라 모바일 컴퓨팅 분야의 체계적인 교육의 필요성이 제기되고 있습니다. 그러나 아직까지 '모바일' 영역의 핵심기술의 기본 개념을 쉽게 설명하고 최신의 모바일 서비스 활용 분야를 구체적으로 소개하는 서적이 발간되지 않았습니다.

이 책에서는 모바일 컴퓨팅의 기술 동향 및 기반 기술, 모바일 인프라를 통해서 제공할 수 있는 서비스, 그리고 모바일 애플리케이션 등을 다루고 있습니다. 이 책은 모두 5장으로 구성되어 있습니다.

1장에서는 모바일 컴퓨팅에 대한 소개와 미래 전망을 보여 줌으로써 모바일 컴퓨팅의 사용 방향을 제시하였습니다. 2장에서는 모바일 컴퓨팅의 각 구성 요소에서 조용되는 기술을 소개하였습니다. 이동통신의 개념과 무선 접속 방식의 변천사를 보여주었고, 모바일 단말기의 구조와 종류를 자세히 설명하였고, 그리고 모바일 단말기에 장착된 소프트웨어(플랫폼, 보안, UI/UX)에 대하여 다루고 있습니다. 3장에서는 모바일 활성화의 중심 역할을 수행하고 있는 모바일 애플리케이션 마켓에 대해 간단히 설명하고 있습니다. 4장에서는 모바일 콘텐츠의 개요에 대해 간단히 기술하고 현재 모바일 산업에서 가장 큰 이슈가 되고 있는 모바일 서비스(클라우드, 광고, 등)에 대해 다루고 있습니다. 마지막으로 5장은 전 세계에서 스마트폰을 보유한 므든 사람들이 하루에 최소한 30분 정도를 사용한다는 모바일 애플리케이션의 분류(엔터테인먼트, 게임, SNS, 정보 검색, 위치 정보, 전자책, 및 증강현실 등)와 현재 가장 많이 사용하는 모바일 애플리케이션에 대한 사용법 등을 자세히 설명하고 있습니다.

이 책은 대학에서 강의 교재로서 뿐만이 아니라 모바일 콘텐츠 기획자 및 개발자의 기초 교육 과정에서도 효과적으로 쓰일 수 있습니다. 더 나아가 킬러앱 제작을 원하는 모바일 프로그래머을 위한 기본 개념을 제공하는 실질적인 길잡이가 되기를 기대합니다.

그 동안 이 책이 완성되기까지 많은 수고를 아끼지 않고 해준 모바일인터넷연구실의 김진성 군과 특히 신우준 군에게 형언할 수 없는 고마운 마음을 전하며, 짧은 일정과 바쁜 생활 속에서도 이 책을 출간하기까지 애써주신 ITC의 사장님과 좋은 책을 만들기 위해 꼼꼼하게 점검해준 직원 여러분께 깊은 감사를 드립니다. 앞으로 더욱 발전되고 도움이 될 수 있는 내용으로 향상시킬 것을 약속드립니다.

저자 일동

Contents

04 모바일 콘텐츠와 서비스 _ 91

05 모바일 애플리케이션 _ 121

01

모바일 컴퓨팅 개요

1.1

모바일 컴퓨팅 환경

우리나라 정보기술(IT) 산업의 국가 경제 기여도가 경제협력개발기구(OECD) 회원국 가운데 가장 높은 것으로 평가됐다. 여러 가지 비교항목 중 무역에서 차지하는 IT 제조업 비중, 전체 수출에서 IT 수출 비중, IT 제조업이 총 노동 생산성을 높인 비율, 브로드밴드 가입률 등 네 가지 부문에서 우리나라가 모두 1위를 차지했다. 뿐만 아니라 IT의 경제력 집중도, 전자상거래 활성화 정도 등 각종 지표도 모두 상위권으로 나타나 우리나라가 명실상부한 IT 강국임을 여실히 보여주었다.

우리나라의 IT 부문의 성장 기여율은 2004년 이후에 약 15% 정도를 유지해왔고 2011년 1분기에 성장 기여율은 20.2%, 성장기여도는 0.8%를 나타내고 있다. 산업 대비 IT 관련 산업의 취업자 비중이 5% 이상을 유지해왔고, 2011년 2분기 취업자 비중이 6%, 전체 취업자수 23,459,000명 IT 관련 취업자수 1,416,000명(자료 : 통계청, NIPA), 정도를 보이고 있다. 또한 IT 부문은 우리나라 전체 GDP(실질기준)의 10.0% 정도를 차지해왔고, 2011년 1분기에 11.1%(자료: 한국은행 국민계정, 2011년 7월)를 차지하고 있다.

그러나 IT 산업의 업무환경 트렌드는 모바일 컴퓨팅 환경으로 빠르게 변화하고 있다. 첫 번째 이유로 무선 네트워크의 경제성은 유선 네트워크에 비해 월등하다. <그림 1.1> 무선 네트워크의 구축, 유지비용이 유선 네트워크의 10~20% 수준이라는 것을 보여준다.

두 번째 이유로 모바일 기기의 혁신적인 기술개발에 따라 편의성이 향상되어 다양한 용도로 사용될 수 있고 비용 절감에도 도움이 된다. 예를 들어 일본의 한 보험사는 보험계약 확인 업무 시 영업사원이 외부에서 고객 면담 후 즉시 보고서를 작성하여 본사에 송신하는 시스템을 구축하여 효율성과 비용절감을 하였다. 또한 모바일 화상전화의 대중화에 따라 기업으로서는 면접을 위해 해외 유명 대학까지 찾아가는 데 필요한 비용을 절약하고, 전 지구적 관점에서는 이산화탄소(CO_2) 배출량 감소에 기여하게 된다.

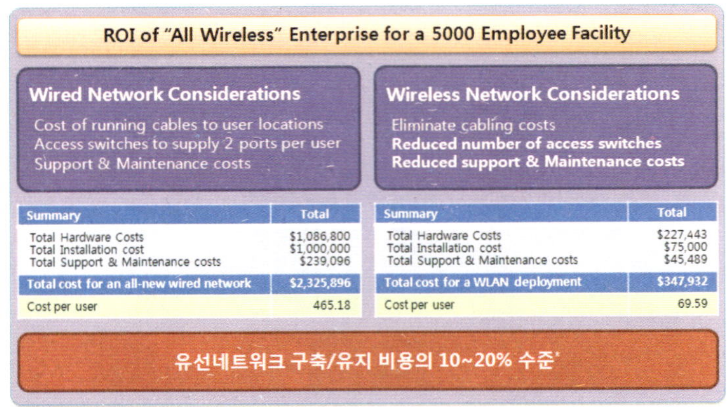

Summary	Total
Total Hardware Costs	$1,086,800
Total Installation cost	$1,000,000
Total Support & Maintenance costs	$239,096
Total cost for an all-new wired network	$2,325,896
Cost per user	465.18

Summary	Total
Total Hardware Costs	$227,443
Total Installation cost	$75,000
Total Support & Maintenance costs	$45,489
Total cost for a WLAN deployment	$347,932
Cost per user	69.59

그림 1.1 유/무선 네트워크의 구축/유지 비용의 비교

세 번째는 모바일 기기의 기간업무 지원 확대에 따라 '걸어 다니는 사무실'로 불리는 모바일 오피스는 굳이 출근하지 않아도 생산성과 만족도를 높이는 근무 형태를 달성할 수 있다. 즉 근로자는 생산성 향상을 위해 Work & Life Balance를 추구할 수 있다는 것이다. 예를 들어 육아를 돕기 위한 재택근무, 집에서 가까운 스마트워크 센터 내 근무, 원하는 시간에 선택적으로 근무하는 유연근무 등이 포함된다. 모바일 오피스는 전 세계적으로 확산되는 추세다. 국내에서도 삼성SDS, KT, 포스코, 그리고 NHN 등은 직원의 생활패턴에 맞춰 시간에 구애 받지 않고 일하는 탄력시간근무제를 도입해 맞춤형 근무 문화를 정착하고 있다. SK텔레콤, 한국IBM, 현대중공업, 포스코, 그리고 서울도시철도공사 등은 스마트폰을 이용해 공간에 제약 받지 않고 업무를 수행하는 '모바일워크'를 시행하고 있다. 또한 KT의 114 상담원들은 전체직원의 20%가 집에서 근무하고 있다. 정부도 2015년까지 전체 노동 인구의 30%(800만 명)에 스마트워크를 적용하기로 했다.

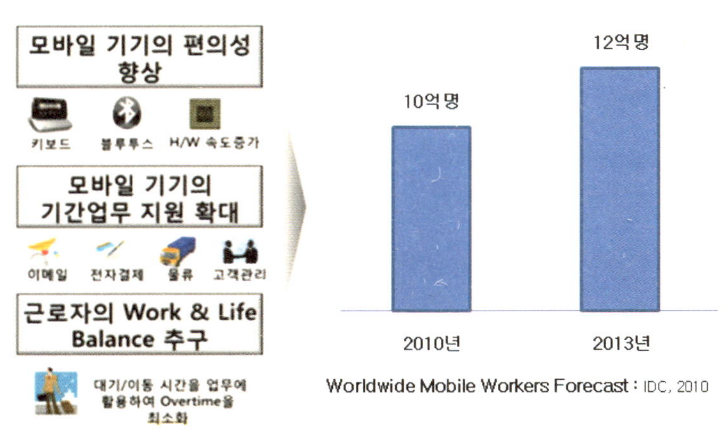

그림 1.2 모바일 근로자의 증가 추이

<그림 1.2>는 앞에서 언급한 이유 때문에 전 세계 모바일 근로자의 숫자는 계속 증가 추세에 있다는 것을 보여준다.

표 1.1 각국별 이동통신 서비스 수익 중 데이터 수익 비중(단위 %, 자료: Ovum)

국가	2009년	2010년	2011년	2012년	2013년
일본	38	39	42	43	44
호주	34	36	38	41	43
독일	30	33	35	37	39
이탈리아	29	32	34	35	38
미국	22	26	30	33	35
한국	21	22	23	25	26

그러나 초고속 인터넷에서 앞서던 우리나라가 무선인터넷 서비스에선 강력한 면모를 보여주지 못하고 있다. <표 1.1>은 각국별 이동통신 시장의 무선 데이터 서비스 비중을 보여주고 있다. 무선 데이터 서비스의 선두 주자인 일본의 42%는 물론, 30% 중반인 유럽 및 미국보다도 훨씬 낮은 23%에 불과할 따름이다. 무선 데이터 시장이 취약한 원인은 여러 가지가 있을 수 있으나, 상대적으로 탁월하고 저렴한 유선 인터넷 인프라, 폐쇄적인 이동통신 사업자의 인터넷 접속 정책, 제조업체보다는 사업자 주도의 시장 전략, 그리고 콘텐츠의 유료화에 대한 사회적 합의의 부족 등을 들 수 있다. 주요 원인이 어디에 있든지 간에 현 상태가 계속되면 적어도 이동통신 산업에 있어서는 최첨단 기술의 테스트베드 역할을 해왔던 한국 시장의 위상이 퇴색되면서 그나마 경쟁력을 갖고 있는 휴대폰 산업에도 악영향을 줄 가능성이 있을 것으로 예상된다. 따라서 이런 문제점을 해결하기 위해 정부가 차세대 무선 인프라 구축을 선도하고, 모바일 인프라 등 취약부분을 강화하여 유무선 통합에 적극적인 대응이 필요하다.

모바일 컴퓨팅 시장은 아이폰과 안드로이드폰 출시 이후 획기적인 성장을 보여주었고 보다 더 확대되는 추세를 보여주고 있다. 모바일의 확산은 네트워크, 서비스, 콘텐츠 및 소프트웨어 등 IT산업 분야 전반으로 성장견인이 가능하다는 것을 <그림 1.3>는 보여주고 있다.

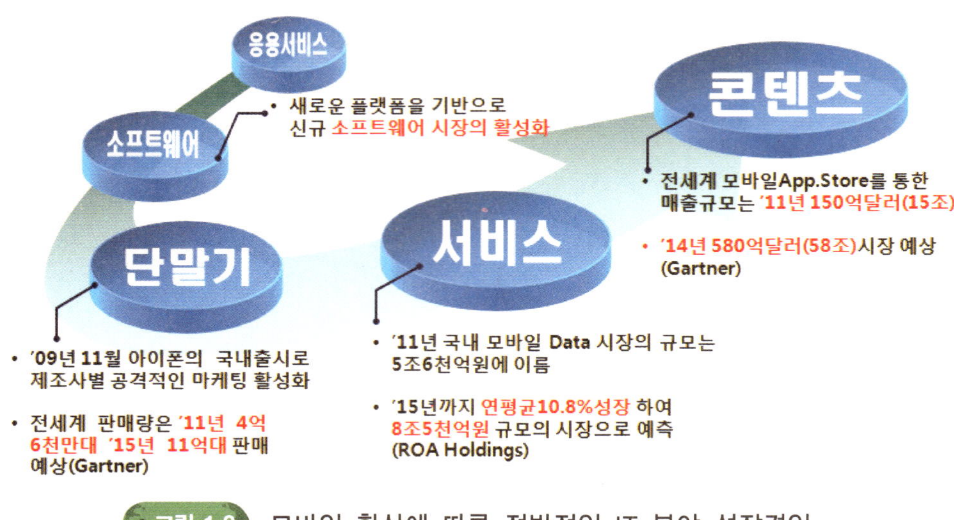

그림 1.3 모바일 확산에 따른 전반적인 IT 분야 성장견인

앞으로도 우리나라 IT산업 경쟁력은 계속 유지되어야 한다. IT산업은 21세기 지식기반 제조업의 핵심으로 세계 경제성장의 중추 역할을 할 정도로 시장 규모가 무한히 크다. 뿐만 아니라 다른 첨단기술을 고도화하는 구실도 한다. IT 분야에서 경쟁력을 확보하지 못하면 다른 산업 분야의 경쟁력도 뒤질 수밖에 없다. 그만큼 IT 경쟁력 확보 여부가 미래 산업 강국이 될 수 있느냐를 판가름하는 관건이다.

1.2

모바일 컴퓨팅의 등장배경

이제 모바일을 빼놓고 테크놀러지의 미래를 논하기는 어려워졌다. 손바닥 안 최첨단 IT기기인 스마트폰은 대중적 인기는 물론 다양한 테크놀러지의 집약체로 각광받고 있다. 이제 사람들은 언제 어디서나 손안에 PC(스마트폰)를 한 대씩 가지고 다니게 되었다. 이런 IT 기술의 발전은 인간의 생활 방식에 많은 변화를 가져오고 있다. 기존 유선 중심의 인터넷에서 벗어나 어디서든 자유롭게 데이터 통신을 사용할 수 있게 되면서, 유선 중심 통신망에서 유무선 통합으로, 음성통화 중심의 휴대폰이 스마트폰으로, 인터넷 포털에서 모바일 애플리케이션으로의 변화가 그것이다.

디지털은 매우 짧은 기간(10년 정도) 동안에 혁명적인 파괴력을 지니고 있을 만큼 많은 것을 변화시켜 놓았다. 이러한 디지털혁명은 <그림 1.4>와 같이 '개인용 컴퓨터(PC)'에서 정보의 바다인 인터넷의 연결매체 역할을 하는 'WWW(World Wide Web)'으로 발전하면서 서서히 '모바일(Mobile)'로 중심축을 옮겨가고 있다.

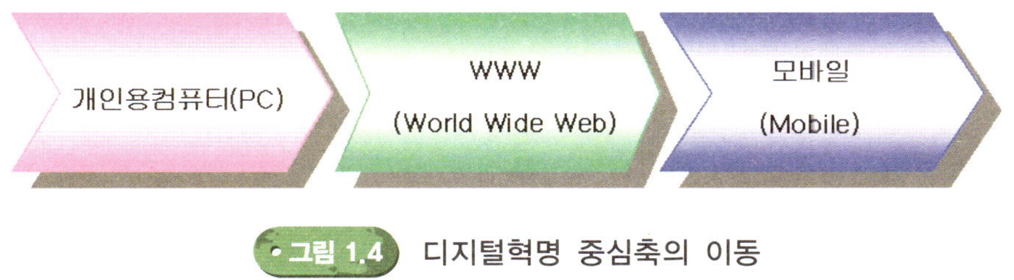

그림 1.4 디지털혁명 중심축의 이동

디지털혁명은 독립된 기기(Device)의 성능을 비약적으로 향상시키면서 네트워크와 모바일 간의 연결을 통한 기기와 기기를 연결하는 단계로 발전하였으며, 이제는 산업과 산업을 연결해가고 있다. 이렇게 '디지털 융합(Digital Convergence)'이라고 할 수 있는 모바일 컴퓨팅은 지역과 공간을 뛰어넘어 서비스할 수 있는 장점으로 무한대의 가능성을 가진 솔루션으로 표현되고 있다. 모바일 컴퓨팅의 등장배경은 다음과 같이 요약할 수 있다.

1.2.1 네트워크 및 단말기 한계의 극복

고속전송이 가능한 이동통신(WiBro, WCDMA, LTE 등)과 무선통신(WLAN, Bluetooth 등) 시스템이 상용화되면서 단말기에 Seamless한 서비스 제공 및 데이터 전송속드의 획기적인 발전을 통한 단말기에서 다운로드 및 실시간 전송을 자유롭게 불편 없이 사용할 수 있게 되었으며, 이동전화 단말기는 '특화된'이라는 의미를 가진 '피쳐폰(feature phone)'에서 사용자의 편의에 따라서 얼마든지 기능을 추가할 수 있는 확장성을 가진 '스마트폰(smart phone)'으로 세대 교체되어 가면서 모바일의 활성화 기반을 갖추고 있다. 예를 들어, 터치스크린의 등장으로 기존 피쳐폰에서 갖고 있던 단점인 유저 인터페이스(UI) 부분이 크게 개선되었다.

1.2.2 모바일 기술의 발달

칩(Chip) 사양의 고도화, 기능 복합화, 모바일 플랫폼(안드로이드, 아이폰, 윈도우폰 7, 심비안, 바다 등)과 브라우저, 멀티미디어, USIM, WPAN, 디바이스 관리, 펨토셀(Femtocell), 위치인식, LBS, 앱스토어 등과 같은 기술 및 서비스가 특화된 경쟁력을 갖추고 발전하고 있다.

1.2.3 시간, 장소에 관계없이 인터넷 접속

유무선 인터넷의 활발한 보급과 이동통신 기술의 발전에 따라 모바일 단말기는 단순한 음성통신에서 다양한 솔루션의 제공과 더불어 언제, 어디서나 인터넷 접속이 가능함으로써 더욱 유용하게 사용할 수 있는 통신매체로 등장하고 있다.

1.2.4 멀티미디어 서비스 제공

고속 데이터 통신 및 차세대 이동통신 서비스 도입을 통하여 대용량 데이터 및 동영상 전송을 실현함으로써 유선인터넷에서 제공되는 멀티미디어 형태의 다양하고 풍부한 정보제공 서비스를 즐길 수 있다. 이러한 정보제공 서비스는 MP3(MPEG-1 Layer-3, 음악 다운로드 서비스), ASF (Active Streaming Format) 등 파일 형태로 만들어진 디지털 오디오 및 비디오를 모바일 단말기를 통하여 실시간 다운로드로 언제든지 장소에 관계없이 즐기게 되었다.

1.2.5 모바일 기기의 발전 및 욕구의 증가로 모바일 업무환경의 필요성 증대

모바일 기기의 기간업무 지원이 확대됨으로써 모바일 근로자의 대기 및 이동 시간을 줄임으로써 업무의 효율이 증대되었다.

1.2.6 모바일 커뮤니케이션 및 모바일 정보서비스 필요성 증가

휴대폰으로는 주로 통화와 SMS, PC에서는 메일과 메신저를 이용해서 누군가와 커뮤니케이션을 해왔다. 휴대폰과 PC 사용자가 서로 만나기란 쉽지 않았다. 하지만, 최근에 출시되는 모바일 기기들은 이러한 장벽을 해체하고 있다. 멀티미디어 메시지, 화상전화 같은 다양한 방식으로 커뮤니케이션을 할 수 있도록 커뮤니케이션 서비스들이 통합되고 있다. 스마트폰이 주는 모바일 커뮤니케이션의 혁신은 트위터(Twitter), 페이스북(Facebook)같은 소셜 네트워크 서비스(SNS)이다. SNS는 1:1 뿐만 아니라 Many:Many로 그룹 대화를 지원하는 것은 물론 모바일 정보서비스와 연계한 다양한 형태의 사용성을 지원한다. Loopt 서비스는 주변 근처에 있는 지인들의 위치(LBS정보)를 지도에 표시해준다. 이렇게 검색된 친구들이 현재 무엇을 하고 있는지는 페이스북 등의 정보를 통해서 알려주며, 둘이 만날 수 있는 장소(교통정보)를 추천해주기도 한다.

1.3

모바일 컴퓨팅의 정의

IT산업을 기반으로 한 신경제(New Economy)의 거대한 두 축은 인터넷과 이동통신이다. 인터넷은 이미 사회, 경제, 정치적인 측면에서 인류의 삶에 깊숙이 스며들어 새로운 패러다임의 변화를 촉진하며 우리 주변의 모든 것을 바꾸어 놓고 있다. 일반적인 유선인터넷은 가정이나 사무실에서 모뎀이나 LAN으로 연결된 개인용 컴퓨터에서 접속하는 환경으로, 실내 공간을 벗어나 업무를 보는 인구가 늘어나고 있다. 모바일 인터넷은 이러한 두 개의 거대한 축의 통합/융합 과정을 통해 탄생했다. 모바일 인터넷 <그림 1.5>는 인터넷이라는 네트워크의 탈중심적, 개방적, 양방향성 등의 특성과 이동통신의 이동성, 양방향성, 개인화(Personalization)의 특성을 그대로 물려받고 있다.

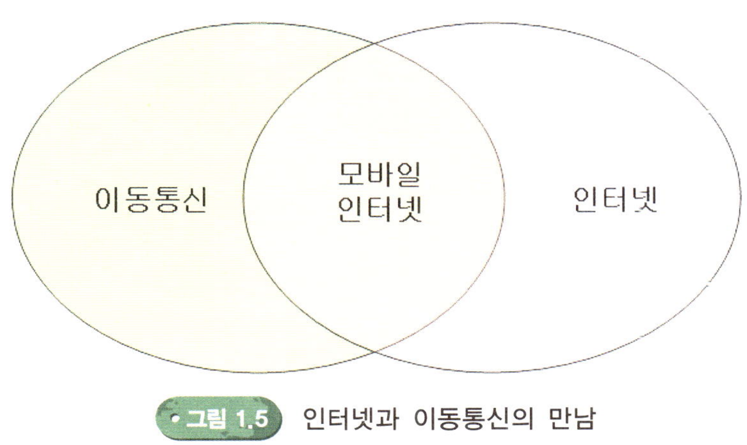

그림 1.5 인터넷과 이동통신의 만남

모바일 인터넷의 정의는 무선인터넷의 정의로부터 도출될 수 있다. 므선인터넷이란 협의적으로는 휴대형 단말기(정보기기, 통신기기 포함)를 통해 무선으로 인터넷에 접속하여 데이터 통신이나 인터넷 서비스를 이용하는 것을 말한다. 또한 무선인터넷은 무선 고정 인터넷과 무선 이동 인터넷으로 구별될 수 있다. 무선 고정 인터넷이란 통신 환경의 이동성이 제한된 환경 하에서 블루투스나 무선 LAN(와이파이) 등을 이용하여 인터넷에 접속하는 형태를 의미한다. 이러한 무선 고정 인터넷은 이동성이 제한되기는 하나 전송 용량 및 전송 속도에서는 유선 환경과 유사한 수준의 서비스를 제공한다. 한편 무선 이동 인터넷은 스마트폰 등을 통한 인터넷 접속을 의미하며, 통상 모바일 인터넷이라 하면 이 부분을 지칭한다.

모바일 시스템은 모바일 환경(이동통신 환경)에서 어떠한 작업을 잘 수행하기 위해 선정된 하드웨어와, 그 모바일 디바이스(스마트폰, 노트북컴퓨터 등)에서 작동하는 소프트웨어 또는 프로그램으로 구성된다. 소프트웨어에서 가장 주된 구성요소는 운영체계(플랫폼)이며, 모바일 디바이스에서 실행되는 다른 프로그램들에게 여러 가지 서비스를 제공하고 관리하는 기능을 한다.

모바일 컴퓨팅이란 이동통신 환경에서 컴퓨터를 사용하는 것을 통틀어서 말하는 것이다. 즉, 스마트폰이나 노트북컴퓨터, 전자수첩 등을 움직이면서 사용하는 것으로 정의할 수 있다. 언제 어디서나 휴대가 가능하며 회선의 연결 없이도 무선통신기기를 이용하여 데이터를 주고받을 수 있으며 휴대성 기기를 이용하여 이동 중에 실시간으로 디지털 데이터의 상호 교환을 수행할 수 있는 능력이 있어야 한다.

모바일 컴퓨팅에서 '이동'이라는 의미는 단순히 움직이면서 작업할 수 있다는 휴대성의 의미와 더불어, 언제 어디서나 자신이 원하는 정보와 연결될 수 있다는 모바일 네트워크의 의미를 포함한다.

위치기반서비스(LBS)란 모바일 기기의 사용자 위치에 따라 무선으로 전송되어 오는 정보가 다르다는 것을 의미한다. 예를 들어 GPS 칩을 장착한 휴대전화로 근처의 음식점 정보 서비스 제공받을 때 현재 사용자의 위치에 따라 다른 정보가 들어올 수 있다.

1.4

모바일 컴퓨팅의 필요성

현재 우리가 살고 있는 사회는 정보 폭발의 시대라 할 수 있다. 예를 들어 5천만 고객을 얻기 위해 걸린 시간이 라디오는 대략 38년이고 TV는 13년 정도다. 인터넷 시대에 와서는 대략 4년, 아이폰은 3년, 페이스북은 단지 2년 만에 5천만 고객을 확보하게 되었다. 또한 구글의 검색어 수가 2006년에는 월 21억 개에 불과하였으나 현재 월 310억 개를 초과하였다. IDC 보고서는 2010년에 생성된 총 디지털 정보량은 1.2제타바이트(약 1.2조 기가바이트)로 집계하였다. 2011년에 생성될 디지털 정보량은 약 1.8제타바이트에 달할 것으로 추정하고 있다. <그림 1.6>은 2015년에 디지털 정보량의 증가를 보여준다. 그러나 유선인터넷 인프라에서는 앞에서 언급한 데이터량을 처리할 단말기의 숫자나 단말기 접근성이 부족하였다. 따라서 모바일 컴퓨팅은 포화상태에 이른 유선 IT산업을 타개하고 IT산업에 새로운 성장 동력을 주기 위해 필요하게 되었다.

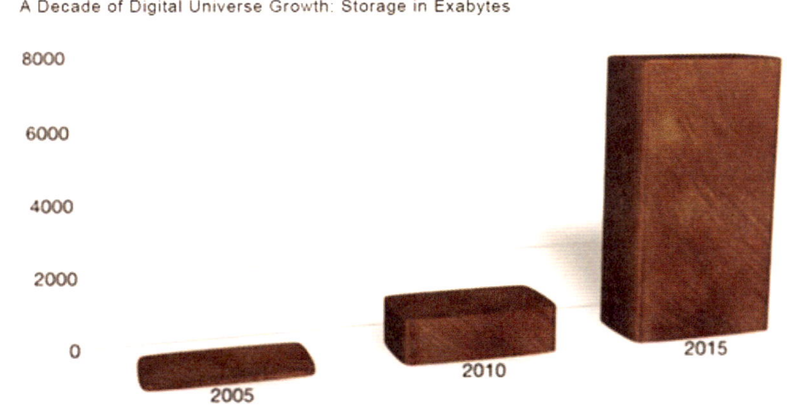

그림 1.6 10년간의 디지털 정보량의 증가(출처: IDC's Digital Universe Study, 2011)

모바일 IT 환경에서는 치열한 기술 경쟁에 의해 보다 편리하고 사용하기 쉬운 IT 기술 제품들이 출시되었고 폭발적인 증가를 하였다. 전 세계 유선 인터넷 가입자 수는 16억 명 정도였으나 모바일 가입자 수는 벌써 41억 명을 초과하였다. 그 이유로 모바일 인프라 구축비용은 유선 인프라에 비해 10분의 1 정도라서 선진국과 신흥국에서 동시 확산 중에 있다. 또한 유선인터넷에 연결된 단말기 수도 10억 대 정도였으나 모바일 단말기 수는 벌써 100억 대를 초과하였다. 이런 이유 때문에 현재 모바일 서비스는 폭증하였고 사용자의 관심을 끄는 수많은 애플리케이션이 나오게 되었다. 거의 모든 사람들이 스마트폰으로 하루를 시작해서 스마트폰으로 하루를 마감한다 할 수 있다.

모바일 서비스 환경은 이미 우리 문화생활에 깊숙이 자리하여 많은 변화를 주었다. 홈쇼핑, 홈뱅킹, 재택근무, 재택수업, 홈엔터테인먼트, 홈서비스 등 모든 활동이 가정을 증심으로 이루어지고 있다. 미국의 경우 이미 재택근무자가 2,000만 명을 넘었고 우리나라에서는 재택근무가 서서히 확산되고 있다. 산업사회에서 기업은 생산주체이고 가정은 소비주체라는 인식이 뿌리를 내렸지만 이제부터 가정이 소비주체 겸 생산주체 그리고 연구와 레저까지 겸하는 가장 중요한 집단으로 바뀌고 있다.

기업들 역시 모바일 컴퓨팅을 적극 이용하고 있다. 현장 근로자가 고객을 만나거나 파트너와 협상할 때 시시각각으로 변하는 기업정보에 접근해 정보를 얻을 수 있도록 지원한다. 예를 들어 물류 관련 고객을 만날 때, 고객이 주문한 물품이 현재 어느 지점에 도착해 있다는 것을 알려주거나, 고객이 새롭게 배달을 요구하는 물품에 대해 선적할 화주 상태를 참조하여 현장에서 고객이 선택할 수 있는 여러 대안을 제시할 수도 있다. 이처럼 모바일 직원들에게 기업이 보유한 내부 정보를 언제, 어디서나 제공해 고객서비스를 향상시키고, 업무 생산성 향상과 효율성 증대를 꾀하여 기업의 경쟁력을 높이는 것은 이제 피할 수 없는 기업 생존의 도구가 되고 있다. <그림 1.7>은 스마트워크와 일반업무의 비교를 보여준다.

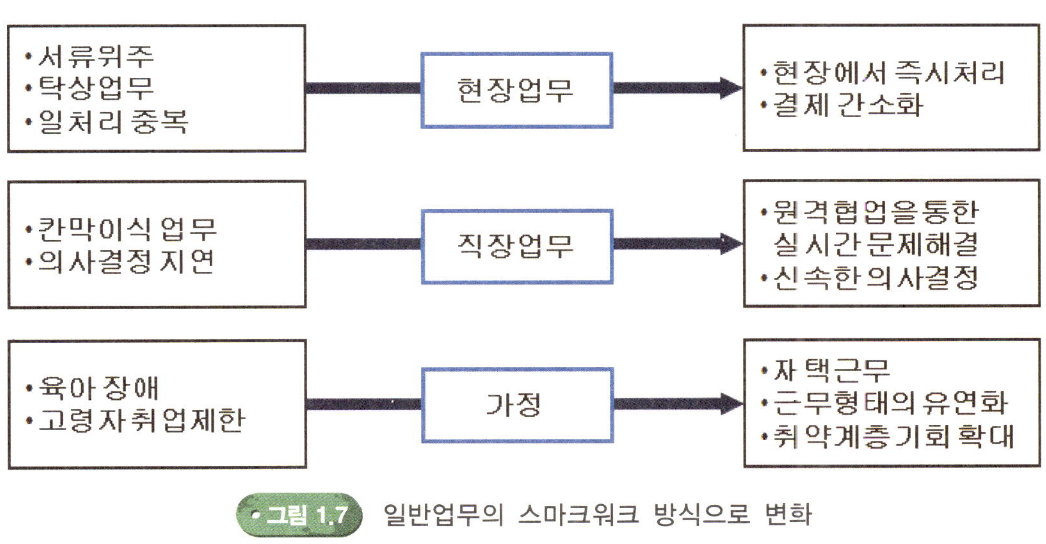

그림 1.7 일반업무의 스마크워크 방식으로 변화

1.5

모바일 컴퓨팅의 동향 및 전망

우리의 모바일 환경 및 산업은 그 동안 눈부신 발전을 거듭하여 왔으며, 경쟁 국가들의 맹렬한 추격 속에서도 여전히 IT/모바일 강국으로서 그 위상을 떨치고 있다. 특히 최근에는 모바일 환경 하에서 제품 및 기능 간 융합을 통하여 하나의 기기로 다양한 기능 및 서비스를 이용할 수 있도록 하는 모바일 컨버전스가 큰 흐름으로 대두되고 있다.

모바일 시장은 모바일 산업구조에서 알 수 있듯이 이동통신 시장과 밀접한 관련을 가진다. 모바일 시장이 성장하기 위해서는 이동통신 시장 성장이 필수 필요조건이다. 세계 이동통신 시장은 년간 약 5.6%의 꾸준한 성장을 지속할 것으로 전망된다. 특히, 모바일 시장과 관련된 데이터 시장은 15.4%의 성장을 보일 것으로 전망된다.

1.5.1 모바일 콘텐츠 시장

이동통신 시장은 콘텐츠 중심에서 살펴봤을 때 크게 커뮤니케이션, 인포메이션 및 엔터테인먼트 시장으로 구분하여 살펴볼 수가 있다. 현재 이동통신을 통한 서비스를 살펴봤을 때 가장 많은 수요를 가지는 시장은 모바일 커뮤니케이션(Mobile Communication) 시장이다. **모바일 커뮤니케이션**에는 SNS, MMS(Multimedia Message Service), 모바일 IM(Instant Messaging), 무선 e-Mail 등 음성을 제외한 커뮤니케이션 서비스가 포함된다. 최근 들어 카메라폰의 보급이 일반화되면서 사진이나 동영상 등 멀티미디어 전송이 가능해짐에 따라 MMS는 향후 더욱 증가할 것으로 전망된다. 모바일 IM은 실시간 온라인 대화 서비스로서 버디리스트 개념을 무선 네트워크상에 도입하게 된 계기가 되었다.

모바일 인포메이션((Mobile Information)에는 뉴스, 날씨, 생활정보, 위치기반서비스(LBS), 스포츠, 주식, 취미, 건강, 검색, 안내 서비스 등 각종 Push 또는 Pull 방식의 정보제공 서비스가 포함된다. 최근에는 단순한 정보 제공을 넘어 게임이나 스포츠와 같은 엔터테인먼트(Entertainment)와 정보가 결합된 Infotainment성 콘텐츠가 증가하고 있다. 또한 단순한 형태의 정보 서비스가 아닌 다양한 멀티미디어 정보 서비스가 증가하면서 거대 미디어 및 정보기업의 시장진출이 점점 활발해지고 있다. 또한, 단말기의 발전에 힘입어 사용의 편의성이 증대되어 향후에도 고성장을 거듭할 것으로 전망된다.

모바일 엔터테인먼트(Mobile Entertainment)는 우리가 현재 흔히 접할 수 있는 벨소리, 캐릭터, 모바일 게임 등이 이 시장분류에 속한다. 젊은 층을 중심으로 이용이 확대되면서 시장이 급속도로 증가하고 있다. MP3기능이 내장된 단말기 보급이 확대되면서 음악 서비스가 확대되고 있으며, 단말기 액정의 고화소 및 대형화로 인해 동영상 서비스도 증가하고 있다. 또한 3D게임과 네트워크 게임 등 기존 유선인터넷에서 가능했던 게임들이 모바일로 이식되면서 모바일 게임 역시 점차 증가하는 추세에 있다. 또한 지상파 DMB와 WiBro의 결합은 상호보완적인 디지털 매체의 결합으로 새로운 컨버전스 서비스를 창출하며, 이를 통해 새로운 서비스 환경 또한 구축할 수 있을 것으로 전망된다. 지상파 DMB와 WiBro의 결합방식은 지상파 DMB 수신기를 통해 방송을 시청하고, 양방향 데이터방송은 WiBro망을 리턴패스(Return Path)토 활용하는 형태를 말한다. 즉 방송망으로 지상파 DMB 데이터 방송을 수신하고, WiBro망으로 회신하는 방식으로 지상파 DMB와 WiBro가 결합될 경우 양방향 방송 및 각종 데이터 서비스를 언제 어디서든 원하는 때에 접속 제한없이 자유롭게 이용할 수 있게 된다. 특히 T-커머스(TV쇼핑), T-뱅킹 등 TV를 이용한 쌍방향 서비스가 크게 활성화될 것으로 전망되고 있다.

그림 1.8 현대 벨로스터의 IVI(In Vehicle Infotainment)

1.5.2 모바일 커뮤니케이션(소셜 네트워킹 서비스) 시장

대부분의 인터넷 서비스는 빠른 속도로 성장하다가 임계점에 도달하면 서서히 정체되는 것이 보통이다. 국내 싸이월드의 경우에서도 알 수 있듯이 SNS 또한 예외는 아니다. 주요 SNS는 생명주기를 연장하고자 다른 서비스와의 접목이 쉬운 SNS의 장점을 살린 소셜 미디어와 소셜 플랫폼으로 진화하고 있다. 또한, 정체되어 있는 타 서비스들이 SNS적인 요소를 흡수하는 현상도 보이고 있다.

그럼 현재 가장 많은 사용자 수를 가지고 있는 페이스북의 현황과 전망을 살펴보자. 페이스북이 최다 사용자를 가진 SNS가 된 이유에는 여러 면이 있겠으나 첫 번째로 인맥 유지의 가장 기초인 친분을 건드린 것이 페이스북의 강점이다. 미국인은 친인척은 물론 멀리 있는 친구와 가족에게 자신의 일상을 알리는 방법으로 페이스북을 이용한다고 한다. 두 번째로 가장 대표적인 엄청난 사용자 수이다. 사용자 수가 많다 보니깐 기업이 홍보를 위해 몰리고, 제품을 팔기 위해 몰리고 이것이 시장이 되고 상거래가 활성화된다는 것이다. 또한 기업이 다국적으로 다양한 계층이 활동하는 지역에 마케팅과 홍보를 집중하기 위해서는 리서치, 분석, 타겟팅에 따른 매체 집행과 광고 등 다양한 부대비용이 증가하지만 페이스북 하나만 잘 활용해도 수억 달러를 절약할 수 있다는 점을 알게 된 것이다. 마지막으로 자신들의 서비스 오픈을 통한 서드파티 프로그램 육성과 참여로 독자적인 생태계를 구축해 플랫폼화 되어가는 페이스북의 미래에 방점을 찍었다는 것이다. 단순하게 API만 공개한 것이 아닌 이 API를 활용해 다양한 서비스를 만들 수 있게 하였다. 참여를 극대화하고 이를 통해 더욱 최적화된 개인정보를 받아내기 위한 각종 툴인, 좋아요, 소셜 댓글, 소셜 플러그인, 소셜그래프 및 소셜 게임은 물론, 라이브 스트림 등 다양한 API 오픈으로 점점 더 거대해져가는 페이스북의 기틀을 만들고 서드파티들의 종속성을 강화해 자신들의 강점을 더욱 강력하게 완성하는 계기를 만들었다. 트위터는 거의 무조건적 오픈이라고 할 수 있는 오픈으로 성공했고, 1만개가 넘는 서드파티를 통해 파생된 트래픽과 이용자로 성공가두를 달리고 있지만, 그들의 위기에는 이 오픈의 한계성이 당면 과제로 남아 있다. 그것은 70% 이상의 트래픽이 트위터 서비스 외부에서 일어나면서 페이스북처럼 플랫폼화된 서비스로 도약하지 못하는 문제점이 발생한 것이다. 페이스북은 철저하게 페이스북을 중심으로 한 API를 기반으로 오픈소셜을 실행해 모든 웹사이트에서 접속과 정보 발행이 가능하지만, 그 원천은 결국 페이스북 내에 저장되게 하고 페이스북과의 연동성에 중심을 둔 확정을 전략으로 삼게 된다. 그리고 그것을 바탕으로 웹 장터는 물론 소셜 게임 시장을 연결해 징가 같은 스타 개발사를 만들어내기도 했지만, 징가가 페이스북 위에 군림할 수 없는 것은 페이스북에 연결하지 않으면 사용할 수 없는 상황이기 때문이다. 페이스북으로 로그인해야 쓸 수 있고 페이스북 사이버 캐쉬로 결제해야 게임을 이용할 수 있게 하였다.

페이스북은 웹의 플랫폼화를 추구하고 있다. 웹의 플랫폼화란 웹 위에서 애플리케이션이 돌아가는 형태를 말한다. 웹 OS라는 용어를 사용하기도 한다. 웹의 플랫폼화가 진행되면 페이스북처럼 게임이 홈페이지 안에서 동작할 수 있게 된다. 현재 대표적으로 웹 OS 전략을 취하고 있는 사이트들을 예를 들자면 전 세계적으로는 구글과 페이스북이 있고 국내에는 네이버가 있다. 구글의 경우에는 구글 제품의 사용을 통해서 OS화를 진행시키고 있고 페이스북과 네이버는 커뮤니티를 통해 사용자를 늘리고, 이 사용자를 기반으로 OS화된 서비스들을 제공하고 있다. 최근 10년간 빠르게 성장한 IT 기업들은 대부분 플랫폼화에 성공하였다는 것이 공통점이며, 소니처럼 플랫폼화에 실패한 기업들은 시장에서 빠르게 도태되는 추세이다.

페이스북은 이제 사람과 사람 사이의 연결 작업은 마쳤으며, 향후 5년은 소셜 네트워크라는 인프라 위에 소셜앱 플랫폼을 구축하는 전략을 실행한다고 하였다. 그 첫 번째 행보로 페이스북의 CEO 마크 주커버그는 이전까지 별도 클라이언트를 설치하여 유료로 이용했던 1대 1 영상통화 프로그램인 스카이프를 이제 웹 브라우저에서 간단한 플러그인 설치를 통해 무료로 이용할 수 있게 되었다고 발표하였다. 더 나아가 음악, 게임, 검색 및 통신 분야의 선두 사업자들이 페이스북이라는 소셜 인프라 위에서 서비스를 제공하게 될 것으로 기대한다고 하였다.

1.5.3 스마트워크와 모바일 오피스

스마트폰의 대중화와 함께 이를 업무에 적용하려고 하는 스마트워크나 모바일 오피스가 관심을 많이 받고 있다. 새롭게 떠오르는 기업 시장을 선점하기 위해 다양한 기기들과 사업자들의 움직임도 빨라지고 있다. 최근 급격하게 성장하고 콘텐츠 소비를 위한 최적화된 기기라고 평가받는 아이패드(iPad)가 기업 시장에서도 존재감을 발산하고 있다. 아이패드(iPad)를 비롯해 Playbook, Cius 등과 같은 업무에 적합한 스마트패드가 증가하자 기업들도 스마트패드 도입에 본격적으로 관심을 갖게 되었다. 초기 기업 스마트패드 시장은 소비자 시장의 시장 지배력이 그대로 전이되겠지만 장기적으로는 차별화된 요소가 강조될 것으로 예상된다.

기업들이 스마트패드에 대한 관심이 높아진 것은 이동 중에 업무가 가능한 모바일 오피스와 더불어 새로운 환경에서의 생산성과 창의성이 증대할 것이라는 기대감 대문이다. 모바일 오피스를 활용한 스마트워크도 성장이 기대되는 분야다. 기업들은 업무효율 향상, 비용 절감을 위해 모바일 오피스 구축에 나서고 있다. 특히 인터넷에 모든 정보를 넣어두고 필요할 때에 데이터를 꺼내 쓰는 클라우드 컴퓨팅 서비스가 스마트워크 활성화에 박차를 가할 전망이다.

1.5.4 스마트폰의 고성능화와 4G서비스

미국 통신 사업자인 Verizon은 Key Note 발표를 통해 2011년 3.9G(4G) LTE(Long Term Evolution)의 본격적인 서비스 개시를 하였고 국내에서도 LG와 SKT 역시 3.9G 서비스를 2011년 7월에 개시하였다. 4G 서비스인 LTE-Advanced는 2013년 상용화 계획이다.

3.9G LTE의 상용화에 따라 데이터 처리 속도가 확대되며, 스마트폰의 처리 능력 증가가 이슈가 될 것으로 예상되며, 그에 대한 해결책으로 대부분 'Dual Core CPU'를 선택하였다. 즉, 기존의 Baseband Chip 외에 Application용 별도의 Processor를 부착하였다.

그림 1.9 LTE logo

3.9G 휴대폰으로 삼성전자, LG전자, 모토롤라, HTC 등이 스마트폰을 공개하였는데, 대부분의 제품들이 안정적인 구동 상황을 보여주었다. 국내에서 HTC가 2011년 7월에 3W(WCDMA, Wibro II, Wi-Fi)를 지원하는 안드로이드폰을 출시하였고, 삼성전자와 LG전자는 3.9G LTE 스마트폰을 2011년 10월에 출시하였으나, 무제한 요금의 부재로 인한 LTE 휴대폰의 활성화는 시간이 필요하다.

모토롤라는 2011년 CES에서 가장 각광을 받은 휴대폰 업체로 선정되었다. 모토롤라에서 출시한 안드로이드 허니콤 채용 타블릿 PC와 Dual Core 스마트폰이 모두 각 부문의 혁신상을 수상하였다. 그러나 모토롤라는 2011년 8월 구글에 의해 공식 인수되었다. 이로 인해 안드로이드폰을 제조하는 삼성전자와 LG전자가 지금처럼 시장에서 우위를 차지하기가 매우 힘들 것이라는 관측도 나오고 있다. 구글이 모토롤라를 통해 차기 안드로이드폰을 선보일 가능성이 농후하기 때문이다.

그림 1.10   LG 스마트 가전제품

1.5.5 Smart, Smarter, Smarter Life

2011년은 스마트 시대의 원년이라 할 수 있다. 삼성전자는 기존 갤럭시 S, 갤럭시 Tab 등 스마트 기기 외에 스마트 TV와 서비스 및 콘텐츠를 공유할 수 있는 하드웨어 간의 네트워크를 형성하였다.

LG전자는 스마트 TV에서 한 걸음 더 나아가, 강점을 가지고 있는 가전제품과의 연결 고리 형성에 집중, 스마트 가전제품을 출시하여 스마트폰 등의 애플리케이션을 이용, 에어컨 및 조리 기기, 세탁기 등을 제어하게 될 것으로 발표하였다.

1.5.6 사용자 인터페이스 HCI 기술을 활용한 Interactive 3D UI

3D 영상을 터치하는 것은 물론 공간상에서 콘텐츠의 조작과 편집 및 Reaction이 가능하며, 이를 통해 UX(User eXperience) 효과를 극대화할 수 있고, 가상세계의 현실감을 극대화할 수 있다. 삼성전자는 시각과 촉각은 물론 청각과 후각 등 오감으로 교감하는 디스플레이 개발 연구를 하고 있다. 미국의 마이크로소프트에서는 'Natal'이라는 프로젝트명으로 3D 공간센서를 이용하여 3D 인터랙션 게임을 개발하고 있다. 독일의 프라운호퍼 HHI(Heinrich Hertz Institute)에서는 가상의 상품을 3D로 보면서 조작이 가능한 3D 키오스크 기술을 개발하고 있다.

1.5.7 모바일 플랫폼 전망

향후 모바일 플랫폼은 애플 아이폰과 구글의 안드로이드가 주축이 될 전망이며 Windows Phone 7이 변수이다. 기존의 작은 화면과 제한적인 입력기의 한계를 넘어 PC의 환경과 유사하게 변할 것이다. 모바일 플랫폼은 PC 이상의 서비스 채널로 성장할 것이며, 이를 위해 다양한 네트워크 환경 지원과 타 기기와의 연동, 새로운 사용자 인터페이스 등을 중심으로 발전될 것이다. 기존 모바일 시장에서는 이동통신 사업자와 모바일 기기 제조사가 각각의 역할을 분담하여 시장을 이끌어 갔으나, 향후에는 네트워크를 이용한 서비스가 모바일 플랫폼을 통해 제공된다는 측면에서 모바일 플랫폼은 미래의 모바일 시장을 이끌어가는 핵심요소가 될 전망이다.

1.5.8 미래의 Concept 휴대폰

무선 이동통신업체 모토로라는 전 세계에 위치한 모토로라 디자인센터 CXD(Consumer eXperience Design)를 통해 2033년의 휴대폰을 그려보는 글로벌 프로젝트를 진행했다. 2033년은 세계 최초의 휴대폰인 모토로라 다이나택 8000X(DynaTAC 8000X)가 등장한 지 50년이 되는 해다.

모토로라가 조망한 2033년의 모습은 언제 어디서나 커뮤니케이션이 가능하고 무한대에 가까운 콘텐츠가 컴퓨터 기반의 저장 공간에 저장되는 세계다. 또한 사람의 생각을 먼저 읽어내어 기능을 수행하는 기술이 발전하고, 가상현실기술의 발달로 현실 속에서 3차원 가상세계를 경험할 수 있으며 소프트웨어란 개념 대신 인터페이스와 사용자의 행동이 중요해질 것으로 예상하고 있다.

이에 따라 모토로라는 미래의 휴대폰이 마치 신체와 감각의 연장처럼 진화, 인류 보편적인 행동으로 정보의 교환과 커뮤니케이션이 가능해져 휴대폰을 매개로 사람들 간에 더욱 자연스럽고 활발한 상호작용이 일어날 것으로 전망했다. 또한 모토로라는 임베디드(embedded) 기술이 널리 확산됨에 따라 디자인은 더욱 다양해지며 형태변화 기술의 발전으로 휴대폰이 환경에 따라 변화할 것이라 내다봤다.

<그림 1.11>은 모토로라 CXD 서울에서 선보인 2033 프로젝트 디자인 텐더(TENDER)와 타투(TATTOO)를 보여준다. 텐더는 개인 위성 모바일 기기로 우산 모양의 초경량 기기가 사용자 주변을 항상 떠다니며 홀로그래픽 디스플레이를 통해 상호작용하는 콘셉트 기기이다. 타투는 나노기술을 적용해 피부에 밀착되는 젤 형태의 모바일 기기로 디스플레이를 눈 주변에 부착하고 인터페이스를 팔에 붙인후 상호작용하는 콘셉트 기기이다.

그림 1.11 모토로라 텐더와 타투

이런 콘셉트 기기를 만들기 위해서 가장 중요한 기술은 나노 기술이다. <그림 1.12>는 일본 정보통신 기업 교세라(Kyocera)가 접을 수 있는 콘셉트의 휴대전화와 휘어지는 OLED 스크린을 통합한 새로운 개념의 휴대전화 'EOS'를 선보였다. 산업디자이너 수잔 맥키니(Susan McKinney)가 디자인한 EOS는 저 전력 OLED 디스플레이를 부드러운 폴리머 재질로 감싸 외형적으로는 얼핏 지갑처럼 보인다. 그러나 펼치면 OLED 기반의 와이드스크린이 나타나 동영상을 볼 수 있다. 평소에는 지갑처럼 접어가지고 다니며 휴대전화로 사용하면 된다. 특히 EOS는 폴리머 재질

그림 1.12 교세라의 Concept 휴대폰 EOS

외관에 나노기술을 이용한 압전식 발전기(Piezoelectric Generators)를 촘촘히 배열해 압력을 가하면 충전이 된다. 일상에서 휴대전화를 사용할 때마다 배터리가 충전되는 셈이다. 손에 쥐고만 있어도 충전이 되는 친환경 제품이다.

노키아 연구소는 영국 케임브리지 나노과학 센터와 함께 개발한 모바일 콘셉트 기기 모프(Morph)를 공개했다. MoMA의 '디자인과 유연한 정신' 전에서 첫 선을 보인 이 콘셉트는 나노 테크놀로지에 기반을 둔 미래 모바일 기기의 모습을 한발 앞서 시연했다.

모프는 이름에서 짐작할 수 있듯, 그 형태를 자유롭게 바꾸는 극도의 유연성을 보여준다. 투명하면서도 유연한 신소재로 제작된 바디는 늘어나기도 하고 구부러지기도 한다. 고정된 형태에서 벗어난 만큼 사용자의 손으로 극단적인 형태를 만들 수도 있다. 이는 나노 기술을 통해 가능한 성과다.

거미줄과 유사한 원리를 이용해, 3차원의 메시 구조로 엮인 섬유 단백질(Fibril Proteins)을 주소재로 이용하여, 얇으면서도 유연한 바디를 만들어냈다. 나노 스케일의 신기술 덕분에, '모프'는 극도의 유연성과 투명함, 심지어 표면의 자정(self-cleaning) 능력과 자가 충전 기능까지 갖추었다. 주변 환경의 오염도 등을 측정하는 독특한 기능 역시 눈길을 끈다.

그림 1.13 노키아의 Concept 휴대폰 "Morph"

02

모바일 컴퓨팅 구성 요소

<그림 2.1>은 모바일 컴퓨팅의 구성요소를 보여주고, 다음 네 가지로 요약할 수 있다.

- 모바일 단말기에는 스마트폰, 태블릿 PC, 노트북, 및 넷북 등이 있다.

- 모바일 네트워크에는 모바일 통신(WCDMA, LTE), 위성통신, 무선 랜(Wi-Fi), 그리고 무선 광대역 인터넷(WiBro) 등이 있다.

- 모바일 소프트웨어에는 단말기의 운영을 하는 플랫폼, 사용자가 단말기를 쉽게 사용하게 하는 UI/UX, 그리고 그 단말기에서 플랫폼에서 작동되는 앱 등이 있다.

- 모바일 단말기에서 필요한 정보는 인터넷을 통해 서버(요즘은 앱스토어라는 용어를 더 많이 사용)에서 얻을 수 있는데 그 정보를 통칭하여 콘텐츠라는 용어를 사용한다.

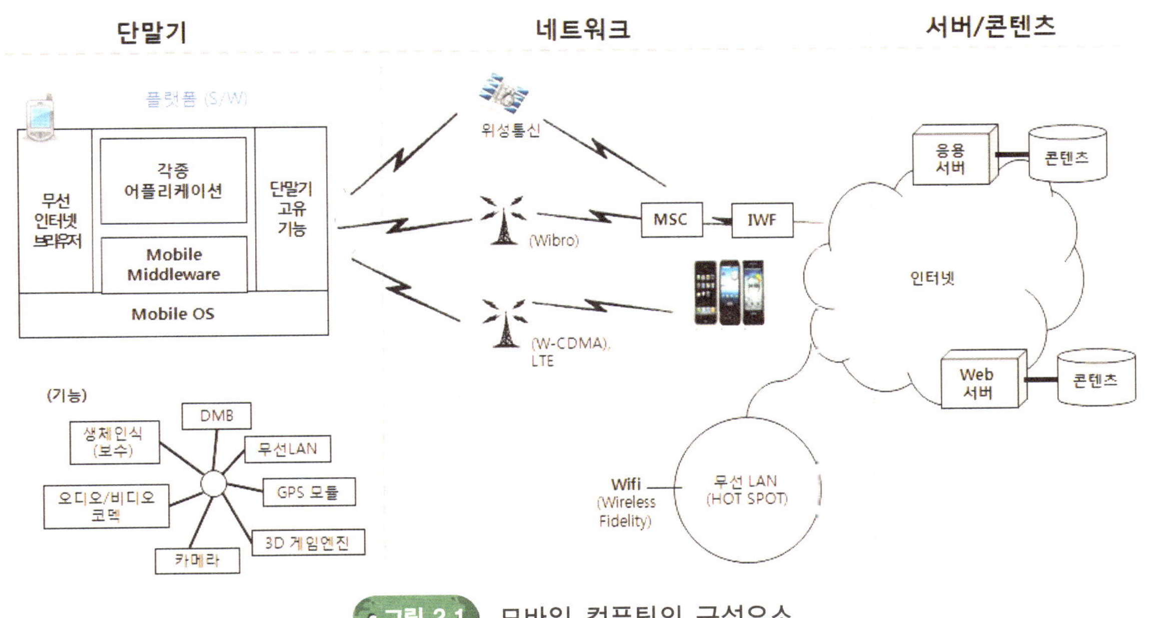

그림 2.1 모바일 컴퓨팅의 구성요소

2.1

모바일 네트워크

2.1.1 모바일 네트워크의 개요

모바일 네트워크는 개인이 시간이나 공간의 제약을 받지 않고 휴대폰이나 PDA 등 다양한 이동 멀티미디어 기기를 이용하여 자유롭게 다양한 형태의 정보에 접근 가능할 수 있도록 하며, 궁극적으로 음성과 데이터의 통합을 통해 원하는 상대방과 커뮤니케이션 할 수 있는 고객 지향적인 종합 네트워크를 말한다.

서비스 수요가 음성 위주의 기본 통신에서 인터넷 등의 고속 멀티미디어 서비스로 발전함에 따라 유무선 통합 및 멀티미디어 서비스를 필요로 하게 되었다. 즉, 음성전화를 비롯해 전자우편, 영상전화, 영상회의 등 가능한 모든 서비스가 하나의 단말기를 통해 제공할 수 있어야 하는 것이다. 보행자용 휴대전화는 물론 건물 내부에서부터 차량용 전화에 이르기까지 다양한 단말기와 사설망, 위성이동통신, 공중전화망, 종합정보통신망까지도 수용할 수 있어야 한다. 또한 망과 망 사이의 로밍은 물론 바다, 육지, 공중을 망라한 전 세계 어디서나 통화할 수 있는 국제 로밍 서비스가 가능한 보다 고객 지향적인 종합 네트워크를 모바일 네트워크라 한다.

모바일 네트워크는 이동통신사가 기지국을 세우고 무선으로 연결한 뒤 이를 사용자의 휴대전화까지 전달하는 모든 통신 시스템을 말한다. 모바일 통신(이동통신)의 근간을 이루는 모바일 네트워크는 셀룰러 시스템으로 구성되어 있다.

2.1.2 이동통신 시스템의 기본 구성요소

<그림 2.2>는 이동통신 시스템의 기본 구성요소를 보여준다. 기지국은 그림에서 일종의 셀 형식으로 보이는데 이런 시스템을 셀룰러 시스템(Cellular System)이라고 한다. 셀룰러 시스템은 한 지역을 여러 개의 셀(Cell)로 분할하여 각각의 셀에 고정 기지국을 두는 통신망을 구성하고 운용하는 것을 말한다.

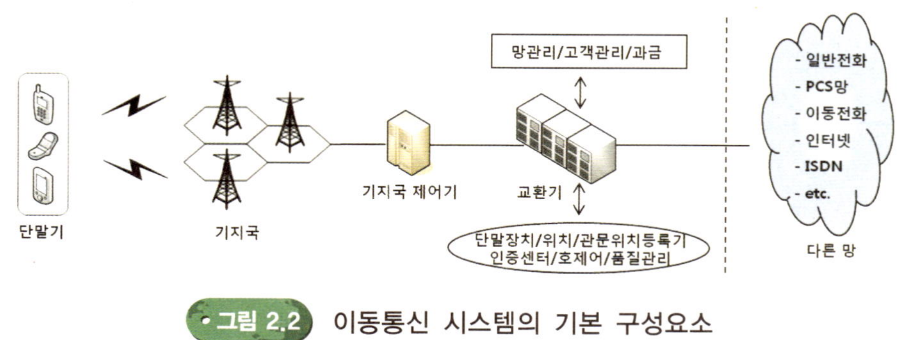

그림 2.2 이동통신 시스템의 기본 구성요소

이동통신 시스템의 기본 구성요소로 단말기와 기지국, 기지국제어기, 이동통신 가입자의 신호를 다른 가입자에게 전달하는 교환기, 휴대전화의 위치 및 단말기 정보를 저장하는 장비 및 망 관리, 과금 관리 및 고객관리 장비 등이 있다.

기지국(BTS, Base Transceiver Subsystem)은 무선통신 시스템 내에서 기지국제어기(BSC)와의 유선 접속 및 단말기 간의 무선 접속을 위한 인터페이스를 제공한다. 네트워크와 단말기를 연결하는 무선통신 설비는 무선 송수신을 가능하게 하는 장비 즉, 무선신호 송수신, 시스템 동기, 무선채널 부호화 및 복호화, 무선자원 관리 등의 역할을 한다.

기지국 제어기(BSC, Base Station Controller)는 여러 개의 기지국을 제어하고 핸드오버처리를 해준다. 즉 사용자가 서로 다른 기지국에 연결할 때 음성이나 데이터 통신의 중단 없이 곧바로 연결해준다.

교환기(Mobile Switching Center)는 이동통신 시스템의 핵심이다. 수많은 이동통신 가입자 중 누구에게서 콜(Call)이 들어왔는지를 판단하고 이 사람이 원하는 사람을 찾아 전달해주는 역할을 한다. 콜 요구에 따른 교환 기능을 수행하기 위해 가입자 정보를 저장하고 있는 HLR(Home Location Register) 및 VLR(Visitor Location Register)의 정보 교환기능도 가진다.

홈위치등록기(HLR)는 가입자의 위치 정보 등을 보관하는 데이터베이스를 말하고 단말기의 액세스 능력과 기본 서비스, 부가서비스 등 가입자 기반의 중요한 데이터를 등록하고, MSC, 단문메시지센터, 고객망관리센터, 고객센터와 연동해 다양한 정보제공 기능을 수행한다.

방문자위치등록기(VLR)는 관할 교환기 영역에 있는 가입자 정보를 관리한다. 해당 가입자가 다른 VLR로 이동할 경우 관리 정보가 변경되는 가입자 정보를 일시적으로 저장하는 DB를 가진다.

망 관리 장비는 전체 이동통신망의 상태를 확인하고 고장 여부를 지속적으로 확인해준다. 과금 관리 장비는 네트워크 사용 비용을 정산하는 것으로 통화 시간을 나타내는 통화도수와 데이터 패킷을 측정해 이를 과금하는 역할을 한다. 고객관리 장비는 고객의 정보를 변경하거나 불만사항을 처리한다.

2.1.3 이동통신 기술

1) 주파수 이용 효율 높이는 기술

이동통신 기술이라는 것이 가입자가 자유롭게 이동하면서 통신을 할 수 있도록 하는 것이라면, 이러한 욕구를 달성시키기 위한 전송 수단으로는 통신을 하고자 하는 두 지점을 물리적으로 연결할 필요가 없는 전자파를 사용한다. 전자파의 중요한 특징으로는 공기나 진공인 공간을 다른 매질이 없어도 전파할 수 있다는 것이다. 라디오나 텔레비전 같은 방송 형태의 통신부터 스마트폰과 같은 최첨단 양방향 통신기기 등이 모두 전자파를 사용하고 있다. 방송과 같은 단방향 통신은 보내고자 하는 정보를 일방적으로 전자파를 통해서 보내고자 하는 전 지역에 방송하고, 수신을 원하는 사람은 수신 가능 지역 내에서는 아무 곳에서나 단말기(라디오나 텔레비전)를 설치하면 보내는 정보를 수신할 수 있다. 그러나 휴대전화와 같은 양방향 통신은 이보다도 훨씬 복잡하다. 양방향 통신에서 가장 중요한 것은 통신의 상호 독립성이다. 즉 통신하고 있는 당사자 외에 다른 사람이 동일한 통신 내용을 수신할 수 없어야 한다. 이러한 요구 조건을 만족시키기 위해서 모든 양방향 통신 시스템에서는 통화 채널이라는 개념을 이용하여 각각의 가입자가 서로 다른 통화 채널을 이용하여 통신을 한다.

이동통신에서는 전송수단으로 전자파를 이용한다. 따라서 우선 전자파의 특징을 살펴보자. 전자파는 공기 중에 전파되면서 신호의 크기가 작아진다. 어느 이상 거리가 멀어지면 신호의 크기가 너무 작아져서 수신이 불가능해진다. 또한 동일한 주파수를 동일한 장소에서 서로 다른 사용자가 동시에 사용할 수 없다. 즉, 동일한 주파수를 사용한다는 것은 서로 같은 채널을 사용하는 것과 같다.

한정된 주파수 대역폭으로 가능하면 더 많은 정보를 전송하기 위해 개발된 기술로, 즉, 주파수 이용효율을 높이기 위한 기술로, 크게 다중접속 기술과 변복조 기술로 나눌 수 있다. <그림 2.3>은 기본적인 다중접속 기술을 보여주며, 다음 세 가지로 설명할 수 있다.

- 주파수 분할 방식(FDMA, Frequency Division Multiple Access) : 주어진 주파수 대역폭을 통신에 꼭 필요한 대역으로 잘게 나누어서, 각각의 가입자가 각각 쪼개진 작은 대역폭만 사용한다.

- 시분할 방식(TDMA, Time Division Multiple Access) : 적당히 쪼개진 주파수 채널을 각 가입자가 일정 시간만 사용하게 하는, 즉 기존 전화망에서 PCM과 같은 방법으로 시간을 나누어서 사용한다.

- 부호 분할 방식(CDMA, Code Division Multiple Access) : 동일한 주파수 대역을 사용하지만 전송하고자 하는 정보에 암호를 곱해주어 이 암호를 가지고 채널을 구분하는 방식이다.

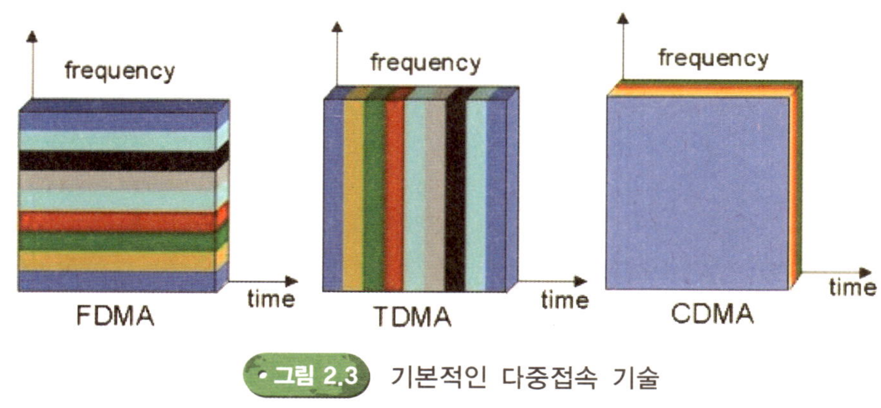

그림 2.3 기본적인 다중접속 기술

변복조 기술에는 크게 아날로그신호의 변복조 방식과 디지털 신호의 변복조 방식으로 나눌 수 있다. 여기서는 디지털 신호의 변복조 방식만 설명한다. 디지털 변조는 통신망의 전송특성에 맞게 전송할 수 있도록 디지털 신호를 특정 주파수 대역의 아날로그 신호로 변화(변조)시키고 또 반대로 특정 주파수의 아날로그 신호를 디지털 신호로 변화(복조)시키는 것이다. 디지털 변조 방식의 종류는 <그림 2.4>와 같이 디지털 신호에 의해 발진기에서 나오는 반송파의 진폭, 주파수, 위상이 변하게 된다. 즉 0과 1의 디지털 정보를 파형으로 변조하는 방법은 <그림 2.5>와 같이 다음 세 가지로 언급된다.

- **진폭변조**(ASK, Amplitude Shift Keying) : 디지털 정보의 변화를 반승파의 세기로 구분하여 변조한다.

- **주파수변조**(FSK, Frequency Shift Keying) : 디지털 정보의 변화를 반송파의 주파수로 구분하여 변조한다.

- **위상변조**(PSK, Phase Shift Keying) : 디지털 정보의 변화를 반송파의 위상으로 구분하여 변조한다.

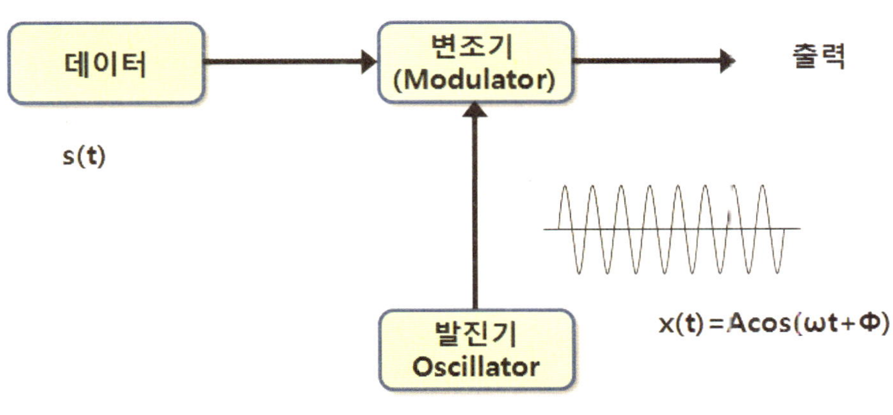

그림 2.4 디지털 대 아날로그 변조(Modulation)

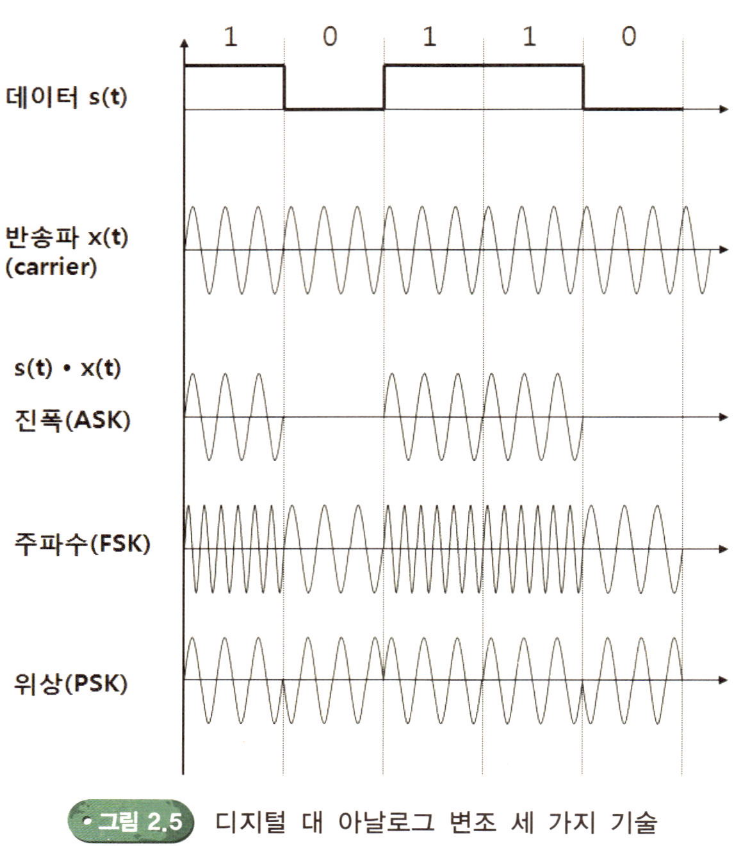

그림 2.5 디지털 대 아날로그 변조 세 가지 기술

2) 셀룰러(Cellular) 시스템

이동통신 환경에서 매우 많은 가입자가 언제 어디서나 통화를 할 수 있도록 하기 위해서는 앞에서 설명한 주파수 대역의 사용 효율을 높이는 방법만으로는 필요한 가입자를 수용하는 데 한계가 있다. 그 이유의 첫 번째는 전자파가 도달되는 거리에 한계가 있기 때문이고, 두 번째로는 많은 가입자를 수용하기 위한 채널수가 충분하지 않기 때문이다. 특히 이동통신 환경은 다른 무선통신 환경과는 달리, 가입자가 계속 이동하기 때문에 원천적으로 전자파 전파 환경이 통신 시스템에서 제어가 불가능하여, 고효율의 변복조 방법을 사용하는 데 한계가 있다.

이와 같이 서비스 지역의 제한과 가입자 수용용량의 한계를 극복하기 위해서 제안된 개념이 '셀룰러'라는 것이다. '셀룰러'란 서비스 지역을 여러 개의 작은 구역, 즉, '셀'로 나누어서, 서로 충분히 멀리 떨어진 두 셀에서 동일한 주파수 대역을 사용한다. 이렇게 함으로써 공간적으로 주파수를 재사용할 수 있도록 하고 공간적으로 분포하는 채널수를 증가시켜 충분한 가입자 수용용량을 확보할 수 있도록 하는 이동통신 방식을 말한다.

주어진 구역을 '셀'로 나누었을 경우 어떻게 수용 가능한 가입자 수가 증가할 수 있는지를 주파수 분할 방식(FDMA)을 예로 설명한다. 주어진 총 주파수 대역폭이 15MHz이고, 각 통화 채널에 할당해야하는 대역폭이 30KHz라면, 총 주파수 대역에서 얻을 수 있는 통화 채널수는 15000/30 = 500개가 된다. 이 500개의 채널을 이용하여 A 지역과 B 지역에 이동통신 서비스를 한다고 생각해보자. <그림 2.6>과 같이 A 지역을 서비스하기 위한 기지국 하나, B 지역을 서비스하기 위한 기지국을 하나 세우고, 두 지역에 이동통신 서비스를 제공한다고 하자. 만일 사용 가능한 총 500개의 채널을 모두 A 지역에서도 사용하고, B 지역에서도 사용한다고 하면, 중간지역에서는 같은 채널의 신호가 셀 A 쪽에서도 오고, 셀 B 쪽에서도 도달하기 때문에 혼선이 발생하여 통화를 할 수 없을 것이다.

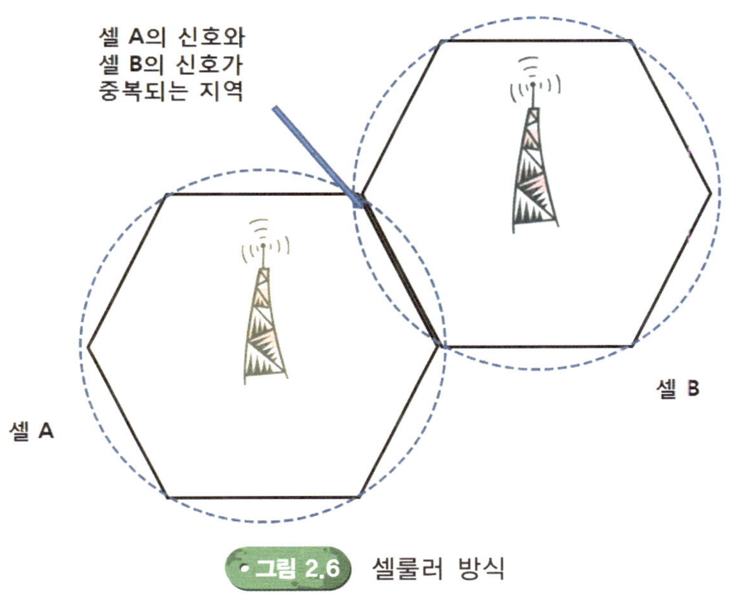

그림 2.6 셀룰러 방식

이런 혼선이 발생하는 문제점을 극복하려면 셀 A 기지국에 채널 반(250채널)을 할당하고, 셀 B 기지국에 나머지 반을 할당하여, 셀 A와 셀 B 지역에서 각각 서로 다른 채널을 사용하면, 중간지역에서 발생하는 혼선이 사라지게 된다. 그러나 만일 <그림 2.7>과 같이 셀 A 지역을 7개의 작은 '셀'로 나누고, 셀 B 지역도 7개의 셀로 나눈 다음, 주어진 총 통화 채널을 7개로 나누어서, 각각의 셀에 500/7 ≒ 71개의 채널을 할당하고, 셀 B 지역도 같은 방법으로 셀을 나누어서 각 셀에 71개의 통화 채널을 할당하면, 같은 채널을 사용하는 구역이 서로 멀리 떨어져 있으므로(6과 6′ 사이), 혼선의 염려가 없다. 따라서 <그림 2.7>의 경우 셀 A와 셀 B에서 사용하는 총 채널수는 1,000개가 되어 <그림 2.6>의 경우와 비교해보면, 사용할 수 있는 채널이 두 배로 증가했음을 알 수 있다. 이렇게 서비스 구역을 나누면 수용용량이 증가함을 알 수 있다.

그림 2.7 셀 분할에 의한 가입자 증가

이동통신의 대표적인 특징은 이동성이라고 볼 수 있다. 즉 가입자는 필요 시 항상 이동하며 통화할 수 있다. 이러다보면 통화 중에 셀과 셀 사이의 경계를 넘어가게 될 수도 있는데, 그래도 통화는 계속된다. 셀은 독립된 구역으로 서로 다른 채널을 가지고 가입자의 요구에 맞춰 통화회로를 만들어주게 된다. 따라서 셀과 셀은 별도의 주파수로 운영된다고 볼 수 있다.

우리가 통화를 하면서 셀을 건너갈 때 통화가 중단된다면 휴대폰을 사용하는 이유가 없어질 것이다. 그러면 어떻게 통화가 이어지는 것일까? 바로 핸드오프(Hand-Off) 방지기능 때문이다. 핸드오프란 셀과 셀 사이를 건너갈 때 통화가 단절되는 현상을 의미하는데, MSC에서 두 셀을 조정하며 사용자가 셀을 통과하는 순간 채널을 바꾸는 것이다. 즉 주파수는 변경되었지만 가입자는 채널의 변경을 알지 못한 채 자신의 통화만을 하게 되는 것이다. 핸드오프 방지 기술을 핸드오버(Hand-Over)라고 한다.

이동전화 가입자가 가입계약에 의해 등록된 가입자 정보를 최초로 등록한 교환국이 있는데 이를 홈교환국(Home MSC)이라고 한다. 홈교환국은 자신에게 등록된 가입자에 대한 각종 정보를 교환기 내에 있는 '홈가입자 위치등록기' DB에 저장한다. 이동전화 가입자는 자신의 각종 정보가 저장된 홈교환국을 벗어나 타교환국에 있어도 이동전화 서비스를 받을 수 있는데, 이렇게 타교환국에서 서비스를 받는 것을 로밍(Roaming)이라고 한다. 예를 들어 서울에서 이동전화를 등록한 사람이 부산에 가서도 이동전화 통신을 할 수 있는 것은 바로 로밍에 의해 가능한 것이다. 이것은 타교환국에는 '방문자위치기록기'라는 것이 있어 홈교환국으로부터 자료를 전송받아 홈교환국과 동일하게 사용할 수 있게 하는 것이다. 로밍은 한 사업자의 교환기 사이에서만 일어나는 것이 아니라 사업자 간에도 일어날 수 있으며, 더 나아가 국가 간에도 이루어질 수 있다.

2.1.3 이동통신 시스템의 종류

1) 이동통신의 진화

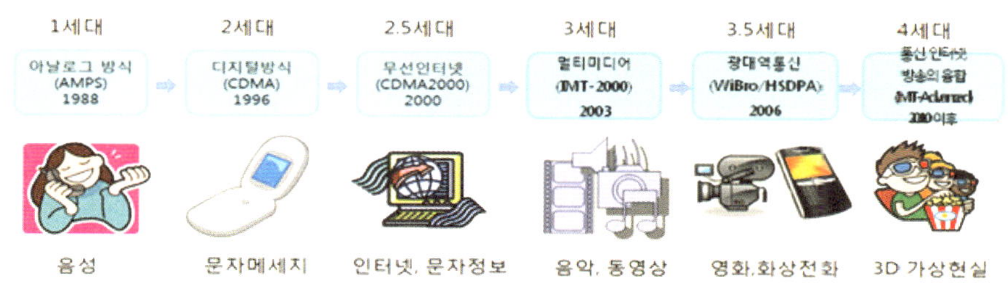

그림 2.8 이동통신의 진화

이동통신은 20세기 후반부터 매우 빠른 발전을 이루어왔다. 아날로그 방식으로 음성 위주의 서비스를 제공하던 1세대 방식에서 디지털 방식의 채택으로 통화품질이 향상되고 저속 데이터서비스가 가능한 2세대 방식으로 발전하였으며, 멀티미디어서비스, 고속 데이터서비스, 향상된 품질의 통화서비스가 가능한 3세대 방식으로 발전하였고, 현재는 3.5세대와 4세더의 연결 역할을 해주는 3.9세대 방식의 상용화가 진행 중이다. 앞으로 정지 중 1Gbps, 이동 중 100Mbps의 속도를 지원하는 4세대 방식으로 진화하고 있다. <그림 2.8>은 이동통신의 진화를 보여주고, <그림 2.9>는 이동통신 기술의 진화를 보여준다.

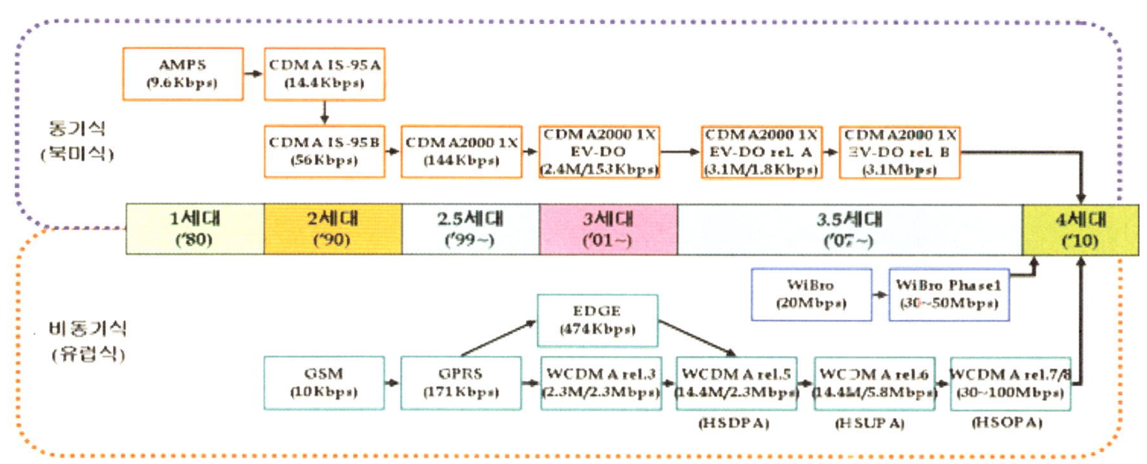

그림 2.9 이동통신 기술의 진화

가) 1세대 이동통신(1G : 아날로그 이동통신, 음성 위주 서비스)

아날로그 방식의 이동통신 시스템은 음성통화를 목적으로 개발되었고 미국형인 AMPS(Advanced Mobile Phone Service)와 유럽형인 TACS(Total Access Communication System)로 구분된다. 국내에서는 1988년 SK텔레콤에 의해 AMPS 방식의 서비스를 1999년까지 제공하였다.

AMPS 방식은 FDMA(Frequency Division Multiple Access) 기반의 아날로그 셀룰러 통신 서비스로 아날로그 방식의 장점은 구현이 비교적 간단하다는 것이고, 단점은 증가하는 가입자를 수용할 수 없는 용량상의 문제점, 낮은 음성품질, 그리고 멀티미디어 서비스를 제공할 수가 없다는 것이다. 따라서 디지털 셀룰러 방식의 출현이 필요하게 되었다.

나) 2세대 이동통신(2G : 디지털 방식의 채택으로 통화품질 향상되고 저속 데이터서비스)

2세대 이동통신은 디지털 셀룰러 시스템으로 아날로그인 음성신호를 디지털화하여 전달하였고 데이터 송수신이 가능하다. 2세대 이동통신은 크게 TDMA(Time Division Multiple Access)방식과 CDMA(Code Division Multiple Access) 방식으로 구분된다.

TDMA 기반 시스템은 사용자의 음성을 기계적으로 시간을 구분하여 사용자에게 특정의 주파수 대역과 시구간이 할당되는 방식으로, 1991년 유럽을 중심으로 서비스된 GSM(Global System for Mobile Communication) 방식이 대표적인 시스템이다.

CDMA 기반 시스템(디지털 신호 이용)은 미국 Qualcomm사에 의해 주도적으로 제안된 시스템으로 1996년 우리나라에서 세계 최초로 상용화 되어 서비스 안정성이 입증되었다. CDMA는 여러 사용자가 시간과 주파수를 공유하며 사용자를 코드로 구분하는 방식으로, 기존 아날로그 방식인 AMPS보다 주파수 재사용 효율이 5배 정도 높다.

다) 2.5세대 이동통신

2000년대에 접어들면서 기술적으로 한 단계 진화된 CDMA2000 1x 방식이 개발되었다. 통칭 2.5세대라 하고 2세대(셀룰러 & PCS) 무선이동통신 기술과 같은 1.8~2GHz 대역의 주파수를 사용하고 IMT-2000의 일부 기능을 제공한다. 2세대 서비스와 비교하여 데이터 전송속도가 약 10배(최고 153.6Kbps, 전화선을 이용한 가정용 모뎀속도의 약 2.5배) 정도 빨라지고 통화량도 한 기지국당 수용가능 고객 수가 약 2배 증가했다.

유럽 아시아 중심의 현행 규격 GSM을 반전시킨 GPRS(General Packet Radio Service)의 통신 속도는 GSM의 약 10배로 매초 171Kbps 고속 통신을 위한 인터넷 접속이나 콘텐츠 전송 등이 가능하다. GPRS는 특히, 유럽 통신사업자들이 3세대 기술인 IMT-2000 서비스의 투자에 부담을 느끼면서 주목받기 시작하였다. 국내에서는 삼성전자, LG전자 등이 GPRS폰을 개발, 유럽에 수출하였다.

라) 3세대 이동통신(3G : 멀티미디어서비스, 고속 데이터서비스, 향상된 품질통화서비스)

IMT-2000은 'International Mobile Telecommunication'의 약어로 2GHz 대역의 주파수를 사용하고 있다. 3세대 이동통신인 IMT-2000은 원래 언제, 어디서나 원하는 상대와 음성, 데이터, 동영상 및 멀티미디어 정보를 상호교환할 목적으로 개발되었으나 전 세계 로딩(Global Roaming)은 무산되었다. IMT-2000은 2Mbps급의 무선 멀티미디어가 가능하며, 호·상전화, 비디오 스트리밍, 유/무선 인터넷 서비스, GPS를 이용한 LBS서비스를 제공하고 m-Commerce를 지향한다. 3세대 무선접속 표준인 이동통신 기술은 비동기식인 W-CDMA와 동기식인 CDMA2000 방식으로 양분된다.

CDMA 1x EV-DO(Evolution-Data Only)는 기존의 CDMA 규격과 망을 대부분 그대로 이용하면서 빠른 인터넷 사용을 가능하게 한 기술로 다운로드 2.4Mbps, 업로드 307.2Kbps의 속도로 유선에서 사용되는 ADSL방식과 똑같이 무선에서도 구현할 수가 있다.

WCDMA은 Wideband Code Division Multiple Access의 약자로 '광대역 부흐 분할 다중 접속'이라고 말한다. 초기에 나온 Rev 3 기술은 다운로드 2.3Mbps, 업로드 2.3Mbps 속도로 전송할 수 있다.

마) 3.5세대 이동통신

고속 하향 패킷 접속(HSDPA, High Speed Downlink Packet Access)은 WCDMA를 확장한 고속 패킷 통신규격이다. 이 기술을 사용하면 W-CDMA보다 5배 이상 빠른 속도로 통신할 수 있으며 다운로드 속도는 최대 14.4Mbps이다. 기지국에 대한 별도의 투자 없이 W-CDMA 시스템을 개량하는 방식으로 서비스를 제공할 수 있다는 장점이 있다. 한국에서는 KTF가 2007년 3월 1일부터 전국 서비스를 시작했고, SK텔레콤도 2007년 3월 말부터 서비스를 시작했다.

고속 상향 패킷 접속(HSUPA, High Speed Uplink Packet Access)는 WCDMA를 확장한 이동통신모듈의 규격이다. 2007년에 나온 HSDPA와 같이 WCDMA 표준을 따르고 있으며, HSDPA에서 업로드 속도를 증가시킨 기술이다. 다운로드 속도는 최대 14.4Mbps이고, 업로드 속도는 최대 5.8Mbps이다.

CDMA2000 1x EV-DO revision A는 최대 다운로드 속도가 3.1Mbps이고 업로드 속도는 1.8Mbps이다. Revision B는 Revision A에 다중 반송파를 사용하여 전송속도를 향상시킨 버전이다. 다운로드 속도는 4.1Mbps 이고, 최대 세 개의 반송파를 사용하여 최대 다운로드 속도를 14.7Mbps로 증가시켰다. Revision A는 LG 텔레콤에서 2008년 4월부터 서비스를 해왔고 Revision B는 2011년 3월부터 서비스를 개시하였다.

바) 4세대 이동통신(4G : 고속/고품질/융합)

ITU는 4G 무선광대역표준을 IMT Advanced라고 명명하였으며, 이는 'All-IP 기반'으로 정지 상태에서 1Gbps, 고속 이동 시에 100Mbps 이상의 속도를 지원하도록 요구하고 있다. 즉, 이동 중에는 현재 WCDMA의 50배, 정지 중에는 초고속 유선 통신 속도의 10배 이상의 속도를 지원한다. 이는 유선인 광케이블 망이 지원하는 것과 비슷한 속도로, 무선에서도 유선과 유사한 멀티미디어 콘텐츠를 제공 가능하게 한다.

4G 서비스는 All-IP 기반의 Ubiquitous 개념이 적용되어 언제, 어디서나, 누구와, 어떤 단말기를 가지고도 통신이 가능해진다. 이에 각 표준화 그룹은 ITU의 4G 기술로 채택되기 위해 각자의 표준을 제시하였는데, LTE Advanced 시스템은 3GPP(3rd Generation Partnership Project)의 표준 규격인 LTE의 차세대 4G 통신 표준 규격이고, IEEE 802.16m(Release 2.0)은 Mobile WiMAX 진영의 IEEE(Institute of Electrical and Electronics Engineering)에서 제안하는 4G 표준 규격이다.

2) 이동통신 기술의 동향

가) HSPA(High Speed Packet Access)

비동기식 IMT-2000 시스템(WCDMA)과 동기식 IMT-2000 시스템(CDMA2000)의 표준 제정이 완료된 이후 각각의 표준 개발을 담당하고 있는 기구인 3GPP(3rd Generation Partnership Project)와 3GPP2에서는 급증하는 무선이동 환경에서의 고속 Packet Data 서비스 요구에 부응하기 위해 보다 더 높은 데이터 율의 Packet Data 전송을 가능하게 하는 표준 개발을 시작하였다. 그러한 표준 개발의 결과로 3GPP에서는 HSDPA(High Speed Downlink Packet Access)를, 3GPP2에서는 1x EV-DO Revision A를 발표하였다.

HSDPA 기술은 기존의 비동기 IMT-2000 표준의 진화 단계에 위치하는 방식으로, 하향 링크에서 고속 데이터 전송을 위해 추가된 접속 기법이며, 3GPP의 Release 5 표준 규격의 주요 특징이다. 특히, 획기적인 전송률 향상과 더불어 IP 멀티미디어 서비스의 제공에 효율적인 시스템으로 인식되고 있다. HSDPA의 핵심 기술인 AMC(Adaptive Modulation and Coding)과 HARQ(Hybrid Automatic Repeat Request)에 대해 간단히 설명한다.

멀티미디어 데이터는 서비스 종류에 따라 다양한 전송률, 다양한 전송 품질 등을 요구하므로 기존의 음성 위주의 서비스 제공과는 다른 개념의 링크 적응 기법이 요구된다. AMC 기법은 이러한 데이터 전송에 효율적인 링크 적응 기법으로, 전송 전력이 아니라 전송률을 채널 환경에 맞게 변화시키는 적응 방식이다. AMC는 채널의 특성에 따라 적절한 전송률을 결정하여 전송하므로 기본적으로 전송 전력은 고정된다.

HSDPA의 두 번째 핵심 기술은 물리 계층에서 ARQ를 사용하는 H-ARQ 기법이다. HARQ-ACK은 HS-DSCH를 통해 전송된 하향 Packet Data를 단말이 성공적으로 수신하였는지 여부를 기지국에게 알려주기 위한 1비트 정보이다. ARQ 기법은 수신 Packet에 오류가 발생하는 경우 재전송을 요청하여 이를 수정하는 기법으로 네트워크 프로토콜의 2계층인 데이터 링크 계층에서 널리 사용되는 기법이다. Packet 전송 시스템에서 전송 품질의 중요한 척도는 프레임 오류 확률(FER, Frame Error Rate)이다. 일반적인 Packet 전송 시 약 0.1%의 FER을 요구한다. FER 측면에서 프레임에 단 하나의 비트 오류만 존재해도 오류로 처리되므로, FER을 낮추는 데 매우 많은 전력이 요구된다. 만일 이 FER 요구 사항을 보다 높일 수 있다면 전송 전력 측면에서 큰 이득을 얻을 수 있을 것이다. HSDPA에서는 동작 영역을 FER 10%로 설정하고, 이때 발생하는 Packet 오류를 HARQ를 이용하여 수정하는 방법을 사용하여 전송 전력을 크게 낮출 수 있었다.

HSUPA는 업로드가 최대 5.76Mbps이고, 다운로드는 최대 14.4Mbps이다. 기존의 HSDPA망에 비해 업로드 속도가 최대 15배 빠르다. SKT와 KT는 2007년 말에 상용망을 구축하였다.

HSPA+는 Evolved HSPA라고도 하며 다중 안테나 기술로 알려진 2x2 MIMO(Multiple Input and Multiple Output)와 HOM(Higher Order Modulation) 기술인 64QAM을 사용하여 release 7에는 다운속도 21Mbps와 업속도 11Mbps를, release 8에는 Dual-Cell을 사용하여 다운속도 42Mbps와 업속도 11Mbp, 그리고 release 9에서는 Daul-Cell과 MIMO를 사용하여 다운속도 84Mbps와 업속도 23Mbps를 달성하였다. SKT는 release 7 기술을 사용하여 2010년부터 상용망을 구축하여 2011년 8월 현재 전국 42개 시도지역에서 서비스 중이고 KT도 2011년 초에 상용망을 구축하고 2011년 8월 현재 전국 4개 시도 지역에서 서비스 중이다.

나) CDMA2000 EV-DO Revision B

CDMA2000 3x (EV-DO rev B)는 Rev A 표준을 멀티-캐리어로 진화시킨 기술로 EVDO Rev A와 상호 호환성을 가지며, 다음의 개선 사항을 제공한다.

- 반송파별 높은 데이터 전송률(반송파 별로 다운링크에서 4.9 Mbit/s 이상). 실제로는 세 개의 반송파를 사용하여 14.7 Mbit/s의 최대 전송률을 제공한다.
- 여러 개의 채널을 하나로 묶어 높은 데이터 전송률 제공한다(고화질 비디오 스트리밍과 같은 서비스 제공에 용이).
- 통계적 멀티플렉싱(Statistical Multiplexing)을 통한 지연 감소(게임, 화상 통화, 원격 제어, 웹 브라우징과 같은 서비스 제공에 용이).
- 통화 가능 시간 및 대기 가능 시간의 증가.
- 하이브리드 주파수(Hybrid Frequency) 재사용을 통한 인접 섹터 간 간섭 감소 및 셀 가장자리에서의 데이터 전송률을 증가시킨다.
- 비대칭적인 다운로드/업로드 환경에서의 효과적인 서비스 제공(파일 전송, 웹 브라우징, 광대역

멀티미디어 데이터 전송).

CDMA 기술인 Rev. B는 4G로 이어질 경우 UMB(Ultra Mobile Broadband : Rev. C)로 옮겨갈 것으로 예상되었지만, 2008년 Qualcomm이 개발 포기를 선언하고 LTE 개발에 집중하기로 결정했다고 발표하였다.

다) 와이브로(WiBro)

와이브로는 Wireless Broadband의 줄임말이며, 외국에서는 Mobile WiMax라고 하고, 국제 표준 IEEE 802.16e에 대한 이름이다. 대한민국의 삼성전자와 한국전자통신연구원이 개발한 기술로 무선 광대역 인터넷, 무선 초고속 인터넷, 2.3GHz 휴대 인터넷 등으로 불린다. 와이브로는 동시 송수신을 위해 TDD를, 다중 접속을 위해 OFDMA를 채택했으며, 상용화 초기에는 한 채널에 8.75MHz의 대역폭을 가졌다. 2.3GHz의 주파수를 할당받아 사용하여 최대 20Mbps의 다운속도, 반경 1Km 내외의 커버리지 및 시속 100Km 수준의 이동 속도에서도 사용할 수 있는 장점이 있다. 한국 내 최초 사업자로 KT와 SK텔레콤이 선정되어, 2006년 6월 30일부터 대한민국 서울과 경기기도의 일부 지역에서 세계 최초로 상용화 서비스가 시작되었다. 와이브로 웨이브1(wave1)이라고도 한다.

와이브로 웨이브2(wave2) 규격부터는 2.5GHz 주파수에 10MHz 대역폭, 여기에 4세대 이동 통신의 핵심 기술인 다중송수신(MIMO)과 스마트안테나를 사용, 최대 40Mbps 다운링크에 12Mbps 업링크 속도를 내는 것이 가능하다. KT가 웨이브2를 도입하여 전국 와이브로망 업그레이드를 실시한 것과 달리, SKT는 서울과 주요 광역시 외에는 뚜렷한 커버리지 증가가 나타나지 않고 있다. KT는 채널을 10MHz 대역으로 업그레이드하였으며, 와이브로 웨이브1 단말기와 호환되지 않는 단점이 있으나 안정적인 속도와 로밍의 장점을 가지게 되었다. 한편, 아이폰 사용자들을 확보하고자 KT는 와이브로 신호를 받아 Wi-Fi 무선랜으로 재송출해주는 에그 무선 공유기를 출시했다. 덩달아 다른 스마트폰 또한 무선랜을 이용해 와이브로를 쓸 수 있게 되었기에, 한동안 와이브로 스마트폰이 출시되지 않다가 나중에 KT 갤럭시탭, 2011년 7월 들어 HTC Evo 4G가 출시되면서 와이브로 웨이브2 전용 스마트폰이나 패드가 등장하게 되었다. 현재 와이브로 웨이브1의 신호 송출은 공식적으로 중단됐다.

와이맥스(WiMax)는 건물 밖으로 인터넷 사용 반경을 대폭 넓힐 수 있도록 기존의 무선랜(802.11a/b/g) 기술을 보완한 것으로 인텔이 제안한 고정인터넷서비스(IEEE 802.16-2004, 802.16d)를 말한다. WiMax는 주로 각국의 3세대 이동통신 후보 대역인 2.5, 3.5GHz 주파수대역을 사용하여 최대전송속도 36Mbps, 커버리지 3.5~7Km정도이다. 미국, 덴마크, 호주, 네덜란드에서 서비스 중이며 현재 미국에 20만 명의 가입자가 있는 것으로 알려져 있다.

표 2.1 WiBro와 WiMax 기술 상호비교

주파수대역	2.4GHz/5.0GHz	2~11GHz	2.5GHz/3.5GHz/5.8GHz	2.3GHz
서비스	고정무선랜	고정인터넷	휴대인터킷	휴대인터넷
단말기이동성	고정	고정	이동성	이동성
접속방식	DSSS/OFDM	OFDMA	OFDMA	OFDMA
대역폭	20MHz	1.25~28MHz	10MHz	8.75MHz
최대전송속도	11Mbps/24Mbps/54Mbps	36Mbps	DL:20Mbps UL:5Mbps	DL:18.4Mbps UL:4Mbps
커버리지	100m	3.5~7Km	1~1.5Km	1~1.5Km
사업자	기업	Intel	Intel	KT/SKT

Wi-Fi는 Wi-Fi Alliance의 상표명으로, IEEE 802.11 기반의 연결과 장치 간 연결(와이파이 P2P), PAN/LAN/WAN 구성 등을 지원하는 일련의 기술을 뜻한다. 와이파이는 3G망에 비해 무선인터넷 속도가 빠르지만 무선인터넷을 가능하게 해주는 AP(Access Point) 근처에서만 무선인터넷이 가능하다. 또한 하나의 AP가 가능하게 해주는 무선인터넷 범위는 크게 넓지 않다. 그렇기 때문에 와이파이를 이용하여 이동하면서 무선인터넷을 즐기려면 곳곳에 AP가 많이 설치되어 있어야 한다. 그렇다고 AP를 무분별하게 설치하면 근처의 AP 전파가 간섭현상을 일으켜 무선인터넷 속도가 느려진다.

라) LTE 3.9세대

LTE는 Long Term Evolution의 머리글자를 딴 것으로, HSDPA보다 한층 진화된 휴대전화 고속 무선 데이터 패킷통신규격이다. HSDPA의 진화된 규격인 HSPA+와 함께 3.9세대 무선통신규격으로 불린다. 3세대 비동기식 이동통신기술 표준화 기구 3GPP가 2008년 12월 확정한 무선 고속 데이터 패킷 접속규격인 Release 8을 기반으로 하고 있으며, 핵심기술인 OFDM과 MIMO를 이용하여 HSDPA보다 5배 이상 빠른 속도로 통신할 수 있다. 다운로드 속도는 70(1×1) ~ 300(4×4)Mbps이다. LTE는 휴대전화 네트워크의 용량과 속도를 증가시키기 위해 고안된 4세대 무선 기술(4G)을 향한 한 단계이다. 현재 이동통신의 세대가 전체적으로 3G(3세대)라고 알려진 곳에서, LTE는 4G로 마케팅이 되고 있다. 이론적으로, LTE는 IMT 어드밴스 4G 요구사항을 완벽하게 만족시키지 못하기 때문에 3.9G이다. 미국의 버라이즌 와이어리스와 AT&T 모빌리티 그리고 몇몇 세계적 통신사는 2009년 시작되는 네트워크의 LTE 변경 계획을 발표했다.

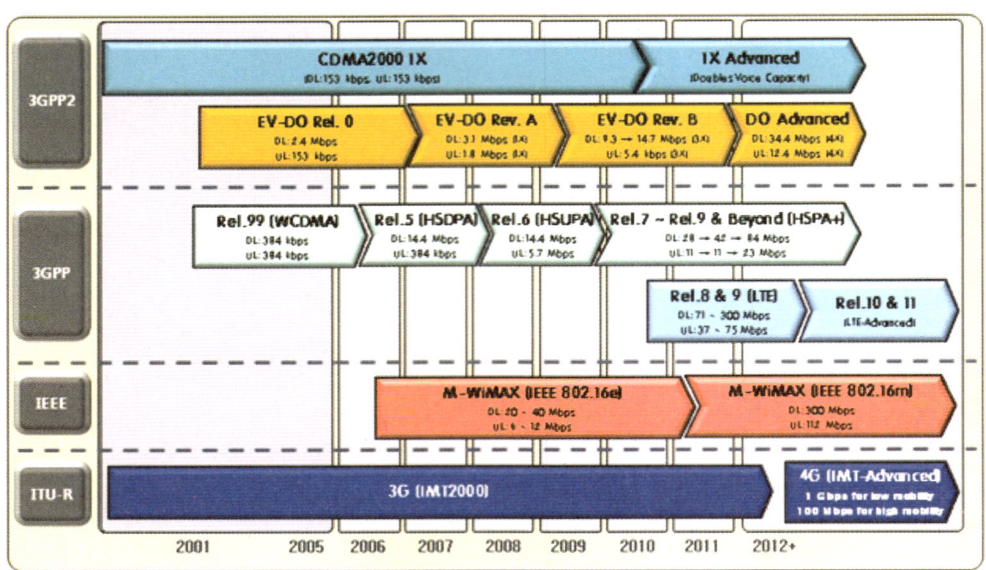

그림 2.10 이동통신 시스템의 변천

마) LTE-Advanced

3세대 방식과 비교해서 50배 이상의 빠른 전송속도를 제공할 것으로 기대되는 4세대 이동통신 기술 도입은 양방향 모바일 서비스인 화상회의, 게임, HDTV, IPTV 등 멀티미디어 시스템 기반의 다양하고 복합적인 서비스 제공이 가능할 것으로 기대된다. 따라서 4세대 이동통신 기술은 소비자들에게는 보다 업그레이드된 다양한 서비스와 고속 멀티미디어 기반의 신규 서비스들이 제공될 수 있을 것이고 사업자들에게는 사회전반에 걸친 다양한 분야와 접목된 신규 비즈니스 모델 창출 및 확장된 시장 환경에서의 주도권을 확보할 수 있는 기회가 주어질 것이다.

국제전기통신연합(ITU)은 4세대 무선광대역표준을 IMT Advanced라고 명명하였으며 이동통신의 진화를 보여주는 <그림 2.10>에서 4세대 이동통신 기술로 거론되는 기술은 GSM/WCDMA 계열의 표준에서 진화한 방식인 LTE-Advanced 방식과 기존 이동통신사업자와 별개로 인텔 등이 주축이 되어 주도한 Mobile WiMAX 계열에서 진화한 Mobile WiMAX 802.16m 방식이다. ITU는 2010년 중국 충칭(重慶)에서 열린 4세대 이동통신 규격에 관한 작업부 회의에서 가맹국들은 두 기술을 모두 채택할 것을 결정했다.

표 2.2 4세대 통신기술

	[illegible]	[illegible]	[illegible]	[illegible]
물리계층	DL: OFDMA UL: SC-FDMA	DL: OFDMA UL: SC-FDMA	DL: OFDMA UL: OFDMA	DL: OFDMA UL: OFDMA
듀플렉스 모드	FDD/TDD	FDD/TDD	TDD	TDD
이동성	350km/h	350km/h	60-120km/h	60-120km/h
채널 대역폭	1.4, 3, 5, 10, 15, 20 MHz	R8의 조합	3.5, 5, 7, 8.75, 10 MHz	5, 10, 20, 40 MHz
최고데이터 전송속도	DL: 302 Mbps (4×4 ANT) UL: 75 Mbps (2×4 ANT)	DL: 1 Gbps UL: 300 Mbp	DL: 46Mbps(2×2) UL: 4Mbps (1×2)	DL〉350Mbps (4×4) UL〉200Mbps (2×4)
대역폭 효율	DL: 1.91 bps/Hz (2×2) UL: 0.72 bps/Hz (1×2)	DL: 3.7 bps/Hz (4×4) UL: 2.0 bps/Hz (2×4)	DL: 1.91bps/Hz (2x2) UL: 0.84 bps /Hz (1x2)	DL〉2.6 bps/Hz (4×2) UL〉1.3bps /Hz (2×4)
대기시간	Link Layer 〈 5ms Handoff 〈 50ms	Link Layer 〈 5ms Handoff 〈 50ms	Link Layer~20ms Handoff~35~50ms	Link Layer 〈 10ms Handoff 〈 30ms
VoIP 용량	80명 이상/섹터/ MHz(FDD)	80명 이상/섹터/ MHz(FDD)	20명 /섹터/ MHz(FDD)	30명 이상/섹터/ MHz(FDD)

출처: Abichar, Z. and Chang, J.M(2010)

<표 2.2>에서 볼 수 있듯이 LTE와 WiMAX에 공통으로 사용되는 4세대 중요 이동통신 기술에는 다양한 크기의 데이터 전송 채널을 확보할 수 있는 가변형 채널 대역폭과 OFDMA(Orthogonal Frequency-Division Multiple Access) 및 MIMO(Multiple-Input and Multiple-Output) 등 네트워크의 고속화를 실현하게 하는 몇 가지 핵심 기술들을 적용해야 한다.

Mobile WiMAX는 Up/Down 링크 둘 다 OFDMA를 적용하고 LTE는 Down 링크에서만 OFDMA를 사용하고 있고 Up 링크에는 SC-FDMA 기술을 사용한다.

FDMA(Frequency-Division Multiple Access)는 각 신호의 점유 주파수 대역폭이 중첩되지 않도록 어느 정도 보호 주파수 구간이 필요하므로 동시에 접속 가능한 사용자의 수와 주파수 효율측면 에서 낭비되는 대역폭이 많았으나, OFDMA는 인접하는 신호 간에 상관관계 없이 만들어 신호 간 서로 중첩하는 경우에도 수신 측에서 신호를 쉽게 검출하고 다른 신호 구분이 용이하여 동일 주파수 대역에 보다 많은 가입자와 데이터를 처리할 수 있게 만든 방식이다. 결국 OFDMA는

WiMAX와 LTE에서 실제 사용하는 물리적인 대역폭보다 더 넓게 사용하여 전송속도를 높이기 위해 사용되고 있으며 송수신 단에서 복수의 안테나를 사용하여 동시에 여러 채널을 송수신할 수 있게 하기 위해 MIMO 안테나 기술을 사용하고 있다. 현재 MIMO 기술은 WLAN IEEE 802.11n 표준에 적용되고 있으며 WiMAX에서는 wave2부터 Down 링크에서 도입하고 있고 LTE에서도 역시 MIMO를 도입하고 있다.

LTE-Advanced에서 추가된 기술로는 반송파 집적, 8x8 MIMO 기술, 그리고 Uplink 다중접속 기술 등이 있다.

바) 국내 시장에서 LTE의 현황

ITU가 제정한 4세대 이동통신 기술 표준은 빠른 속도로 이동 시 100Mbps, 낮은 속도로 이동 시 1Gbps 전송 속도를 보장해야 한다. 작년 2010년 10월 21일, ITU가 WiMAX나 LTE는 4세대 이동통신이 아니라고 결정한 것도 이와 무관하지 않다. LTE는 3.9세대 이동통신 기술이라 통칭한다. 4세대 기술 표준의 후보로 WiMAX2, LTE-Advanced 규격이 선정되긴 했다. 이는 결국 기술 표준으로 등록되기 이전에 이동통신사들이 먼저 4세대, 또는 차세대 이동통신 규격이라고 주장하는 것은 마케팅 측면에서 주장하는 것에 불과하다.

그렇다고 LTE로의 통신망 전환이 무의미하다는 것은 아니다. LTE의 전송 속도는 현재의 3세대 이동통신인 WCDMA 규격의 업그레이드 버전인 HSPA보다 다운로드는 최대 5배, 업로드는 7배가 빠르기 때문이다.

스마트폰 열풍과 함께 국내 이동통신 3사가 앞다투어 실행한 '무제한 요금제'의 여파는 지금도 현재 진행형이다. 날로 증가하는 무선 데이터 트래픽으로 인해 통화 끊김 현상, 통화 연결 실패, 무선 인터넷 검색 무한 로딩 등의 문제가 끊임없이 발생하여 사용자의 불만은 늘어만 가고 있다. 더구나 올해는 작년 스마트폰 사용자 800만 명을 넘어 2,000만 명에 달할 것으로 예상되고 있다. 이미 포화 상태에 이르렀다고 봐도 과언이 아니다. 때문에 이동통신사는 이제 꽉꽉 막힌 회선을 늘려야 하는 시점에 놓여 있다.

우선 발 빠르게 LTE 구축에 나선 이동통신사는 SKT와 LG U+다. 두 이동통신사는 2011년 7월에 LTE 상용화 서비스를 실시하였다. 특히 LG U+는 LTE 상용화에 관련해 적극적인 입장을 보여왔고, 내년 내에 전국으로 LTE 통신망을 확대하겠다고 밝혔다. 더욱이 LG U+는 그 동안, 사용 국가가 상대적으로 적었던 미국식 CDMA Rev. A 방식을 채택했었기에, 그보다 널리 사용되는 KT, SKT의 유럽식 WCDMA 방식과 비교해 스마트폰이나 휴대폰 단말기 수급에 어려움이 많았다. 따라서 이번 LTE 통신망 도입으로 그 간의 '마이너'한 이미지를 털어내겠다는 의지도 엿볼 수 있다.

SKT 역시 서울을 비롯한 수도권 주요 도시 및 광역시 23개 시를 시작으로 2013년까지 전국 82

개 시로 확대한다는 계획이다. 특히, 2013년에는 LTE 규격의 업그레이드 버전이자, ITU가 4세대 기술 표준으로 선정한 'LTE-Advanced'로 업그레이드까지 하겠다는 방침이다.

KT측은 2011년 하반기 내에 LTE 시범 서비스를 시행하겠다고 밝혔지만, 구체적인 일정에 대해서 밝힌 바 없고 최근까지 이렇다 할 움직임도 보이지 않고 있다. 기존 '3W(WCDMA, WiBro, Wi-Fi) 정책'을 올해까지 유지하겠다는 생각이다. 그렇다고 LTE 도입 자체를 백지화하겠다는 뜻은 아니다. 다만, 몇 개월 정도의 시간 차이가 있을 뿐이다.

2.2
모바일 단말기

2.2.1 모바일 단말기 개요

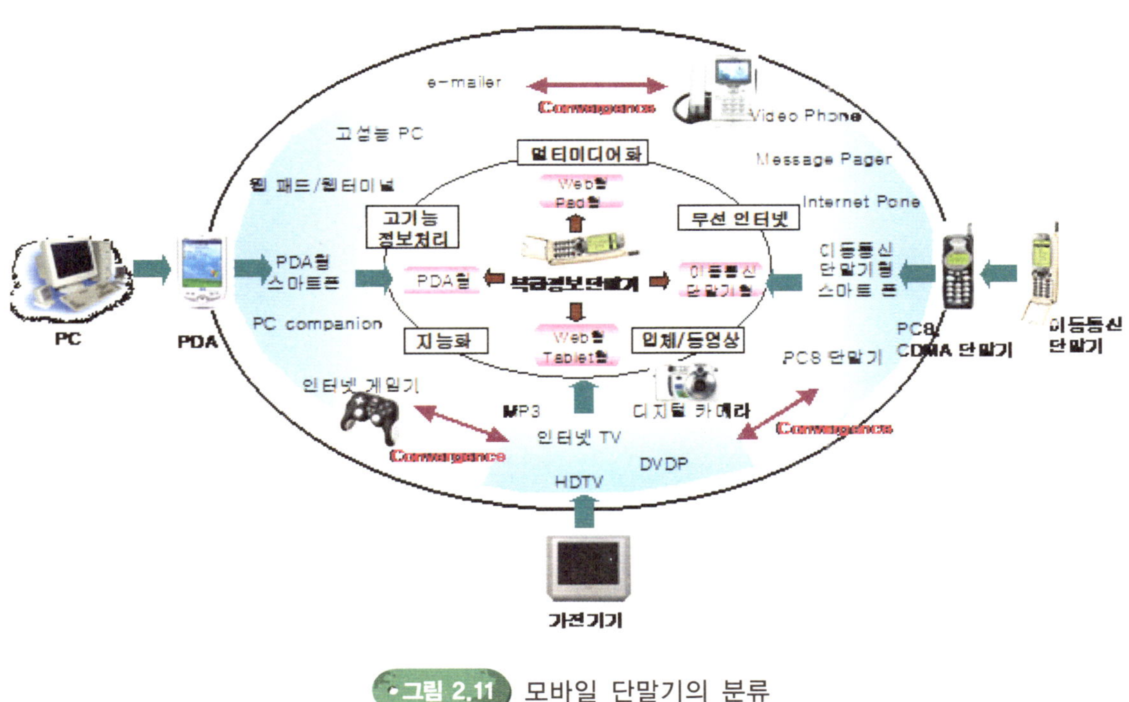

그림 2.11 모바일 단말기의 분류

모바일 단말기는 가전기기, 정보기기, 통신기기를 중심으로 발전해왔으며, 반도체, 디스플레이, 주변기기 산업 등 연관 산업을 함께 활성화시키면서 급속한 성장을 지속해왔다. 하지만, 디지털 기술의 발전과 함께 인터넷의 고속화 및 급속한 확산은 각 산업의 고유 영역을 허물고 있을 뿐만 아니라, 모바일 네트워크의 등장으로 보다 다양한 서비스와 대용량의 정보를 제공할 수 있는 환경을 제공하게 되었다.

모바일 단말기는 PC로 대표되는 정보기기와 TV를 중심으로 하는 가전기기, 그리고 휴대폰 같은 통신기기에서 여러 형태와 기능을 가지고 파생되어 등장하고 있다. 이 제품들은 상호간의 기능 조합을 통해 무궁무진한 융합 제품류로 발전해 나갈 것으로 전망되고 있다.

종전의 PC가 다양한 기능을 한데 모아놓은 종합정보기기의 성격을 갖는 반면, 모바일 단말기는 PC의 여러 기능을 개별적으로 특화한 분산형 정보기기 또는 사용 목적에 따른 전문화된 정보기기라 할 수 있다. 모바일 단말기는 PC가 보유하는 기능을 인터넷 접속 기능과 소비자가 필요로 하는 특정 기능 위주로 세분화한다. 이 세분화된 기기들을 통해 자료를 호환하여 활용할 수 있도록 함으로써 PC가 수행하는 기능을 분산하여 수행하는 효과를 가져올 수 있는 것이다. 최근에는 디지털 기술의 발전에 따라 다양한 기능융합을 통해 주기능 외에 부수적인 기능을 추가한 정보융합기기로 그 영역을 확대하고 있다.

2.2.2 모바일 단말기 구성 및 기능

디지털 방식의 이동통신 네트워크 기술은 거듭 발전하였으며, 이를 지원하는 모바일 단말기 또한 급속도로 진화하고 있다. 모바일 단말기는 처음에는 음성 통화만을 지원하는 단순화 통신기기였지만, 현재는 고속의 데이터 전송이 가능한 모바일 네트워크가 발전함에 따라, 영상통화, MMS(Multimedia Message Service), DMB, 텍스트 및 무선 인터넷 지원과 같은 멀티미디어 서비스와 풀브라우저, 풀터치 기능 등의 다양한 기술과 성능이 융합된 복합 다기능의 융합형 모바일 단말기로 진화해 가고 있다.

스마트폰 이전에 우리나라에서 사용되고 있는 모바일 단말기는 CDMA방식으로 국내에서는 퀄컴사의 하드웨어와 소프트웨어를 근간으로 개발하여 상용화하였다. CDMA 단말기는 현재 인텔사의 ARM 계열의 CPU(Central Processing Unit)를 기본으로 실제 매우 복잡한 기능을 수행하고 있다. 모바일 단말기의 하드웨어에서 핵심적인 부품은 모뎀 칩으로 이것은 디지털 신호처리 부분이며, CDMA의 표준규격인 IS-95 및 IS-2000에 정의된 프로토콜을 수행하게 된다.

MSM(Mobile Station Modem)은 퀄컴에서 개발한 칩이고 모토로라, 노키아, 일본 회사 등에서는 독자적으로 모뎀 칩을 개발하여 사용하고 있다. 일반적인 모바일 단말기의 하드웨어 구조는 <그림 2.12>와 같이 크게 고주파(Radio Frequency) 처리부와 기저대역(Baseband) 처리부로 구분할 수 있으며, 고주파 처리부(RF Part)는 듀플렉서(Duplexer, 하나의 소자로 송신과 수신 주파수를 분리하는 기능), 고주파 및 중간주파수 처리부로 되어 있으며, 기저대역 처리부(Baseband Part)는 베이스 밴드 프로세스, 메모리를 비롯한 외부장치 등으로 구분할 수 있다. 이중에서 가장 중요한 부분은 디지털 신호처리와 호출처리(Call Processing)를 담당하는 모뎀 칩 부분이라 할 수 있다.

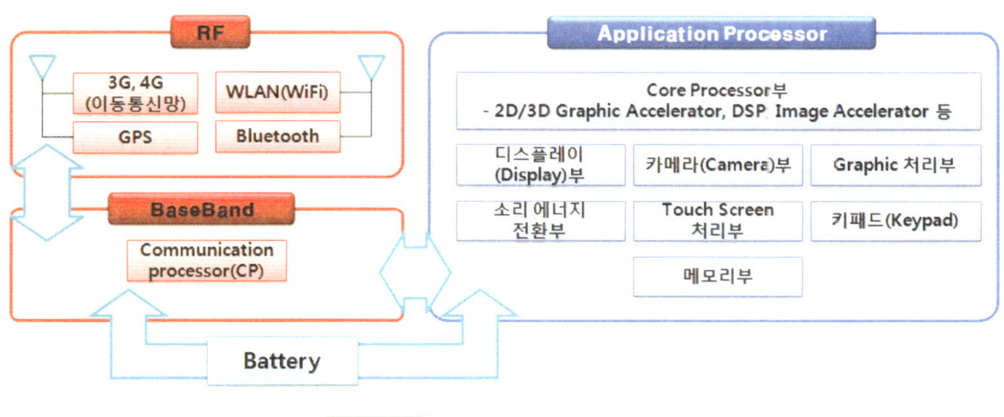

•그림 2.12 스마트폰 내부 구조도

‘손안의 PC’로 불리는 스마트폰은 음성통화를 기본 기능으로 이메일, 웹브라우저, 멀티미디어 메시징 등 무선 인터넷 기능과 개인정보 관리 기능이 접목된 다기능 모바일 단말기이다. 즉, 스마트폰은 PC와 휴대폰 통합의 산물로서 휴대폰에 컴퓨터 지원기능을 추가한 지능형 모바일 단말기라 할 수 있다. 특히, 애플의 ‘아이폰’은 터치스크린과 사용자 중심의 UI 기능으로 스마트폰 시장을 크게 활성화시키는 촉매제 역할을 하였다.

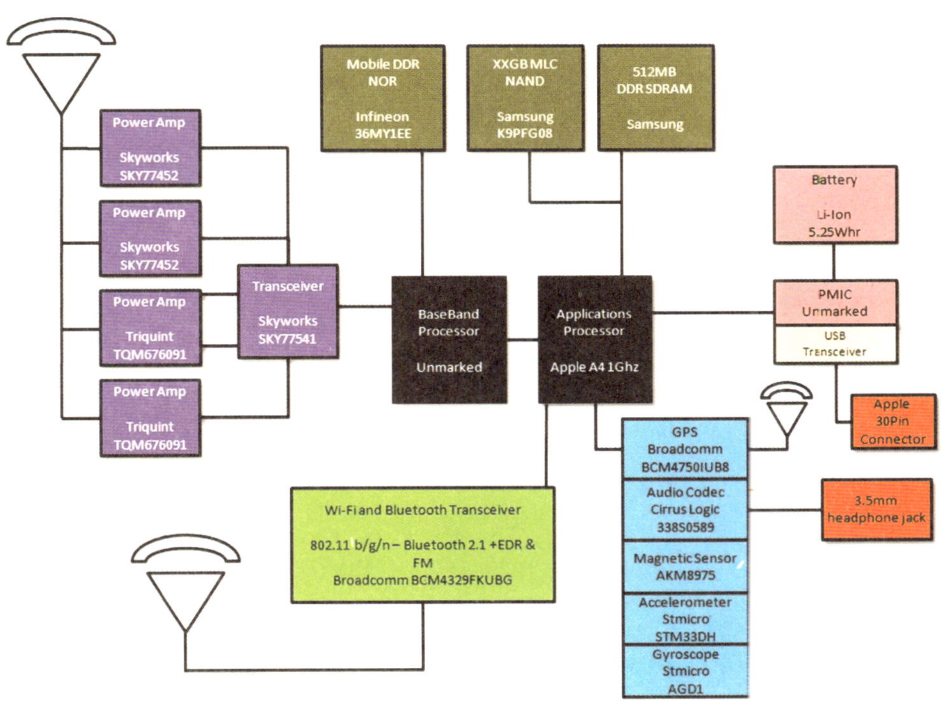

•그림 2.13 iPhone 4의 내부 구조도

기지국과 무선통신을 위해 고주파 신호를 안테나를 통해 송수신하면 Transceiver에 내장된 듀플 렉서는 하나의(같은) 안테나를 이용하면서 송신과 수신 주파수를 분리하는 역할을 한다. 무선 단말기에서 수신부는 듀플렉스를 통하여 수신된 신호는 RF 단에서 IF 주파수로 낮추어주고, IF 주파수는 다시 baseband 신호로 만들어준다. 무선 단말기에서 송신부는 보내고자 하는 정보 신호(음성 및 데이터)를 주파수 상향 변환기를 통해 안테나로 송출할 수 있는 고주파신호로 변환하는 역할을 한다. 무선 단말기의 안테나는 송신 시 통신회로를 통해 전달된 전기에너지를 전파에너지로 바꾸어(Power Amplifier에 의해) 자유공간에 방사하고, 수신 시에는 자유공간을 통해 들어오는 전파에너지를 전기에너지로 바꾸어 통신회로에 공급하는 역할을 한다. <그림 2.13>에서 보라색 부분은 3G 신호를 송수신하고 녹색 부분이 Wi-Fi 신호와 Bluetooth신호를 송수신한다.

기저대역 처리부(Baseband)는 모뎀 칩(MSM), 메모리를 비롯한 외부장치들로 구분할 수 있고 RF 부를 통해 송수신될 음성신호 및 각종 멀티미디어 데이터를 생성/가공하는 역할을 한다. 그림에서 검은색 부분을 말한다.

모뎀 칩(Baseband Processor: MSM, Mobile Station Modem)셋은 CPU를 내장하고 있는 단말기의 핵심부품으로 단말기에 사용되는 각종 부품을 제어한다. 통화나 데이터 통신을 통해 주고받고자 하는 내용을 적절히 디지털 신호로 변환하는 역할을 한다.

Application Processor 장치는 주로 멀티미디어 관련 연산을 처리한다. 카메라, 터치스크린, 동영상 등 많은 프로세싱 파워를 요구하는 기능들이 많아 모든 기능을 모뎀칩에서 처리하기 어려워 거의 모든 스마트폰에서는 Application Processor의 중요성이 점차 커지고 있다. 최근에는 듀얼 코어와 3D 하드웨어 가속 기능을 가진 CPU를 사용하고 있다.

그림에서 황갈색 부분인 메모리 장치에는 NAND 플래시 메모리와 Mobile DDR, NOR 플래시, DDR SDRAM 메모리 등이 있다. NAND 플래시는 비휘발성 메모리로 전원이 꺼져도 저장된 데이터가 유지된다. Random Access는 불가능하고 단말기 구동 프로그램, 단말기 고유정보, RF 조정 데이터, 그리고 구매한 애플리케이션 프로그램 등을 보관한다. DDR SDRAM은 휘발성 메모리로 전원이 꺼지면 저장된 데이터는 소멸된다. Random Access가 가능하고, Double Data Rate Synchronous Dynamic Random Access Memory의 약자로 일반 SDRAM보다 속도를 두 배 정도 빠르게 만든 주 메모리로 실행 중인 프로그램이 위치한다. Mobile DDR은 첨단 모바일기기에서 주기억장치 및 보조기억장치로 사용되며, 저 전력, 초소형의 특성으로 모바일기기에 적합한 제품으로 고화질의 동영상 및 실감나는 3차원 입체게임 구현을 가능하게 해준다. NOR 플래시 메모리는 NAND 플래시 메모리와 같이 비휘발성 컴퓨터 기억장치이다. NOR 메모리는 각 셀이 병렬 형태로 이루어져 있어서 데이터를 읽을 때 Random Access가 가능하여 읽기 속도가 빠르다.

파란색으로 보이는 장치가 GPS, 지구자기센서, 가속도계, 및 자이로스코프 센서 등을 보여준다. 지구자기센서(Magnetic Sensor)는 휴대폰에서 방위를 감지하는 데 사용하는 센서다. 주로 디지털

나침반 기능을 구현하는 데 사용된다. GPS와 지구자기센서가 결합돼 위치 기반의 핵심 서비스들을 구현하는 데 필요한 핵심 부품이다.

3축 가속도계(accelerometer) 센서는 아이폰의 가로·세로 상태를 감지해서 거기에 맞게 자동으로 화면을 바꿔주기 때문에 사용자는 가로 모드(landscape)와 세로 모드(portrait) 전환을 편리하게 할 수 있다. 이 센서를 이용한 응용 분야는 엄청 다양하다. 몸이 위아래로 움직일 때 가속도의 변화를 읽어 걸음 수를 계산하는 소프트웨어가 아이폰 만보계이다.

가속도 센서가 세 개의 축에 직선 운동 방향으로 작용하는 힘을 감지해 그 수치를 지구의 중력 가속도(g)로 나타내주는 센서라면, 자이로스코프(Gyroscope)센서는 세 개 축의 회전운동 방향으로 작용하는 힘을 감지해 그 수치를 초당 각속도(°/초) 변화로 나타니준다. 예를 들어 자이로스코프 센서가 있는 아이폰을 몸에 장착하고 피겨스케이팅을 하면 몇 회전을 하였는지 측정해줄 수 있다.

Display 장치에는 현재 가장 많이 쓰이는 TFT-LCD와 차세대 디스플레이로 전력소모가 적고 색 표현 능력이 우수한 OLED, 2차원 평면에서 3D 입체 영상 효과를 내는 3D-LCD 등이 있다.

2.2.3 모바일 단말기 종류

수많은 종류의 모바일 단말기들이 출시되고 사라져왔으나 현재 가장 많이 사용되는 모바일 단말기는 기능면에서 볼 때 크게 세 종류로 구분할 수 있다.

- 피처폰(Feature Phone) : 일반 휴대폰을 말하며 음성통신 기능에 무선인터넷 및 정보처리를 위한 컴퓨팅 기능, 카메라 기능과 GPS 기능도 내장한다.
- PDA(Personal Digital Assistant) : 원래 컴퓨팅 및 정보저장 기능을 제공하는 휴대용 단말기로 개발, PDA폰은 PC에 휴대폰 기능을 보강한 개념의 기기를 말한다.
- 스마트폰(Smart Phone) : 스마트폰은 모바일폰에 PC의 컴퓨팅 기능을 보강, 인터넷 정보검색, 그림 정보 송수신 등의 기능을 갖춘 차세대 휴대전화를 말한다.

1) 스마트폰 정의 및 특성

스마트폰은 일반 휴대폰에서 진보된 능력을 가진 PC와 유사한 성능을 가진 휴대폰으로 기능의 범용 OS를 내장한 휴대폰으로, 일반폰과 구별 짓는 가장 큰 특성은 개방성이라 할 수 있다. 즉 사용자가 원하는 프로그램을 자유롭게 설치/삭제 가능 여부가 현저한 차이라 할 수 있다. PDA 등에서 제공되던 개인 정보 관리 기능과 휴대폰의 휴대 전화 기능을 결합한 복합휴대용 기기를 말한다. <표 2.3>은 일반 휴대폰과 스마트폰의 특징을 간단히 기술하였다.

표 2.3 일반 휴대폰과 스마트폰의 차이점

일반휴대폰	스마트폰
• 보이스 중심 서비스 • 호스트만 접속 • 카메라, MP3 및 멀티미디어 기능 • SMS/MMS 위주 • 3rd-party 애플리케이션 설치 불가	• 윈도우폰7, 심비안, iPhone OS, 안드로이드 등 범용 OS • 멀티태스킹/데이터 중심 서비스 • Wi-Fi, Bluetooth 지원 • 풀 브라우징 서비스 • 3rd-party 애플리케이션 설치/사용 가능 • 서비스 오퍼레이터 인증 필요

2) 스마트폰의 부상 배경

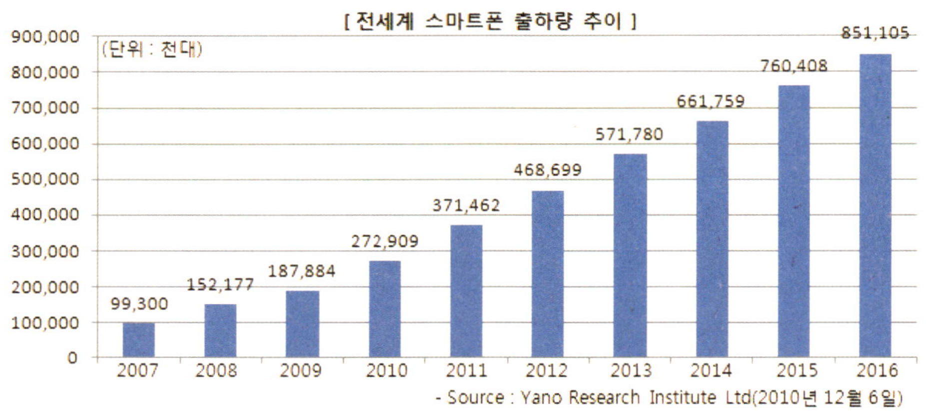

그림 2.14 전세계 스마트폰의 출하량 추이

스마트폰이 급속히 부상하게 된 배경을 본다면 다음 세 가지 이유를 생각할 수가 있다. 첫 번째가 모바일 네트워크 기술의 고도화로 인한 대역폭의 확대로 모바일 산업 중심이 보이스 위주에서 데이터 통신 위주로 이동하였고, 풀브라우징 같은 사용이 용이해진 환경을 구축하게 되었다. 또한 단말기의 비약적인 발전에 의해 PC에 필적할 만한 고사양의 듀얼 코어 CPU와, 3D 영상, HD 영상, 그리고 고화소 카메라 등을 갖추게 되었다. 두 번째가 범용 OS의 고도화를 통한 스마트폰 단말기의 개발 환경 공개로 단말기의 호환성 유지 가능하게 되었고 개발 기간 단축을 통해 스마트폰 개발 비용 절감하게 되었다. 마지막으로 휴대폰의 경쟁력이 하드웨어에서 소프트웨어로 이동하게 되었다. 하드웨어의 부가가치 감소 및 차별화의 어려움을 소프트웨어로 대치하게 되었다. 노키아, 애플, RIM 등은 HW 생산과 OS 보유를 통한 수직 통합으로 경쟁력 강화하였다. 다양한 애플리케이션의 개발을 위해 무료로 개발 툴을 배포하였고 개발된 애플리케이션의 효율적이고 합리적인 판매를 위한 시장을 운영함으로 스마트폰은 빠르게 부상하게 되었다.

3) 스마트폰 시장의 패러다임 변화

가) 스마트폰 시장 동향

국내 모바일 인프라 및 서비스 수준은 글로벌 시장을 선도하는 수준이지만 이에 비해 스마트폰 시장은 많이 뒤쳐져 있다. 그 이유로는 모바일 네트워크, 단말기 기술 등이 뒤쳐져 있는 것이 아니라 스마트폰 시장 규모나 관련 애플리케이션 산업이 뒤쳐져 있는 상황이고 이동통신사들의 다양한 데이터 정액제 요금 부재로 비싼 데이터 요금을 지불해야 하며 비싼 단말기 가격 등이 있다.

국내 스마트폰 시장은 2009년 50만 대에서 2010년 185만 대 규모로 성장했고, <그림 2.15>를 보면 2011년 3월에 1,000만 대를 돌파하였다는 것을 알 수 있다. <그림 2.14>를 참조하면 세계 스마트폰 시장은 2009년 1억 9천만 대에서 2013년 6억 대 정도로 증가할 것으로 전망한다. 전체 휴대폰 시장에서 스마트폰 시장의 비중도 2009년 14.2%에서 2013년 37.6%로 증가할 것으로 전망한다.

나) 모바일 소프트웨어 플랫폼 시장 전망

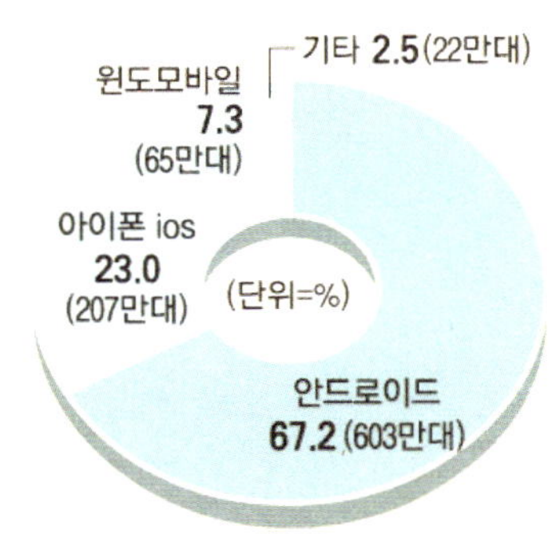

그림 2.15 스마트폰플랫폼 점유율

애플(Apple)의 iPhone OS, 구글(Google)의 Android, 마이크로소프트(Microsoft)의 Window Phone 7.0, 노키아(Nokia)의 Symbian, 리서치인 모션(RIM)의 Blackberry, 리모 재단(LiMo Foundation)의 LiMo 등이 경쟁하고 있다.

시장조사기관 가트너는 <표 2.4>에서 안드로이드가 2011년 스마트폰 시장에서 점유율 38%를 기록해 심비안을 제치고 1위로 올라설 것으로 예상했다. 안드로이드는 2012년에 점유율 49.2%로 최고치를 기록하다가 2015년에는 48.8%로 다소 성장세가 하락할 것으로 예상된다. 애플 iOS는 2011년 점유율이 19.4%로 예상되고, 2012년은 18.9%로, 2015년은 17.2%로 하락할 것으로 예상된다. RIM의 블랙베리도 2011년에 13.4%를 기록하고, 2012년은 12.6%를, 2015년은 11.1%로 계속 하락할 것으로 예상된다. 그리고 마이크로소프트 윈도우폰 7은 2011년에 5.6%를, 2012년에는 10.8%를, 그리고 2015년에는 19.5%를 기록해 계속 증가하고, 2015년에는 iOS를 제치고 2위로 올라설 것으로 예상된다. 국내에서는 갤럭시 시리즈의 인기에 힘입어 안드로이드 폰 점유율이 67%이상을 나타내고 있다.

표 2.4 전 세계 OS 별 모바일 기기 판매 전망 (단위: 1000)

OS	2010	2011	2012	2015
Symbian	111,557	89,930	32,666	661
Market Share(%)	37.6	19.2	5.2	0.1
Android	67,225	179,873	310,088	539,318
Market Share(%)	22.7	38.5	49.2	48.8
Research In Motion	47,452	62,600	79,335	122,864
Market Share(%)	16.0	13.4	12.6	11.1
iOS	46,598	90,560	118,848	189,924
Market Share(%)	15.7	19.4	18.9	17.2
Microsoft	12,378	26,346	68,156	215,998
Market Share(%)	4.5	5.6	10.8	19.5
Other OS	11,417	18,392	21,383	36,133
Market Share(%)	3.8	3.9	3.4	3.3
Total Market	296,647	467,701	630,476	1,104,898

Source: Gartner

2.3

모바일 소프트웨어

최근 모든 전자기기는 모바일화 및 기능 간 융합이 빠르게 진행되고 있다. 특히 휴대폰을 중심으로 디지털 카메라, DMB, 디지털 영상 촬영, 게임, MP3 등 다양한 기능이 복합적으로 통합되는 경향이 뚜렷하게 나타나고 있으며, 장치 경량화 및 사용자 정보의 멀티미디어 형태 지원 요구, 휴대 인터넷의 기술 발전 등의 추세를 고려하면 기능 융합은 더욱 가속될 것으로 예상된다. 이러한 기능 융합 기술로는 저 전력 실시간 재구성 요소를 지원할 수 있는 모바일 플랫폼 기술, 다양한 네트워크를 효과적으로 운용하는 네트워크 컨버전스 기술 중 보안기술, 그리고 사용자 맞춤형 서비스를 효과적으로 구성할 수 있게 지원하는 서비스 컨버전스 기술 중 UI/UX 기술에 대해 자세히 설명할 것이다.

2.3.1 모바일 플랫폼

모바일 플랫폼은 단말기에 탑재되어 단말기의 하드웨어 기능을 상위 계층에서 사용할 수 있도록 해주고, 상위 응용 계층에는 프로그래밍 환경 및 실행 환경을 제공하는 역할을 한다. 즉 모바일 플랫폼은 OS, Middleware(lib, db), 그리고 필수 프로그램(브라우저 등)을 통합한 소프트웨어라 할 수 있다. 모바일 플랫폼은 프로그램 실행 및 시스템 자원관리(I/O 장치, 기억장치, CPU 등)를 하고, 음성 및 멀티미디어 데이터(동영상, 카메라 등)를 처리한다. 또한 애플리케이션에 표준화된 개발 및 실행환경을 제공하여 보다 다양한 애플리케이션의 개발과 사용을 지원한다. 기존 휴대폰 플랫폼에는 Rex OS(CDMA용), WinCE, 리눅스 , GVM, Brew, WIPI 등이 있고 대표적인 스마트폰 플랫폼에는 iOS, Android 등이 있다.

1) 모바일 플랫폼의 동향

모바일 산업의 중심이 예전과 달리, 애플리케이션, 서비스, 콘텐츠가 중시되는 상황이 전개되고 있다. 따라서 기존의 Walled Garden 내에서 동작하던 생태계에서는 어플리케이션 및 콘텐츠의 공급이 제한적일 수밖에 없기 때문에 이를 극복하기 위해서 단말제조사, 애플리케이션/콘텐츠 개발사 등 모바일 생태계와 연관된 다양한 기업군의 참여와 협조가 필수적이다. 이것을 위해서는 OS의 Source 파일을 공개하는 것이 가장 효과적이라 할 수 있다. 구글의 Android는 구글의 풍부한 콘텐츠와 연계되어 현재 가장 많이 팔리는 성공적인 예를 보여주고 있고 Nokia의 Symbian은 초기에는 애플과 같이 폐쇄 정책을 펴왔으나 모바일 인터넷이란 변화에 대비된 플랫폼과 개발도구를 제공하지 못했고, 인터넷의 다양한 서비스를 그들의 플랫폼용으로 개발하도록 개발자에게 어떤 동기를 제공하지도 못했다. 점유율 하락으로 오픈 소스형으로 변경했으나 이미 iPhone이 600만대가 팔린 후에 구세대 휴대폰으로 인식이 확대되고 있는 Symbian OS에 관심을 줄 개발자는 없었다.

2) 모바일 플랫폼의 분류

SDK, API 등을 개발자들에게 제공하여 Application을 개발하도록 하는 형태의 플랫폼을 공개형 플랫폼이라 하고 iPhone OS, Windows Phone 7 등이 이 방식을 채택하고 있다. 플랫폼 소스 코드를 공개하는 형태의 플랫폼을 오픈소스형 플랫폼이라 하고 리눅스 계열의 플랫폼인 Android, LiMo 등이 이 방식을 채택하고 있다. <표 2.5>는 공개형과 오프소스형 모바일 플랫폼의 특징을 보여준다.

표 2.5 모바일 플랫폼의 특징

	iOS	Windows Phone 7	LiMo	Android
	공개형		오픈소스형	
특징	라이선스 및 로열티 비용 부담 업체별 차별화에 어려움 신뢰성, 안전성		리눅스 운영체제 간의 호환성 보장이 어려움 최적 UI나 애플리케이션 탑재 가능 상용 OS보다 비용이 저렴하고, 특정기업 소유 불가능	
참여 기업	애플	마이크로소프트	LiMo회원사 (단말기 제조업체, 이동통신 사업자 등)	OHA회원사 (단말기 제조업체, 이동통신, SW 분야업체)

3) 모바일 플랫폼의 종류

가) 애플 아이폰(OS X)

(1) 개요

애플의 아이폰 플랫폼은 2007년 출시 이후 앱스토어(AppStore)를 바탕으로 모바일 서비스의 유통 패러다임 변화를 이끌어내었으며, 이를 통하여 새로운 생태계 시스템이 탄생하였고 특히 개발자가 수익을 직접 얻을 수 있는 구조가 만들어졌다. 아이폰 플랫폼은 Mac OS X의 요소인 코코아(Cocoa), 코어 애니메이션(Core Animation) 등의 애플리케이션 프레임워크를 포함하고 있다. 여기에 멀티터치를 비롯하여 종래의 모바일 디바이스(피처폰 및 스마트폰)에 없었던 특징적인 사용자 인터페이스를 구현하고 있다. 특히 아이폰에 의해 촉발된 휴대전화 UI의 혁신은 경쟁사의 디자인 활동을 자극했고, 이는 앞으로 더욱 강화될 것으로 예측된다. 역동적인 시장에서 살아남으려면 항상 새롭고 다양한 제품 라인업이 필요하며 따라서 향후 타사의 UI가 큰 변화를 보일 것으로 예상된다.

(2) 아이폰 플랫폼 특징

애플의 아이폰이 강조한 주요 기능은 동시에 두 가지 이상의 프로그램의 실행이 가능한 멀티태스크 기능, 아이패드에서 선보였던 책을 읽기 편하게 해주는 iBooks 기능, 사용자 간 소셜 게이밍 네트워크를 추가함으로써 온라인 대전이라든가 성장형 RPG 게임 등이 가능하게 하는 게임 센터 기능 및 새로운 모바일 광고 솔루션인 iAd(아이애드) 기능 등이 있다.

● 유저 인터페이스

유저 인터페이스는 멀티터치 제스처에 의한 직접 조작 개념을 기반으로 하고 있다. 인터페이스

컨트롤은 슬라이더, 스위치, 버튼 등의 요소로 구성된다. 사용자 입력에 대한 반응은 멀티터치 제스처를 응용한 다이렉트 조작 개념에 기반하고 있다. 홈 스크린의 이름은 스프링보드로서, 애플리케이션 아이콘들을 나열하여 보여주고 있으며, 또한 사용자가 가장 많이 접근하는 애플리케이션 아이콘들을 화면 아래쪽에 보여주고 있다.

- 플래시

아이폰 플랫폼은 플래시를 지원하지 않는다. 어도비는 어도비플래시 라이트 소프트웨어를 3rd 파티 응용 소프트웨어 형태로 아이폰용으로 만들어 배포할 예정이라고 발표하였다.

- 멀티태스킹

멀티태스킹(Multitasking)이라는 것은 동시에 두 가지 이상의 프로그램을 실행하는 것이다. 음악을 들으면서 인터넷을 하고 메일을 쓰면서 동시에 웹 서핑을 하는 등의 동시 작업을 말하는 것이다. 멀티태스킹을 구현하기 위해 배터리를 빨리 소모시키고 앞에서 돌리던 앱의 성능을 저하시키는 쉬운 방법이 있겠지만, 아이폰의 멀티태스킹 UI는 그렇지 않다.

- 아이폰용 아이북스 (iBooks)

아이패드에서 선보였던 아이북스가 아이폰 전용으로도 제공된다. 아이폰이든 아이패드든 책을 한 권 구입하면 별도로 구매할 필요 없이 양쪽에서 어디든 읽을 수 있다.

- 게임 센터 (Game Center)

이미 아이폰과 아이팟 터치의 각종 앱들 중 게임이 차지하는 비중과 인기는 매우 높다. 게임 센터를 통해서 사용자 간 소셜 게이밍 네트워크를 추가함으로 인해서 온라인 대전이라든가 성장형 RPG 게임이 가능하게 된다. 게임 센터는 비단 아이폰/터치 뿐 아니라 아이패드까지 생각한 부분으로 이러한 소셜 게이밍 네트워크가 지원됨으로 인해서 정말로 리니지와 같은 온라인 게임들까지도 가능해질 수 있을 것이다.

- 아이애드(iAd)

이것은 광고를 통한 개발자들의 수익 향상과 기업들에게는 새로운 모바일 광고의 시장을 제시하는 것이라고 할 수 있다. 아이패드 사용자 1억 명 이상의 사람들은 충분한 경제력을 갖춘 트렌드세터들로 기업 입장에서는 매우 매력적인 광고 타깃이며 아이애드는 광고주들에게 매우 매력적인 것이 아닐 수 없다.

(3) iOS의 내부구조

아이폰이 폭발적인 인기를 얻은 가장 큰 이유 중 하나로 소프트웨어적인 특징보다 버튼이 없는 터치스크린으로만 동작되는 폰이라는 것이다. iPhone OS는 초기에 OS X, OS X iPhone 혹은 iPhone OS X로 알려진 운영체제로 Apple Inc.에 의해 개발되어 iPhone, iPod, 그리고 iPad의 기본 운영체제로 사용되고 있다.

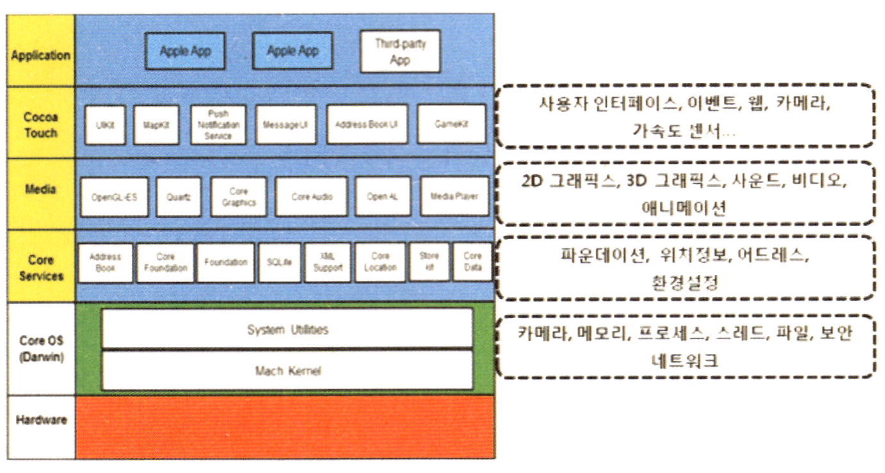

그림 2.16 iOS의 계층적 구조

iOS의 특징으로는 풍부한 멀티미디어 기능과 그래픽스 기능을 보유한 UI를 제공하고 객체지향 언어인 Objective-C, MAC과 iPhone SDK를 이용하여 애플리케이션을 쉽게 개발할 수 있게 해준다. Mac OS X의 일부분에 iPhone의 독자적인 기능을 확장한 OS로 기존 Cocoa를 기반으로 한 응용들을 AppKit 대신에 UIKit을 사용하도록 기능을 개선하였고 터치 패널에 의한 멀티터치 지원이나 GPS에 의한 현재 위치 정보 측정, 가속 센서 지원 등의 iPhone의 독자적인 기능을 추가하였다.

iOS의 내부구조는 Mac OS X과 유사하다. iOS의 커널은 OS X에서 사용된 마하커널(Mach Kernel)의 변형된 구조이다. <그림 2.16>은 iOS의 계층적 구조를 보여준다.

Core OS 계층은 OS의 중핵을 이루는 커널 부분으로 UNIX 색체가 가장 강한 레이어로 메모리/프로세스/파일/네트워크 등의 OS의 기본 기능을 제공하고 커널 부분과 시스템 유틸리티로 구분된다. Mach Kernel은 UNIX kernel과 같은 기능을 제공한다. Low-level interface로 메모리 할당, 프로세스 생명 주기 관리, 스레드 관리, 네트워킹, 파일 시스템 관리 등을 처리하고 장치 드라이버들이 있다. 시스템 유틸리티에는 보안, 외부 액세서리, 네트워크 프레임워크가 있다. 보안 프레임 워크는 해시 기반의 메시지 인증코드인 HMAC(The Keyed-Hash Message Authentication Code)를 지원하고, 인증서, 공공과 개인의 인증키와, 키체인, 암호화를 지원한다. 외부 액세서리 프레임워크는 외부 연결 장치와 물리적 호환을 제공한다. 네트워크 프레임워크는 C 언어 기반으로 TCP/IP, BSD 소켓, HTTP 및 FTP 프로토콜 등을 제공한다.

Core Service 계층은 UNIX의 한층 더 풍부한 기능을 제공하는 레이어로 데이터베이스/XML 문서탐색/위치정보 등의 기능을 제공한다. Address Book 프레임워크는 iPhone 주소록 데이터를 취급한다. Core Foundation 프레임 워크는 C 언어 기반으로 데이터 타입, 문자열, 배열 집합, URL, thread, 실행주기, 시간, XML 및 socket 할당 등을 담당한다. Core Location 프레임워크는 위도/경도의 지리적 위치정보를 제공한다. GPS, Wi-Fi 네트워크 데이터, 기지국 삼각측량 방식으로 위치 선정을 한다. SQLite 라이브러리는 경량의 SQL 데이터베이스 라이브러리를 제공한다. XML Support는 NSXMLParser를 이용하여 XML문서를 탐색한다. Foundation 프레임워크는 Objective-C 언어 기반으로 Core Foundation 프레임워크와 하는 일은 동일하다. Store kit 프레임워크는 앱스토어와 애플리케이션 간의 전자상거래 기능을 담당한다. Core Data 프레임워크는 MVC(Model-View-Control) 기반의 애플리케이션에서 데이터 생성과 저장을 담당한다.

Media 계층은 그래픽/사운드/비디오 등의 멀티미디어 기능을 제공하는 레이어로 C-기반 기술인 OpenGL ES와 Quartz, 그리고 Core Audio 등을 포함하고 있다. Core Graphic 프레임워크는 Quartz 2D API라고 언급되며 가벼운 2차원의 렌더링 엔진을 제공한다. PDF, Vector, anti-aliased rendering을 지원하고 직선, 장방형, 다각형, 원호, 베이지곡선, 비트맵 및 반투명 그리기 등을 지원한다. Mac OS X의 Quartz 2D와 동일하다. OpenGL ES 프레임워크는 OpenGL의 라이트한 버전으로 iPhone과 같은 소형 디바이스에 최적화된 버전이다. 2D와 3D를 모두 지원하지만 3D에 최적화되었다. Media Player 프레임워크는 mov, mp4, m4v, 3gp 및 H.264 등의 video 포맷을 지원하고 풀스크린 재생 기능도 가지고 있다. Quartz Core 프레임워드는 애니메이션 기능을 제공하고 Objective-C 프로그래밍 인터페이스를 제공한다. Core Audio 프레임워크는 AudioToobox와 AudioUnit 프레임워크를 포함하고 Audio 종류, 재생, 녹음을 관리한다. OpenAL(Open Audio Library)는 양질의 3D 오디오와 게임에서의 효과음으로 주로 사용된다

Cocoa Touch 계층은 사용자 인터페이스나 이벤트 처리를 위한 구조를 제공하고, 레이어 카메라나 가속도 센서를 다루는 기능 제공한다. Objective-C 기술을 사용하기 때문에 파일 I/O, UIView 클래스 같은 아이폰 개발에 필요한 기본 클래스와 API를 제공한다. UIKit 프레임워크는 Textfield, Button 및 Label 같은 UI를 생성 관리한다. 또한 애플리케이션의 생명주기, 이벤트 핸들러 및 데이터 처리를 관리한다. 알람서비스를 푸시(push)와 함께 통지할 스 있고 가속도계, 배터리, 근접센서, 카메라 및 사진 라이브러리와 상호 작용할 수 있다. 또한 멀티터치에 의한 사용자 조작을 담당한다. Push Notification 서비스는 현재 장치에서 실행되지 않는 경우에도 사용자에게 Push 할 수 있다. 사운드 및 진동 기능을 동반할 수 있고 각 애플리케이션마다 Push 기능을 on/off 할 수 있다. MapKit 프레임워크는 지도 기반의 프로그래밍 인터페이스를 제공한다. Message UI 프레임워크는 E-mail 메시지를 애플리케이션을 통하여 전송하는 기능을 제공한다. Address Book UI 프레임워크는 iPhone 내 주소록에서 액세스, 표시, 편집 및 연락처 정보입력 등을 활성화할 수 있다. GameKit 프레임워크는 사용자 간의 Peer-to-Peer 연결 및 음성통신 기능을 제공한다.

나) 안드로이드(Android)

(1) 개요

안드로이드는 구글이 개발한 스마트폰용 플랫폼으로 2008년 T모바일(G1)을 통해 모바일 OS로 처음 탑재된 후 스마트폰 시장에서 빠른 속도로 성장하고 있다. 안드로이드는 스마트폰뿐만 아니라 기타 모바일 기기, 인터넷 디바이스, 미디어 플레이어 및 디지털 전자제품까지 영역을 넓혀갈 전망이다. 또한 구글은 개방형 모바일 플랫폼 '안드로이드'를 앞세워 '웹의 플랫폼화'를 모바일 영역으로 확장해 광고와 애플리케이션 시장의 지배권을 노리고 있다. 안드로이드 플랫폼을 이용하면 모든 인터넷 서비스가 휴대폰에서 이용 가능하며, 구글폰을 이용하면 검색, 지도, 메일 등 유선 인터넷에서 구글이 제공하는 모든 서비스를 휴대폰에서도 동일하게 사용할 수 있다.

구글이 안드로이드 플랫폼 개발을 위해 결성한 OHA(Open Handset Alliance)에는 현재 스프린트, 모토로라, 삼성을 비롯한 총 34개의 사업자와 업체들이 참여하고 있다. OHA에 참여의사를 표명한 이동통신사는 차이나모바일, KDDI, NTT도코모, 스프린트 넥스텔, T-모바일, 텔레콤이탈리아, 텔레포니카 등 8개사이며, AT&T, 버라이존 와이어리스, 보다폰 등은 빠져 있다.

안드로이드는 리눅스 기반의 OS, UI 및 응용프로그램을 포괄하는 모바일 소프트웨어의 집합체로 아파치 라이선스(Apache Licence)를 이용한 오픈소스로 제공되므로 참여하는 회사는 라이선스 비용 없이 필요한 일부 기능만을 골라 사용할 수 있다. 안드로이드는 특정 단말기에만 한정되지 않는다. 가전기기를 포함한 소형과 대형 화면에서 모두 최적의 상태로 지원하며 키보드 외에 다른 입력 수단도 가능한 것으로 알려지고 있다.

안드로이드 구상의 가장 큰 특징은 구글 자신은 스마트폰을 만들지 않는다는 것이다. 단지 스마트폰 개발에 필요한 OS, 미들웨어, SDK 등 소프트웨어만을 제공한다. 이를 무상으로 공개함으로써 다양한 제조사들로부터 안드로이드 탑재 스마트폰이 등장하도록 촉진해 나간다는 것이다. 구글로서는 '안드로이드 단말기가 확산되어 이를 통한 인터넷 접속이 증가하면, 결과적으로 광고 수익과 애플리케이션 이용료 등의 수입이 늘어날 것'이라는 기대를 할 수 있을 것이다.

향후 안드로이드의 선전을 기대하는 이유는 탁월한 개방성 때문이다. 안드로이드는 아이폰 플랫폼과는 달리 프로그램 소스코드가 완전 개방형 플랫폼으로 단말기 제조업체에 무료로 제공된다. 개발자들도 공개된 소스코드를 사용해 손쉽게 애플리케이션을 제작할 수 있다. 기능적인 측면에서 안드로이드의 강점은 구글이 웹 상에서 제공하는 G-메일, 유튜브, 구글지도, G-토크, 일정관리 등의 콘텐츠를 편리하게 사용할 수 있다는 점이다. 또한, 단말기 제조업체와 이동통신사와의 이해관계가 잘 맞아떨어지는 것도 안드로이드의 선전을 기대하는 이유다. 구글은 안드로이드와 안드로이드 마켓을 무료로 제공하고 콘텐츠와 모바일 광고로 수익을 얻는다는 전략이다.

（2）안드로이드 플랫폼 특징

안드로이드는 개방형 플랫폼이면서 로열티가 없기에 아이폰에서만 이궁 가능한 아이폰 플랫폼과 달리 라이선스 비용 없이 다양한 휴대폰 제조업체가 무료로 이용할 수 있으며 리눅스를 기반으로 하는 프로그램이기에 개발 폭이 상대적으로 넓고, 휴대폰, 노트북 및 내비게이션 등 모든 제품에 적용이 가능하다.

● 헨드셋 레이아웃

플랫폼은 VGA, 2D 그래픽스 라이브러리, OpenGL ES에 기반을 둔 3D 그래픽스 라이브러리를 확장하기에 용이하다.

● 통신

GSM/EDGE, CDMA. EV-DO, UMTS, Bluetooth, Wi-Fi를 포함하는 커넥션 기술을 지원한다.

● 웹 브라우저

WebKit 베이스의 브라우저가 포함되어 있다. WebKit의 기능은 다른 애플리케이션으로부터도 이용이 가능하다. 오픈 소스인 WebKit application framework 기반의 브라우저를 지원한다.

● 자바 지원

자바로 작성된 소프트웨어는 달빅 가상 머신에서 실행 가능한 코드로 컴파일 된다. 달빅은 통상의 자바 가상 머신과는 달라서 메모리 소비가 낮게 억제되어 있는 등 모바일 전용으로 설계가 되어 있다.

● 미디어 지원

오디오/비디오/이미지 포맷을 지원한다. 지원하는 포맷은 H.263, H.264(3GP 또는 MP4 컨테이너), MPEG-4 SP, AMR, AMR-WB(3GP container), AAC, HE-AAC(MP4 또는 3GP container), MP3, MIDI, OGG Vorbis, WAV, JPEG, PNG, GIF, BMP 이다.

● 개발 환경

안드로이드 개발환경은 기기 에뮬레이터, 디버깅 도구, 메모리와 성능 프로파일링을 포함하는 Eclipse IDE 플러그인으로서, 애플리케이션 소프트웨어 개발용으로는 안드로이드 SDK(Software Development Kit)가, 런타임과 프로그램 라이브러리의 개발용으로는 안드로이드 NDK가 제공되고 있다. 안드로이드는 오픈 플랫폼답게 여러 오픈 소스 등을 결합하여 만든 편리한 애플리케이션 개발 도구를 제공하고 있다. 인터넷에서 안드로이드 개발자 도구 SDK를 다운로드 받으면 바로 애플리케이션 개발이 가능하다. <그림 2.17>은 SDK에 포함되어 있는 안드로이드 에뮬레이터이다. 실제 단말기가 없이도 개발자들은 위의 에뮬레이터를 통하여 만들어진 애플리케이션 등을 탑재해서 소프트웨어를 테스트하거나 통화, SMS 등의 이벤트를 에뮬레이션하는 것이 가능하다. 안드로이드의 애플리케이션은 자바로 개발되기 때문에 자바 통합툴로 가장 유명한 이클립스(Eclipse) 통합 개발 환경(IDE)을 이용할 수 있다. SDK를 설치하면 이클립스의 플러그인 형태로 안드로이드 전용 애플리케이션을 개발하여 안드로이드 에뮬레이터 등 여러 도구들과 자동으로 연결할 수 있게 된다. <그림 2.18>은 이클립스를 사용한 Android 애플리케이션 개발환경을 보여준다.

그림 2.17 안드로이드 에뮬레이터

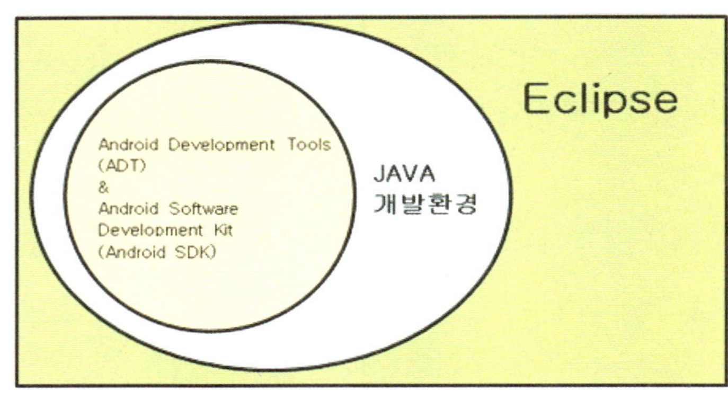

그림 2.18 이클립스를 사용한 개발환경

에뮬레이터 외에도 DDMS(Dalvik Debug Monitor Service)와 같이, 여러 가지 안드로이드의 내부 상황을 모니터링, 디버깅 할 수 있는 디버깅 툴과 안드로이드에 애플리케이션을 설치하거나 내부에 쉘(shell)을 이용하여 접근해서 여러 가지 작업을 수행할 수 있도록 해주는 ADB(Android Debug Bridge), 그리고 디버깅 로그를 관리할 수 있는 logcat, 안드로이드의 화면 View를 분석하고 계층화된 다이어그램 등으로 그려주는 Hierarchy Viewer 등 다양한 도구들이 있으며, 일반적인 임베디드 개발 환경보다 훨씬 풍부하고 효율적인 통합 개발 환경이 제공된다.

● **멀티터치**

안드로이드는 멀티터치를 네이티브로 지원하지만(애플의 터치스크린 기술 특허 침해를 피하기 위해) 커널 수준에서 비활성화되었다. 멀티터치를 가능하게 하는 비공식 변형이 개발되었지만 장치에 접근하기 위해 슈퍼유저가 요구된다.

(3) 안드로이드 내부구조

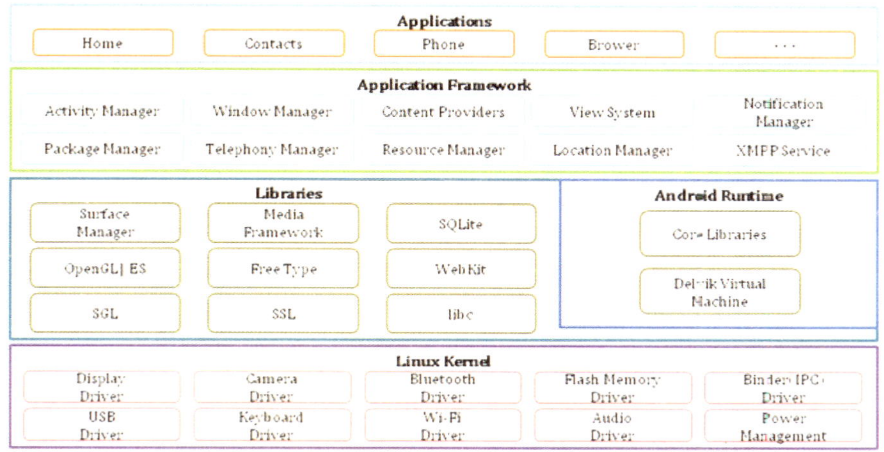

그림 2.19 안드로이드 플랫폼의 시스템 계층 구조도

<그림 2.19>는 안드로이드 플랫폼의 시스템 계층 구조를 표현한다. 가장 아래 부분이 리눅스 커널이고 개방형 OS인 리눅스(Kernel 2.6.x)를 채택하고 있다. 리눅스는 이미 수많은 하드웨어에 이식되어 검증이 된 OS로, 안드로이드는 하드웨어나 주변기기에 대응하기 위하여 리눅스 커널을 사용하여 보안, 메모리 관리, 프로세스 관리 등의 하드웨어 종속적인 작업을 수행한다. 커널(kernel)은 운영체제의 핵심 부분으로서, 운영체제의 다른 부분 및 응용 프로그램 수행에 필요한 여러 가지 서비스를 제공하고, 일반인이 일반적으로 보지 못하는 낮은 수준의 프로세스를 제어한다. 드라이버는 응용 프로그램들이 특정 하드웨어의 장치를 쉽게 사용하기 위해 만들어진 하나의 컴퓨터 프로그램으로 구성된다.

라이브러리(Libraries)는 소프트웨어를 만들 때 쓰이는 클래스나 서브루틴들의 모음을 말한다. WebKit는 웹 브라우저를 만드는 데 기반을 제공하는 오픈소스 응용 프로그램 프레임워크를 말하고 Free Type은 안드로이드에서 사용되는 폰트를 말한다. SGL은 그래픽 엔진을 말하고 SQLite는 모든 응용프로그램에서 사용 가능한 강력하고 가벼운 DB엔진을 말한다.

Android Runtime은 프로그램이 실행되고 있는 동안에 동작한다. 모든 안드로이드 프로그램은 JAVA로 작성되고 Dalvik 가상 머신 위에서 동작한다.

Application Framework는 사용자의 눈에 직접적으로 보이는 애플리케이션 부분들의 제어에 필요한 컴포넌트들로 구성되어 있다. 이 프레임워크를 사용해 제작된 프로그램은 동일한 성능을 갖게 된다.

Applications 계층에는 자바로 작성된 핵심 애플리케이션인 SMS 프로그램, 달력, 지도 및 전화기능 등의 탑재가 가능하고 라이브러리를 활용하여 제작된 여러 다기능 응용 애플리케이션의 탑재도 가능하다.

다) 윈도우 모바일(Windows Mobile)

(1) 개요

윈도우 모바일(Windows Mobile, WM, 추후 윈도우폰(Windows Phone)으로 명칭 변경)은 PDA 및 스마트폰에 사용하는 마이크로소프트사에서 개발된 플랫폼(운영체제)이다. 이 플랫폼은 마이크로소프트사에서 내놓은 모바일용 플랫폼으로 임베디드용 운영체제인 윈도우 CE를 기반으로 하고 있고, 모바일 환경에 적합한 새로운 터치식 사용자 인터페이스를 추가하여 개발되고 있다. 기초 애플리케이션들이 마이크로소프트 윈도우 API를 이용하여 개발된 것이 특징이다. PC용 윈도우 기반과 유사한 면이 많으며 미적이며 다양한 특징을 가지고 있다. 제3자가(3rd Party) 개발한 애플리케이션은 Windows Marketplace에서 구매할 수 있다. 2010년 2월 스페인 바로셀로나의 Mobile World Congress 2010에서 마이크로소프트사는 완전히 새로운 휴대폰 플랫폼인 Windows Phone 7 Series를 발표하였다.

(2) 윈도우폰 7의 특징

윈도우폰 7은 '사용자 경험 향상'을 강조하며, 사용자들이 원하는 작업을 더 쉽게, 더 빨리 처리할 수 있도록 하는데 중점을 두었다고 강조한다.

● 라이프 인 모션(Life in Motion) 디자인

윈도우폰 7은 사용자들이 실제 사용 환경에서 스마트폰을 어떻게 활용하는가에 초점을 맞추어 개발됐다. 이는 '스마트한 디자인'과 '통합된 디자인'을 양대 축으로 하는 '라이프 인 모션(Life in Motion)'이라는 개념이다. 윈도우폰 7 시리즈의 스마트한 디자인은 시각적으로 끌리는 레이아웃과 움직임뿐만 아니라, 기능과 하드웨어의 통합에 이르기까지 새로운 차원의 포괄적 디자인 시스템이라 할 수 있다.

● '라이브 타일(Live-tiles)' 시작화면

시작화면은 사용자에게 콘텐츠를 실시간으로 업데이트하는 '라이브 타일(Live-tiles)'로 구성됐다. 이는 스마트폰에서 애플리케이션으로 연결해주는 중간 단계에 지나지 않았던 아이콘의 정적인 틀을 타파한 것이다. 예로, '윈도우폰 7' 시작화면에 친구의 '타일'을 하나 생성하면 사용자는 친구가 최근 업로드한 사진이나 글을 실시간으로 확인할 수 있게 된다. 모든 '윈도우폰 7'의 스마트폰에는 하드웨어에 빙(Bing)으로 연결하는 버튼이 있으며, 이에 따라 폰의 어떤 메뉴에서건 단 한 번의 클릭만으로 빙 검색을 실행할 수 있다. 빙은 사용자의 검색 타입에 따라 웹 또는 로컬 정보에서 가장 연관성이 높은 검색 결과를 제공한다.

- **다양한 테마 활동의 윈도우폰 허브**

'윈도우폰 허브(Windows Phone Hubs)'를 통해 통합 경험(소셜 네트워크+사진+게임+뮤직비디오 등)을 제공한다. 허브는 웹, 애플리케이션, 서비스 상의 연관 콘텐츠들을 한 화면에 볼 수 있도록 통합해주어 일상적인 작업을 간편히 할 수 있도록 도와준다. 윈도우폰 7은 모두 여섯 개의 허브(사람, 사진, 게임, 뮤직비디오, 마켓플레이스, 오피스)를 가지고 있는데, 각각의 허브는 사용자들의 가장 자주 활용하는 활동의 테마를 반영하고 있다.

- 사람 허브는 지인들로부터의 실시간 피드나 사진 자료 등 사람을 기반으로 한 연관 콘텐츠들을 하나로 합침으로써 매력적인 소셜 경험을 제공한다.

- 사진 허브는 사진이나 동영상 등을 주변 사람들과 즉시 공유할 수 있도록 해주고, 웹과 PC를 스마트폰과 연동시켜 사용자의 사진 자료를 한곳에 모아준다.

- 게임 허브에서는 휴대폰으로 Xbox LIVE 게임, 스포트라이트 피드, 게이머의 아바타와 도전과제 목록, 게이머 프로필 조회 등을 폰을 통해 할 수 있다.

- 뮤직·비디오 허브에서는 준(Zune)의 탁월한 기능과 PC 콘텐츠, 온라인 뮤직 서비스, 스마트폰에 내장된 FM 라디오까지, 음악과 비디오에 관한 모든 것을 한곳에서 즐길 수 있다.

- 마켓플레이스 허브는 마이크로소프트가 인증한 애플리케이션과 게임을 쉽게 찾고 설치할 수 있도록 해준다.

- 오피스 허브에서는 전 세계에서 가장 많이 사용되는 소프트웨어인 오피스를 윈도우폰에서 경험할 수 있다. 오피스, 원노트, 세어포인트, 워크스페이스 등에 연결해 문서를 쉽게 읽고 편집, 공유할 수 있게 한다.

원도우폰 7은 실버라이트와 닷넷 언어를 사용한 개발 환경을 사용하겼다. 원도우폰 7에서는 실버라이트를 애플리케이션 프레임워크로 사용하고 개발 언어로서 매ㄴ지드 코드(Managed Code)인 C#을 선택하고 있다. 기존의 윈도우 모바일에서 C/C++를 사용혜 Win32나 MFC를 사용해 응용프로그램을 작성하는 것과 큰 대조를 이룬다. 또한 기존에 사용하던 멀티태스킹 환경을 포기하고 C/C++를 이용한 네이티브 언어를 통한 응용프로그램 개발까지 지원하고 있지 않다는 것이다. 이건 윈도우 모바일 6.5 응용프로그램과의 하위 호환을 지원하지 않는 것도 포함된다. 마이크로소프트가 추구하는 3 스크린 전략(PC의 윈도우 환경, 인터넷 상의 윈도우 라이브 환경, 그리고 원도우폰 환경)의 주요 UI 환경(세 가지의 다양한 동작 환경에서 플랫폼에 관계없이 동작할 수 있는 언어는 C#과 실버라이트이기 때문)으로 실버라이트와 닷넷을 선벽했다는 것이다. 또한 여기에 XBox와 같이 검증되고 성공한 게임 환경까지 아울러 원도우폰이 모바일 마켓의 주요 시장인 게임 시장의 중요한 경쟁자로서 등장할 수 있게 한다는 것이다. 실버라이트를 사용해 보다 윈도우폰용 응용프로그램을 화려하고 손쉽게 만들 수 있게 한다는 것이다. 원도우폰 7의 주요 기술적인 특징으로는 실버라이트를 이용한 XAML/이벤트 기반 응용프로그램 UI 프레임워크, 메트로(Metro) 테마 기반 UI 컨트롤, HTML/자바스크립트, XNA 기반 고속 게임 프레임워크, 다양한 멀티스크린을 위한 2D, 3D 게임 개발 지원 및 XBox 360, 윈도우, Zune에 이르는 다양한 플랫폼 기술을 사용할 수 있다. 기술적인 사양으로는 터치 및 하드웨어 버튼 지원(Back, Start, Search 버튼으로 구성), 디지털 미디어 캡처 및 재생 지원, LINQ(객체 및 XML) 지원, 실버라이트 3.0 기반이지만 폰을 위한 기능이 추가되어 있으며 WCF(Windows Communication Foundation) 지원, 전화 기능 및 각종 센서를 지원한다. 또한 윈도우폰 7의 개발 환경은 비주얼 스튜디오 2010과 익스프레션 블렌드(Expression Blend)를 통해 개발할 수 있다. 물론 게임 개발을 위해서는 XNA 게임 스튜디오 4.0을 통해 개발할 수 있고, 이러한 개발 툴은 이전과 다르게 전부 무료로 배포된다. 마이크로소프트의 개발 툴에 대한 정책이 대대적으로 바뀌었음을 시사한다.

트위터나 페이스북과 같은 소셜 네트워크 서비스는 현재 스마트폰 환경에서 필수 불가결한 인터넷 서비스 환경이다. 이러한 서비스 환경을 제공하고 쉽게 프로그램을 작성하도록 하기 위해 마이크로소프트는 Windows Azure라는 클라우드 플랫폼 환경을 통해 접근할 수 있도록 구성하고, 또한 XBox Live와의 연계를 통해 작업할 수 있도록 구성했다. 이는 XBox 게임 플랫폼을 윈도우폰 7 환경에 단순히 포팅한 것(XBox 게임이 윈도우폰 7 환경에 동작하도록 만든 것)뿐만 아니라 XBox Live를 통해 기존 XBox 360과의 연계나 다른 윈도우폰 7과의 연계를 통해 게임을 만들 수 있도록 지원하는 것을 의미한다. 클라우드 서비스에는 노티피케이션(Notification), 위치 기반 서비스, XBox Live 서비스, WCF(Windows Communication Foundation), SOAP, REST 및 LINQ 등을 지원한다.

마지막으로 윈도우폰 7 응용프로그램의 개발에서 마켓플레이스까지 등록에 대한 지원 강화 부분이다. 응용프로그램의 등록, 검증, 인증, 출시 등과 같은 작업을 일관적으로 처리하며 업데이트 및 관리 프로세스를 일원화해 윈도우폰 7용으로 개발된 응용프로그램의 판매 및 관리를 용이하게 할 수 있도록 한다는 것이다.

（3） 내부구조

윈도우폰 7의 소프트웨어 구조는 <그림 2.20>과 같다. 윈도우폰 7은 하드웨어 위에 윈도우 임베디드(Windows Embedded) CE를 기반으로 하는 운영체제가 올라가고 여기에 GPS, 가속도 센서, 전화기, 그래픽, 접근 센서 및 미디어 처리 등을 위한 API와 하드웨어 드라이버들이 탑재된다. 구성요소를 세부적으로 살펴보면 다음과 같다. 새로운 윈도우 CE 커널을 바탕으로 하는 커널은 가상 메모리, 보안, 네트워크, 파일시스템을 담당한다. 운영체제 위에 올라가는 하드웨어에 관련된 BSP(Board Support Package) 및 디바이스 드라이버들은 MS에 의해 재설계되었고. 표준화되고 안정적인 구조로 제공되었다. App 모델은 서비스 베이스 업데이트/전송 모델, 커널의 보안 모델과 상호 작용을 해 안정적인 App 동작 및 시스템 보안 기능 제공 UI 모델은 페이지 기반 UI 모델을 제공하고, 하드웨어 가속 그래픽, 컴포지터, 쉘을 제공한다. 클라우드 서비스는 기존 마이크로소프트의 클라우드 서비스와 연동된다. 응용프로그램의 동작은 관리형 코드 구조를 가진다. 프레임워크에는 실버라이트, XNA, HTML/Javascript 런타임 프레임워크를 제공한다.

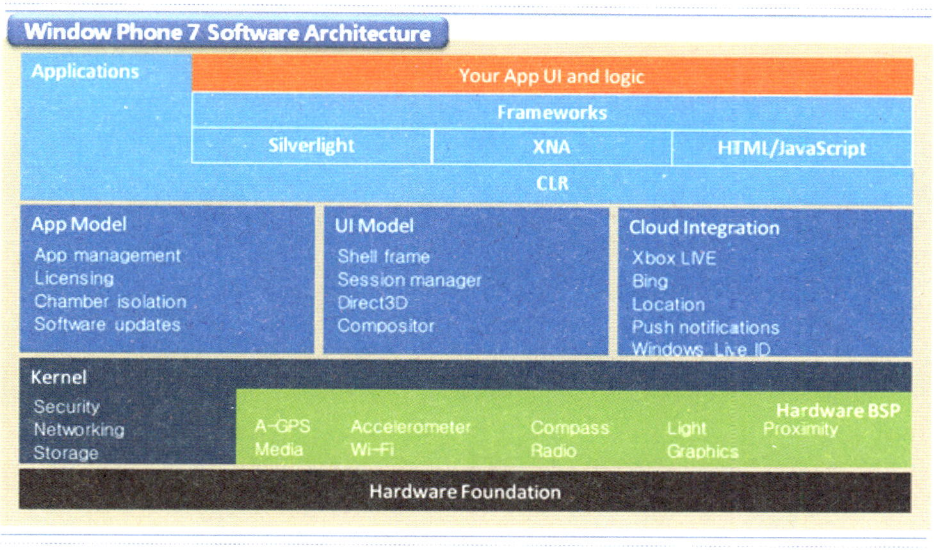

그림 2.20 윈도우폰 7의 시스템 계층 구조도

라) 바다(bada)

(1) 개요

'바다(bada)'는 순수 한국어의 바다에서 나온 말로, 삼성전자에서 개발한 차세대 개방형 스마트폰 플랫폼의 브랜드이다. 바다는 무한하고 신비로운 공간에서 나래를 펼칠 수 있는 이미지와 기존에 삼성이 활용하던 블루의 의미로도 이해할 수 있다. 바다는 개방형 모바일 플랫폼으로 기존 플랫폼들 대비 심플한 사용성을 가지고 있으며, 애플리케이션 다운로드 기능, 강력한 인터넷 서비스 연동 기능, 혁신적인 스마트폰 UI 지원 등이 특징이다. SNS, LBS, 커머스(Commerce) 서비스 등 다양한 서비스를 서로 접목해 새로운 서비스 개발이 가능하다는 것이 가장 큰 특징이다. 예를 들어, 스마트폰에 탑재된 지도를 통해 친구의 위치를 찾은 후 주변 정보를 볼 수 있고, 친구와 게임을 하는 중에 아이템도 구매할 수 있다. 또한, 차세대 스마트폰 UI를 탑재해 쉽고 직관적인 사용자 환경을 제공하며 햅틱과 가속센서 등 각종 첨단 센서와 얼굴인식, 동작인식 등 다양한 입력 인터페이스를 지원해 혁신적인 사용성을 구현했다. 통화, 메시지 전송, 주소록 등 스마트폰의 다양한 기능을 쉽게 사용할 수 있도록 개방해 스마트폰 UI와 밀접하게 연동되는 애플리케이션 개발을 가능하게 했으며, 웹과 플래시 기반 애플리케이션을 지원해 웹·플래시 개발자의 바다 애플리케이션 개발을 최대한 쉽도록 했다. 삼성전자는 자체 거발 스마트폰 플랫폼인 바다(bada)의 소프트웨어개발도구(SDK)를 바다 개발자 사이트(http://developer.bada.com)에 공개하

고 일반인들도 내려 받을 수 있도록 했다. 바다 SDK는 이클립스 CDT(C/C++ 개발도구) 및 삼성의 터치위즈 사용자환경(UI)를 지원하는 UI 프레임워크를 기반으로 하고 있다. 또 물리적인 스마트폰 없이도 애플리케이션을 테스트할 수 있는 시뮬레이터를 제공하며, 어도비의 플래시를 지원한다.

스마트폰 제조사 중 대부분의 업체는 공용 플랫폼인 심비안, 윈도우 모바일, 안드로이드, 리모 등을 사용하고 있으나, 삼성전자는 자체 플랫폼을 보유하면서도 공용 플랫폼 전부를 지원하는 유일한 스마트폰 제조사이다.

(2) 특징

삼성의 강점 가운데 하나는 휴대폰의 세계 시장 점유율이다. 향후 출시되는 피처폰에 바다플랫폼을 기본 탑재하겠다는 의지가 있기에 스마트폰 분야에서 아직 그 점유율이 적더라도 휴대폰 시장 점유율로 치면 가능성이 많은 것이다.

● 편리한 피처 기능 제어

삼성 바다폰이 가진 대부분 피처 기능(중력 센서, 간단한 움직임 인식, 터치 패널, 카메라, 멀티미디어 등)을 쉽게 제어할 수 있는 API가 제공된다. 따라서 카메라로 사람의 얼굴을 인식하는 기능, 특정 패턴의 동작을 인식하는 기능 등을 조합해 새롭고 창의적인 작품을 만들어낼 수 있다.

● 서버 based API

서버 based API를 제공하고 있어 디바이스 간의 연동을 제공하는 애플리케이션 제작이 지원된다. 예를 들어 트위터(Twitter)와 같은 SNS(Social Network Service)를 구현할 수 있는 기능의 API, 그리고 위치 기반 서비스를 할 수 있는 LBS와 같은 기능을 가진 API를 제공한다. 이를 적절히 재구성해 모바일과 연동되는 새로운 킬러 애플리케이션을 구현할 수 있다.

(3) 내부구조

삼성 바다 플랫폼은 네 개의 레이어, 커널(kernel), 디바이스(device), 서비스(service), 그리고 프레임워크(framework)로 구성되어 있다. <그림 2.21>는 바다의 시스템 계층 구조도를 보여준다.

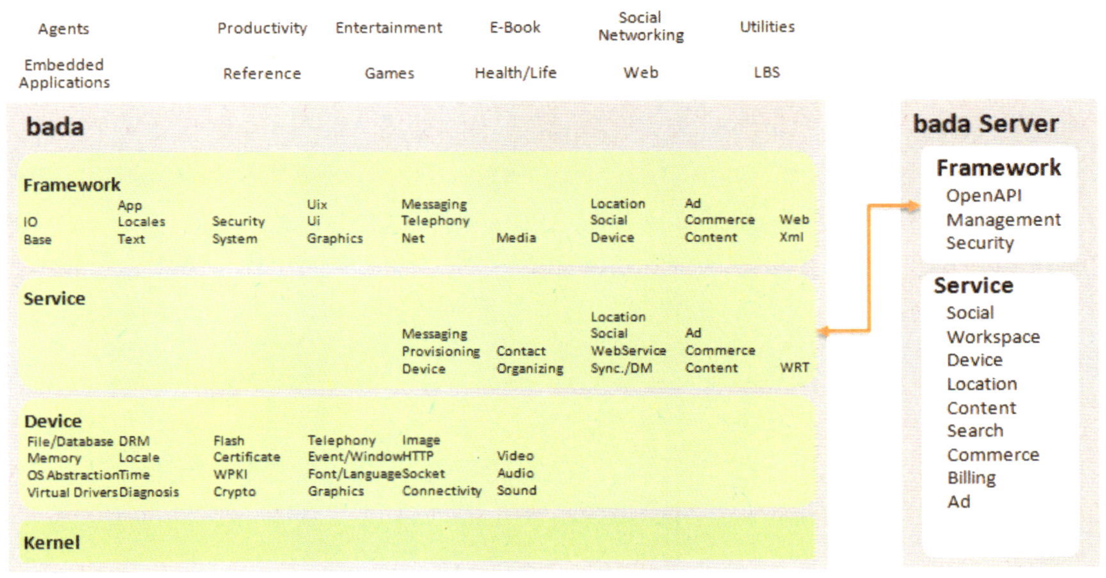

그림 2.21 바다의 시스템 계층 구조도

커널 레이어는 하드웨어 구성에 따라 리눅스 커널 혹은 실시간 OS 커널로 장착할 수 있다. 디바이스 레이어는 디바이스 플랫폼의 핵심 기능인 시스템과 보안 관리, 그래픽스와 윈도우 시스템, 데이터 프로토콜과 정보통신 그리고 오디오와 동영상 같은 멀티미디어 관리 등을 제공한다. 서비스 레이어는 바다 서버와 연결된 애플리케이션 엔진과 웹 서비스 구성요소가 제공하는 서비스 중심적인 기능을 제공한다. 프레임워크 레이어 만이 C++ open API를 애플리케이션에게 제공할 수 있다. 프레임워크는 하위계층에서 제공된 기능과 애플리케이션 프레임워크로 구성되어 있다.

2.3.2 모바일 보안

1) 모바일 플랫폼 보안 취약점

모바일 단말이 일반폰에서 스마트폰으로 발전되어 감에 따라 모바일 플랫폼의 개발이 가속화되어 노키아는 심비안, MS는 윈도우폰 7, 애플은 아이폰, 구글은 안드로이드 플랫폼을 모바일 단말에 적용하고 있다. 이들은 기본적으로 일반폰보다 성능적으로 우수하고, 개방형 환경에 따라 자체적으로 애플리케이션을 개발하는 폐쇄형 구조에서 모든 개발자에게 표준화된 개발환경을 제공하는 공개형 구조로 발전하고 있다.

안드로이드와 같은 개방형 플랫폼을 탑재한 단말의 등장은 제조사들데게 플랫폼의 단말 적용 편의성을 제공하지만 플랫폼 소스 공개에 따른 보안 취약점 노출 위협이 증대될 수 있다. 또한, 앱스토어를 통한 애플리케이션 유통은 구매자와 개발자 간에 애플리케이션 유통 편의성을 제공하지만 악성코드가 포함된 애플리케이션을 보안성 검증 절차가 미비한 앱스토어에 올려 악의적인 바이러스 제작 및 유포 기회가 확대될 수 있다.

다양한 네트워크 접속환경 지원은 네트워크를 활용한 다양한 서비스를 제공할 수 있지만 스마트폰의 다양한 네트워크(Wi-Fi, Bluetooth, HSDPA)등을 통한 감염 경로의 다양성을 제공할 수 있다. 또한, 이동 편의성 및 모바일 오피스 지원은 언제 어디서나 단말 사용자에게 모바일 서비스를 제공받을 수 있지만 휴대성에 따른 분실/도난 및 모바일 오피스 지원에 따른 기업의 스마트폰 수요가 증가되어 개인 및 기업 정보 유출 위협이 증대될 수 있다. 다음은 개인정보 침해를 포함하여 서비스의 가용성을 위협할 수 있는 스마트폰 서비스에서 발생 가능한 위험 시나리오를 보여준다.

데이터 변조/유출 위험 시나리오에는 악성코드에 감염된 콘텐츠가 배포되어 사용자의 개인정보가 유출, SMS, MMS, WAP Push, E-Mail 등으로 유입된 악성코드를 통한 정보의 유출, 모바일 애플리케이션의 취약점을 이용한 개인정보의 유출, 플랫폼 위/변조를 통한 개인정보의 유출, 스마트폰의 분실로 인한 정보의 유출, 애플리케이션 악성코드를 삽입하여 개인 위치 정보를 유출, 인터넷 브라우저를 통한 악성코드의 전파 및 개인정보의 유출 등이 있다. 또한 Rogue(비인증) AP(Access Point)를 이용한 도청, Rogue AP를 이용한 데이터 변조 및 악성코드 삽입, 피싱을 통한 정보의 유출, 서버 애플리케이션 및 서버 OS 취약점을 이용한 정보 유출, 그리고 Proxy-Based Full Browser의 보안 위협 등이 있다.

서비스 거부 위험 시나리오에는 악성코드를 통한 DDoS(Distributed Denial of Service), Mail-Bomb을 통한 사용자 불편 유발, 애플리케이션의 문제로 인한 통화 기능의 장애, 플랫폼 위/변조로 인한 스마트폰 기능 장애, 인터넷 브라우저를 통한 악성코드의 전파 및 스마트폰 장애 등이 있다. 또한 보안 솔루션 간 간섭으로 인한 서비스 장애, EMP(전자기 펄스)로 인한 단말의 고장, 배터리 방전을 통한 스마트폰의 사용 방해, Firmware 취약점을 이용한 서비스 거부, RFID Reader를 이용한 RFID 기능 방해, Flooding Attack으로 인한 Core망 장애 그리고 DDoS 트래픽으로 인한 Core망 장애 등이 있다.

SPAM 위험 시나리오에는 악성코드를 통한 SPAM의 발송, 플랫폼 위/변조를 통한 SPAM 프로그램 설치, 인터넷 브라우저를 통한 SPAM 프로그램의 설치, Rogue AP와 Cross Service 공격을 이용한 SPAM의 배포 그리고 외부 SPAM 서버의 운영 등이 있다.

부정사용 위험 시나리오에는 애플리케이션의 부정사용, 콘텐츠의 부정사용, 스마트폰의 도난에 따른 부정사용 그리고 Replay를 이용한 사용자 가장 등이 있다.

2) 모바일 플랫폼의 보안 매커니즘

가) 안드로이드

Android 보안 구조의 핵심은 기본적으로 다른 프로그램과 운영체제, 또는 사용자에게 나쁜 영향을 미칠 수 있는 임의의 operation을 수행할 수 있는 권한을 부여하지 않는다는 것이다. 안드로이드 보안의 주요 세 가지 측면은 다음과 같다.

첫째로 AndroidManifest.xml에 정의된 권한(permission)을 준수해야 한다. 안드로이드의 여러 기능은 운영체제 권한 메커니즘에 의해 보호된다. 보호되는 기능을 사용하려면 응용프로그램이 필요한 권한을 요구함을 선언해야 한다. 사용자가 응용 프로그램을 설치하려고 하면 안드로이드 운영체제는 인증서를 기반으로 자동으로 허용하거나, 설치가 진행되기 전에 요청된 모든 권한을 사용자에게 표시해야 한다.

둘째로 응용프로그램 서명(Application Signing)을 해야 한다. 안드로이드 플랫폼용으로 만들어진 모든 응용프로그램 패키지는 개발자가 보유한 개인키 인증서로 반드시 서명되어야 한다. 안드로이드에서 응용프로그램은 기본 안드로이드 APK 형식인 패키지로 되어 있기 때문에 다음과 같은 안드로이드 규칙에 따라 서명된다. 첫 번째로 안드로이드에서 서명을 통해 개인키가 개발자의 소유임을 확인할 수 있지만 해당 개발자의 ID를 확인할 수는 없다. 두 번째로 안드로이드 마켓에 제공된 응용프로그램의 경우 인증서는 최소한 25년 동안 유효해야 한다. 세 번째로 안드로이드에서 패키지 서명을 다른 인증서로 마이그레이션(migration)하는 것은 지원되지 않는다. 마지막으로 업데이트가 다른 인증서에 의해 서명된 경우 사용자는 원래의 응용프로그램을 제거해야 업데이트 된 응용프로그램을 설치할 수 있다. 동일한 인증서로 서명된 두 개의 응용프로그램은 서로의 캐시 및 데이터 파일에 액세스할 수 있도록 허용하는 공유 ID를 지정할 수 있다.

셋째로 응용프로그램 사용자 ID가 할당된다. Android는 리눅스(Linux) 커널을 사용한다. 설치된 모든 응용 프로그램에는 파일 액세스와 같은 작업에 대한 권한을 결정하는 리눅스 형식의 사용자 ID가 할당된다. 응용 프로그램, 응용 프로그램 저장소 및 임시 디렉터리의 파일은 파일 시스템 권한에 따라 액세스로부터 보호된다. SD 카드와 같은 외부 저장소에 작성된 파일은 해당 SD 카드가 컴퓨터에 대용량 저장장치로 마운트된 경우 다른 응용 프로그램 또는 사용자가 읽고 수정하고 삭제할 수 있다.

나) iOS

iOS의 보안 모델은 크게 내부적 보안 모델과 애플에 의한 정책적 보안 모델로 나누어 볼 수 있다. 내부적 보안 모델은 iOS 자체 보안 서비스 패키지로 Core OS 내부에 존재한다. 다음과 같은 특징을 가지고 있다.

- KeyChain은 패스워드, 키, 인증서 그리고 다른 비밀 정보를 저장하는 용도로 사용한다. Cryptographic 함수(비밀 정보의 암호화와 복호화에 사용됨)와 Data storage 함수(비밀 정보와 관계된 데이터를 파일에 저장하는 데 사용됨)를 통해 구현한다. 따라서 KeyChain 서비스는 Common Crypto Dynamic Library를 호출한다.

- CFNetwork는 안전한 네트워크 접속을 보장하는 보안 서비스의 기본 API로 애플리케이션이

secure data stream을 생성/유지하게 한다. 또한 전송하는 메시지에 인증 정보를 추가하는 역할을 수행한다.

- Certificate, Key and Trust Services는 인증서 제작, 관리, 읽기를 수행한다. KeyChain에 인증서를 추가하고, 암호화 키를 생성하고 또한 암호화와 복호화를 수행한다. 데이터의 서명(Sign)을 수행하고 그 서명(Signature)이 유효한지를 검사한다.

- Randomization Services는 암호학적으로 안전한 난수(Random Number)를 생성한다.

iOS는 세부적인 사항(Source Code)을 공개하지 않는 정책을 따르기 때문에 정책적인 보안 모델을 통하여 보안성을 강화하고 있다.

애플리케이션 간에 데이터 공유 금지를 한다. 이는 보안성을 높이기 위한 하나의 방법으로, 애플리케이션 간의 데이터 공유 금지를 통해 악성코드의 감염 시에도 악성코드가 다른 애플리케이션 내부의 데이터에 접근이 불가능하게 설계되어 보안성을 높일 수 있다는 장점이 있다.

인증서 서명과 강력한 애플리케이션 검증 과정을 거친다. 앱스토어에 애플리케이션을 등록하고 배포 시, 애플리케이션의 안전성을 확보하기 위해서는 모바일 애플리케이션의 유통 인증 기술과 앱스토어에 등록된 애플리케이션에 대한 보안 검증 기술의 적용이 요구된다. 모바일 애플리케이션의 유통 인증 기술은 애플리케이션이 앱스토어에 등록되어 구매자에게 전달되기까지 유통자 증명을 제공하는 기술로서, 이를 위해 코드사이닝(Code Signing)기술을 적용하고 있다. 개발자는 개발한 모바일 애플리케이션의 신원증명을 위해 인증서로 코드사이닝하여 앱스토어에 등록하고 앱스토어에서는 해당 애플리케이션에 대한 신원증명을 확인하여 개발자 확인 절차를 수행한다. 또한 애플 자체 내에 개발 가이드에 의한 검증을 통과한 애플리케이션만 앱스토어에 등록한다.

3) 모바일 악성코드

모바일 악성코드는 스마트폰을 포함한 모바일 단말을 대상으로 정보유출, 단말 파괴, 불법 과금 등의 악의적인 행위를 수행하기 위한 프로그램으로 정의할 수 있다. 모바일 악성코드는 모바일 단말의 성장과 더불어 규모 면에서 빠르게 증가하고 있고, 위협요인도 다양화되고 있다.

Mosquito는 2004년에 등장한 악성코드로 Mosquitos라는 유명한 게임의 해적판을 가장하여 P2P 네트워크를 통해 사용자의 단말기에 저장된다. 해당 악성코드에 저장된 전화번호 리스트를 이용하여 사용자 몰래 SMS 메시지를 해당 전화번호로 보냄으로써 고액의 서비스 이용료를 부과하게 된다. Skulls는 감염된 단말기의 시스템 애플리케이션을 다른 파일로 교체함으로써 단말기를 사용할 수 없게 하며, 해당 악성코드에 감염되었을 때 단말기 내의 모든 애플리케이션 아이콘을 해골 이미지로 변경하거나 전체 화면에 해골 이미지의 애니메이션을 출력하게 된다. CommWarrior 는 MMS를 통해 전파되는 최초의 모바일 웜으로 2005년 러시아에서 제작되었다. 해당 악성코드는 MMS 메시지에 자신의 복사본을 첨부하고 단말기 주소록에 있는 모든 연락처에 발송한다. Cross Over는 2006년 3월에 발견된 최초의 이종 감염 바이러스다. 윈도우를 탑재한 데스크톱 PC로부터 자동적으로 사용자의 설치 승인 없이 모바일 단말기를 감염시킨다. 2007년 하반기부터 출시된 애플의 iPhone은 출시 시점부터 전 세계 해커들의 주요 공격대상이 되었으며, 최근에는 iPhone 기반에서 동작하는 악성코드(IKee)도 출현하였다. 해당 악성코드는 Jailbreak를 통해 변형된 iPhone을 대상으로 동작하며 감염될 경우 바탕화면에 '90년더 팝스타의 이미지를 표시한다. Jailbreak된 iPhone의 기본 패스워드를 악용하여 이를 변경하지 않은 단말기를 대상으로 외부로부터 전파 및 감염이 가능하게 된다.

2010년 가트너가 발표한 안드로이드 보안 평가 자료에 따르면 안드로이드는 개방형 OS 지원에 따른 시스템 자원 및 서비스에 대한 불법적 접근이 가능한 프레임워크 취약점이 존재하고, 개발자 검증 기능이 없어 애플리케이션의 취약점이 존재하고 있다고 평가하였다. 이와 같은 평가는 결국 앱스토어 환경에서 악성코드가 은닉된 애플리케이션의 유포 가능성을 보여주고 그것은 현실화되었다. 2010년 8월 안드로이드 전용 바이러스가 최초 출현한 후 현재까지 스마트폰 악성코드 2,151개가 발견되었다. 다음은 모바일 단말을 대상으로 한 다양한 악성코드 사례를 보여준다.

Trojan-Spy.AndroidOS.Adrd.a는 2011년 2월, 집중적으로 퍼진 바이러스로 백도어 기능(IMEI와 IMSI 식별 정보 데이터등 전송)을 탑재하고 있다. Trojan-Spy.AndroidOS.Geinimi.a는 개인정보 유출 바이러스인 Trojan-Spy.AndroidOS.Adrd의 새로운 변종이다. Trojan-SMS.J2ME.Agent.cd는 J2ME 자바플랫폼용 악성프로그램으로 꾸준히 증가하고 있다. 중국에서 안드로이드 보안 프로그램으로 위장한 악성 애플리케이션이 등장하는 등 보안문제가 심각해지자, 구글은 최근 안드로이드 마켓에서 악성 프로그램 58개를 발견해 즉시 삭제 조치하였으나 이미 악성앱을 설치한 스마트폰은 총 26만 대에 이를 것으로 추정된다. 또한 지트모(Zitmo) 트로이목마성 악성코드는 공격자가 문자메세지(SMS) 송수신 차단을 제어할 수 있게 설계하였고, GUI가 없어 사용자에게 보이지 않고 단말기에 탐지되지 않는 특징이다. SNS 사용자가 증가함에 따라 SNS 사용자를 대상으로 한 클릭재킹[1] 공격이 발생하였고 SNS 사용자의 정보와 이용패턴을 몰래 탈취하는 악성코드도 출현하고 있다.

4) 모바일 보안 기술

모바일 보안 기술은 PC환경과 다르게 백신, 방화벽 등과 같은 단품형 기술을 적용하기에는 한계가 있다. 또한, 다양한 OS별 모바일 단말 출시와 개방 정도의 차이 등으로 인해 각기 특성에 맞는 보안 소프트웨어 적용이 요구된다. 특히, 국내의 경우 인터넷 보안 서비스 환경이 ActiveX를 통해 대부분 이뤄지고 있기 때문에 모바일 단말을 이용한 안전한 결제 서비스에 어려움이 있으며 PC 환경과 다르게 보안 서비스도 제한적으로 지원할 수밖에 없는 실정이다. 안전한 모바일

---

1) Iframe tag를 이용, 투명하게 레이어를 만들어 의도하지 않은 클릭 유도로 악성코드를 다운받게 함.

서비스 환경을 보장하고 향후 발생 가능한 보안 위협에 대해 선제적 방어 체계를 구축하기 위해서는 단말 내부 보안기술과 더불어 원격 보안 관리, 안전한 결제 서비스 지원 및 앱스토어를 통해 배포되는 모바일 애플리케이션에 대한 검증을 통해 국내외적으로 기술 초기 단계에 있는 모바일 보안 기술의 개발이 요구된다. 본 장에서는 안전한 모바일 서비스 지원을 위한 주요 모바일 보안 기술에 대해서 살펴본다.

사용자의 부주의로 인한 시스템(노트북, 휴대 단말 등) 분실 혹은 외부 제 3자에 의한 시스템 도난 등을 통해 단말 복제, 도청 및 악용, 단말의 프라이버시 데이터 보호 위협, 악성코드 삽입 등의 보안 위협은 여전히 해결되지 않은 숙제로 남아있다. 일반적으로 소프트웨어는 하드웨어에 비해 쉽게 조작될 수 있기 때문에 물리적 보안성을 제공해주는 MTM(Mobile Trusted Module)을 이용하여 외부 공격으로부터 데이터, 키, 인증서 등을 안전하게 보호하고, 스마트폰 단말 플랫폼의 무결성 검증을 통해 악성코드 실행을 사전에 탐지하여 차단함으로써 보다 향상된 보안기능을 제공할 수 있다.

원격 보안관리 기술은 단말관리 프로토콜을 사용하여 모바일 단말의 보안기능을 원격에서 제어하고 관리하는 기술이다. 이를 위해 모바일 서비스 표준화 단체인 OMA(Open Mobile Alliance)에서 정의한 DM(Device Management) 프로토콜을 사용할 수 있다. DM 프로토콜은 두 통신 상대가 장치 관리 서비스를 제공하는 서버와 장치 관리 서비스를 받아 처리하는 클라이언트 관계를 갖는 프로토콜이다. 장치 관리 서버의 역할은 클라이언트에게 장치 관리 명령을 지시하고, 클라이언트는 주어진 명령을 수행한다. 현재 OMA DM에 정의된 보안기능은 단말 잠금과 데이터 삭제 기능을 정의하고 있다. 하지만 보안 관리적 측면에서 장치 관리 서버는 스마트폰 보안 관리 서버의 역할을 담당하고, 클라이언트는 스마트폰에 설치하여 다양한 원격 보안관리 서비스를 제공할 수 있다.

모바일 애플리케이션의 유통 인증 기술은 애플리케이션이 앱스토어에 등록되어 구매자에게 전달되기까지 유통자 증명을 제공하는 기술로서 이를 위해 코드사이닝 기술을 적용하고 있다. 개발자는 개발한 모바일 애플리케이션의 신원증명을 위해 인증서로 코드사이닝 하여 앱스토어에 등록하고 앱스토어에서는 해당 애플리케이션에 대한 신원증명을 확인하여 개발자 확인 절차를 수행한다. 일부 앱스토어에서는 공인인증서를 통한 코드사이닝을 적용하고 있지만 자가 서명(Self Signing)이나 코드사이닝을 적용하지 않는 앱스토어가 대부분이다. 따라서 개발자 신원 증명 부재에 따른 악성코드 유포자의 확인이 불가능한 사례가 발생되고 있다. 개발자의 신원증명을 위해서는 공인인증서를 이용한 애플리케이션 코드사이닝 기법을 적용하여 개발자 신원 증명 절차가 필요하다. 모바일 애플리케이션 보안 검증 기술은 앱스토어에 등록된 애플리케이션에 대해서 등록 전에 검증센터에서 보안성 검사를 통해 애플리케이션의 안전성 여부를 확인하는 절차를 의미한다. 검증센터에서는 보안성 검사를 진행하여 애플리케이션의 이상 유무를 확인하는 절차가 필요하다.

그러나 위에서 설명한 모바일 보안 기술들은 언제든지 우회 공격을 받을 수 있는 기술들이고 또한 모바일 보안 위협 범위는 한 영역에서 발생되더라고 타 영역까지 영향을 미칠 수 있으므로 서비스 전 영역을 고려해야만 한다. 모바일 환경에서 발생할 수 있는 다양한 위협에 대응하기 위한 보안 및 단말관리 융합 기술이 필요하다. MDM(Mobile Device Management) 솔루션들은 단말의 원격관리를 담당하고 악성코드 대응, 정보유출 방지, 데이터 보안, 네트워크보안, 애플리케이션 보안기능 등을 통합한 All-in-One 솔루션이 필요한 시기이다. 아직까지는 대부분 악성코드는 사용자들이 프로그램을 내려 받거나 수락해야 활동하지만 전문가들은 가까운 시기에 자동화된 공격으로까지 나타날 것으로 전망하고 있다. 이제는 모바일 보안위협이 그럴듯한 가능성을 넘어 진짜 조심해야 할 대상으로 떠오른 것이다. 특히 전자결재 및 전자금융 등 중요 정보가 처리되는 업무에 꼭 필요한 보안 요구 사항을 기술한다.

가) 사용자 및 모바일 기기 인증

리버스 엔지니어링[2](Reverse Engineering) 공격이나 소스코드 노출 위험을 최소화하기 위해 모바일 오피스 앱은 허용된 사용자만(임시 아이디/패스워드 등 확인) 다운로드가 가능해야 한다. 앱을 설치한 후 최초 실행 시에는 단말 및 사용자 인증과정을 수행하여 허가된 단말(전화번호, USIM No. 등 가입자 정보와 안드로이드 IMEI, 아이폰 UDID 등 단말기 정보 확인을 모두 수행해야 함)과 사용자 여부를 확인해야 한다. 또한 불법적인 앱의 복사 및 비인가된 단말기를 통한 모바일 오피스 접속을 차단해야 하며, 공인인증서(또는 사설인증서) 등 안전한 인증방식을 이용하여 앱에 로그인해야 한다. 단말과 서버 간에 주고받는 모든 정보는 VPN 또는 암호화 모듈 등을 이용하여 암호화된 상태로 통신 및 인증이 이루어져야 한다. 또한 중복 로그인 체크를 통한 이중 로그인을 방지하고, 비밀번호 일정 횟수 이상 입력 오류 시 강제 잠금 기능이 적용되어 본인 또는 보안담당자만 해제가 가능해야 한다.

나) 입력정보 보호

화면(또는 키보드)을 통해 입력되는 비밀번호 등 중요정보는 Key logger나 메모리 해킹 등을 통해 노출되지 않도록 가상키보드 등을 이용하여 암호화 및 무결성 보장이 되어야 하며, 단말기에서 입력된 정보는 서버까지 암호화되어 안전하게 전송 및 처리되어야 한다. 인터넷뱅킹 등에서 사용하는 계좌비밀번호, 이체비밀번호, 인증서 비밀번호 등의 입력정보는 반드시 안전하게 보호되어야 한다.

다) 네트워크 보안

3G 또는 Wi-Fi 등 통신 네트워크 방식과 무관하게 단말기로부터 서버까지 구간 전체가 암호화

---

2) 장치 또는 시스템의 기술적인 원리를 구조분석을 통해 발견하는 과정이다. 대한민국과 같은 일부 국가에서는 리버스 엔지니어링을 금지하고 있다. 그런데 이때 금지하는 것은 이진 코드로 이루어진 실행 파일(또는 실행 루틴)의 리버스 엔지니어링을 금지하고 있을 뿐, 실행 결과로서 만들어진 파일이나, 그 파일의 형식을 리버스 엔지니어링하는 것을 금지하지는 않는다.

된 상태(VPN 또는 암호화 모듈 사용)에서 내부 시스템에 연결되어야 하며, 단말기를 통한 비인가 네트워크가 연결되지 않도록 단말기로 들어오는 Inbound 트래픽과 단말기를 통한 악성코드 및 비인가 앱의 무단 내부망 접속을 차단하기 위한 Outbound 트래픽을 차단해야 한다.

봇넷(Botnet) 프로그램에 의해 감염된 좀비(Zombie) 단말기가 특정 사이트에 트래픽을 유발하거나, 특정 단말기에 SMS를 전송함으로써 부정과금 및 웹사이트 마비, 단말이용 불능 등 PC보다 더 큰 모바일 DDoS 공격 위험에 노출될 수 있다. 그러므로 좀비 단말의 위협으로부터 보호할 수 있는 과도한 트래픽 및 유해 트래픽 차단 기능을 가지고 있어야 한다. 또한 보안담당자들이 가장 우려하고 있는 Soft AP 및 Tethering 등을 통한 통제되지 않는 네트워크 접속을 차단할 수 있어야 한다.

라) 내부정보 보호

분실 및 도난 시 단말기에 저장 보관된 내부정보 보호를 위해 비밀번호 오류가 일정 횟수 이상일 때 스마트폰을 공장 초기화할 수 있어야 하며, 원격에서 화면 잠금을 설정하거나 저장정보를 원격 삭제하고, 단말 위치정보 조회가 가능해야 한다. 또한 비인가자의 단말 사용을 제한하기 위해 일정시간 미사용 시 자동 로그아웃 및 화면 잠금 설정 등 보안설정 강제화가 가능해야 한다.

중요문서가 원천적으로 단말에 저장하지 않도록 암호화하여 서버에 문서를 두고 스트리밍(Streaming) 방식으로 문서를 읽을 수 있도록 구현하거나, 단말에 저장해야 하는 경우에는 암호화한 후 단말에 저장하거나 모바일 DRM을 구축해야 한다. 문서변환은 실시간 변환방식을 사용하여 문서변환 서버 등에 문서가 남지 않도록 해야 하며, 스트리밍 방식의 문서열람체계 구축 시에는 단말기의 메모리 등에 문서가 남지 않도록 휘발성 열람처리가 되어야 한다.

마) 정보유출 방지

앞에서의 내부정보 보호조치는 분실 및 도난 등에 따른 비인가자에 의한 정보유출 방지가 목적으로, 내부직원에 의한 정보유출을 방지하기에는 한계가 있다. 따라서 내부직원에 의한 정보유출을 차단하기 위해서는 모바일 DLP(Data Linkage Protection)가 필요하다. 모바일 DLP는 정보가 유출될 수 있는 각종 경로(3G 데이터망, Wi-Fi, 블루투스, USB, 카메라 등)를 앱과 Data와 연계하여 허가되지 않은 전송 및 사용을 통제하는 기술로, 보안정책에 따라 차단이 된 경우에도 승인 후에는 전송의 사용이 허용될 수 있는 기능이 요구된다. 보험 설계사 등 이동하면서 고객정보를 많이 취급하는 경우에는 화면 캡처를 통한 개인정보 유출 위험이 상대적으로 높은데 USB 연결 및 ShootME, Screenshot 등의 앱을 통한 화면 캡처를 방지하는 기능도 필요하다.

바) 악성프로그램 방지

악성프로그램의 설치 및 실행을 차단하기 위해 악성코드 검사 및 모바일 OS 취약성 검사 기능을 제공해야 한다. 안티바이러스 소프트웨어는 항상 최신 엔진을 유지할 수 있도록 기관 내 패턴업데이트 서버를 구축해야 하며, 다운로드하는 앱에 대한 실시간 검사는 물론 보안담당자의 스케줄링에 의한 정기적인 검사 수행이 가능해야 한다. 안드로이드 마켓에서의 악성코드 사례에서와 같이 모바일 악성프로그램은 PC 환경의 악성프로그램과 달리 패턴 및 시그니처에 의한 탐지가 어렵기 때문에 행위 및 권한 기반의 위험한 앱에 대한 실행 탐지는 물론 미확인 또는 신뢰하지 않은 앱에 대한 실행통제 기능이 반드시 필요하다.

사) 모바일기기 보안관리

모바일기기의 관리는 MDM(Mobile Device Management) 솔루션을 사용하여 관리할 수 있다. MDM은 모바일기기에 대한 자산관리 및 보안적용, 문제해결을 목적으로 개발이 되었는데 업체마다 차이는 있지만 일반적으로 사용자정보 조회(이름, 부서, 이메일, 전화번호 등), 단말정보 조회(OS 버전, 단말제조사, 모델, CPU, Memory 등), 소프트웨어 배포 관리(앱 배포, 삭제, 설치 현황 조사), 디바이스 제어(카메라, Wi-Fi, GPS, 블루투스, E-mail, 화면캡처 등), 앱 제어(실행 중인 앱 조회, 앱 실행, 프로세스 실행통제 등), 백업 및 복원, 무선 및 VPN 설정(W_-Fi 및 VPN 설정 등), 기타 앱스토어, 브라우저 사용제한, AD 및 LDAP 연동 기능 등을 제공한다.

아) OS 위변조 방지

탈옥(Jail Breaking)[3]이나 루팅(Rooting)[4]을 하게 되면 상대적으로 더 많은 보안 위협에 노출될 수 있으므로 탈옥 또는 루팅된 스마트폰에서는 업무 프로그램의 실행을 제한해야 하며, 주기적인 검사를 통해 OS의 무결성 검증 및 최신 보안패치 설치를 할 수 있어야 한다.

자) 앱 서버 인증

위 변조된 앱을 이용한 서버 접속은 물론 위장된 가짜 서버로의 접속을 통한 인증정보 및 중요 정보 유출을 방지하기 위해서는 앱 인증은 물론 서버 인증도 요구된다.

차) 보안솔루션 자체 보호 기능 앱

프로그램을 분석하여 보안 기능을 우회하거나 취약점을 찾아내는 Reverse Engineering 공격을 방지할 수 있도록 리버싱 방지 툴을 적용하거나 변수 이름을 어렵게 해야 하며, 보안 앱 프로그램을 위·변조하거나 프로세스 강제 종료 및 삭제 등을 통해 보안기능을 무력화하지 못하도록 자체 보호 기능이 구현되어야 한다.

---

3) iOS의 제한을 풀어 사용자의 루트에 접근할 수 있게 함으로써 타 회사에서 사용하는 서명되지 않은 코드를 실행할 수 있게 하는 과정을 말한다.

4) 안드로이드 스마트폰의 시스템에 접근할 수 있는 Super User 권한을 취득하는 창법

카) 중앙집중식 보안관리 및 통합(보안)관제 기능

MDM은 물론 안티바이러스 소프트웨어, 문서보안(DRM), 정보유출 방지시스템(DLP) 등을 보안 담당자가 기관의 특성에 따라 정책을 수립하고 단말기에서 발생되는 각종 보안이벤트를 수집 분석할 수 있어야 한다. 만약 기관에서 안티바이러스 정책을 설정하고 관리할 수 없다면 악성코드에 대한 신속한 대응이 어려운데, 악성코드가 확산된 후에는 이미 심각한 피해를 입었기 때문에 조기 대응이 매우 중요하다. 또한, 다양한 보안솔루션에서 발생되는 로그와 이벤트를 분석하여 통합보안관제가 가능해야 한다.

2.3.3 모바일 단말기 UI/UX

1) 모바일 단말기 UI의 변화와 발전

모바일 단말기의 발전 속도는 다른 제품들에 비해 매우 빨랐다. 특히 많은 모바일 기기들 가운데 휴대폰은 가장 다양한 변화와 빠른 속도의 발전을 보여주었다. 그리고 이러한 변화 중 사용자의 시선과 감각을 자극하는 것이 있으니 바로 UI(User Interface). UI는 사용자의 편의를 위한 기술의 레이아웃을 말한다. 장치가 보여줄 수 있고, 구현할 수 있는 기능에 관련된 모든 것을 보여주는 기본적인 설계도. 사용자의 요구와 기술의 조합을 통해서 사용자의 편의를 극대화하는 것이기도 한데, UI의 완성도에 따라 개발과 GUI(Graphic User Interface)의 구현은 훨씬 용이해진다고 볼 수 있다. <그림 2.22>에서 사용자의 프리미엄 제품 요구, 고 사양의 기술 혁명 조합, 단말 제조사의 자사 제품의 차별화 전략, 그리고 서비스 제공자의 필요성 등에 의해 차세대 UI가 출현하였다는 것을 보여준다.

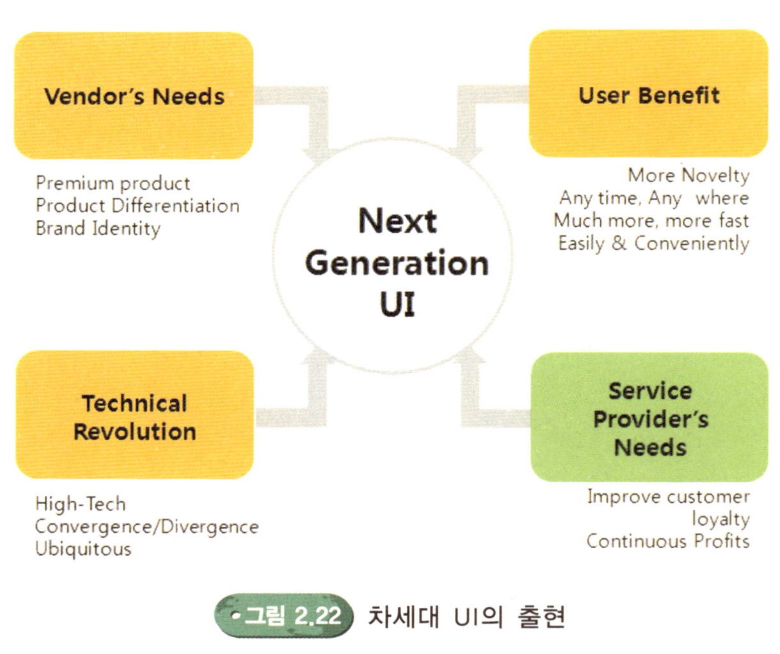

그림 2.22 차세대 UI의 출현

최근 직관적이고 혁신적인 인터페이스를 채택한 제품이 시장에서 성공하고 실감형 인터페이스가 각광을 받는 것처럼, 모바일 분야에서도 진보된 사용자 인터페이스를 위한 장치와 소프트웨어 기술이 주목을 받고 있다. 아이폰 등장 이후로는 터치 인터페이스를 채용한 단말들이 급속히 확산되기 시작하였다. Microsoft의 윈도우폰 7에서는 터치스크린과 모션 센서 기반의 인터페이스를 기본으로 장착, 삼성전자와 LG전자 등도 각자의 고유한 UI 인터페이스와 터치스크린을 활용한 다양한 휴대폰을 출시하고 있다. 멀티터치 스크린 기능 외에도 근접 센서, 조도 센서, 가속도 센서, 지자기 센서와 같이 다양한 센서들을 단말에 내장하고 이를 이용하여 UI를 개선하려는 시도들도 함께 진행되고 있다. 이 밖에도 마이크를 통해 바람을 식별하고, 이를 이용하는 인터페이스 방식을 비롯해 카메라를 다양한 인터페이스의 조합과 재창조가 진행되고 있다. 인터페이스 기술에 대한 중요성이 높아지면서, 관련 특허 출원과 특허 분쟁도 증가 추세에 있다. 애플의 멀티터치 분쟁 사례 등에서 예상할 수 있듯이 인터페이스 기술과 관련된 특허 분쟁의 소지는 점점 커지고 있다. 애플은 멀티터치 이외에도 다양한 인터페이스 관련 특허를 지속적으로 출원하고 있고, PCT를 통해 특허를 다수 출원하여 현재 HTC와 삼성전자에 인터페이스 관련 기술 특허 소송을 벌이고 있다.

2) 스마트폰 UI 분석

스마트폰 UI는 사용자가 제품/서비스와 접하는 인터페이스(컬러, 단말모양, 메뉴구조, 터치 인터랙션 등)를 말한다. 스마트폰 UI는 1차적 인터페이스와 2차적 인터페이스로 구분될 수 있는데 전자는 단말의 하드웨어 구성 요소(단말모양, Key 배치)를 말하고 후자는 서비스(단말을 통해 제공되는 서비스) 프로세스의 화면구성, 메뉴체계를 말한다.

그림 2.23 윈도우폰, 아이폰, 안드로이드폰의 홈 UI

UI 디자인은 단순하면서 필요한 정보를 효율적으로 보여줄 수 있는 구조를 가지고 있어야 한다. 모든 UI의 동작은 예상 가능하고 다음 작업을 쉽게 진행할 수 있어야 하고, 모든 기능을 자연스럽게 익히면서 사용할 수 있도록 구성을 가져야 한다. 그래픽 유저 인터페이스(GUI) 환경이 발전한 것도 이와 같은 예상 가능성을 통해 사용자가 사용 방법에 대한 손쉬운 접근을 할 수 있기 때문이다. 또한 사용 방법뿐만 아니라 UI에 있는 명령이나 버튼과 UI적 요소들 역시 전체적으로 동일성을 유지해 나가면서 구성해야 한다. 하드웨어의 기술적인 측면으로는 사용자의 동작에 빠른 응답이나 반응 동작이 이뤄져야 한다. 아무리 좋은 유저 인터페이스라 하더라도 지나치게 사용자의 키 입력에 반응이 늦거나 터치해도 아무런 동작이 없다면 좋은 UI가 될 수 없다는 것을 인식하여야 한다.

스마트폰에는 아직까지 개선되지 못하는 제약사항이 있으며 이 제약사항들은 당분간 고려해야 한다. 음성 인식이나 가상 인터페이스와 같은 영화에서 보던 기술들은 아직까지는 개발단계라서 여러 제한사항을 고려하여 유저 인터페이스에 대한 고려가 이루어져야 한다. 우선 다양한 사용 환경을 고려해야 한다. 실내뿐만 아니라 야외에서 혹은 운전 중에 동작할 수 있는 무난하면서 손쉬운 입력 환경을 제공해야 한다. SMS를 손쉽게 보내거나, 전화를 손쉽게 걸고, 몇 번의 메뉴 클릭을 통해 사용할 수 있어야 한다. 아직까지 스마트폰에서 입력 방법은 어려운 부분이다. 터치나 작은 키패드로 이루어진 임베디드 시스템에서는 입력하는 것은 고통이고 많은 노력을 들어야 한다. 따라서 이러한 입력 방법에 대한 제한점을 고려해 유저 인터페이스를 구현해야 한다.

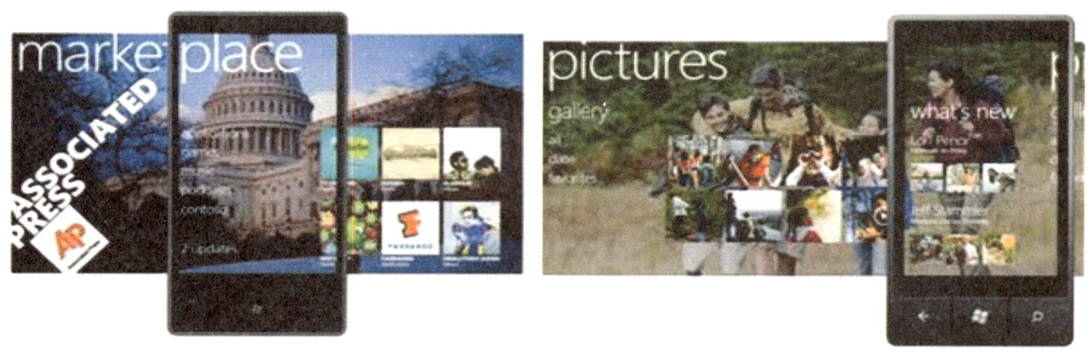

그림 2.24 윈도우폰 7의 UI

스마트폰 UI의 최근 흐름은 단말 UI와 서비스 UI 두 가지 형태로 제공된다. 단말 UI는 공간의 최소화, 페이지 간 이동의 최소화, 그리고 새로운 서비스에 적합한 신선한 인터랙션의 필요성 때문에 메뉴, 터치용 키패드, 앨범 등 단말 전체에 Rich UI 적용이 일반화되었고 옵션메뉴를 찾을 필요 없이, <그림 2.25>와 같이 상황에 맞는 메뉴를 서술형으로 표시하게 되었다. 서비스 UI는 PC수준의 풀 브라우징이 활성화가 되어 인터넷 상의 모든 콘텐츠와 정보에 접근할 수 있는 기술적인 진화를 하게 되었다. 또한 <그림 2.26>과 같이 수많은 콘텐츠를 효과적으로 보여주는 위젯(Widget)들이 개발되기 시작하였다.

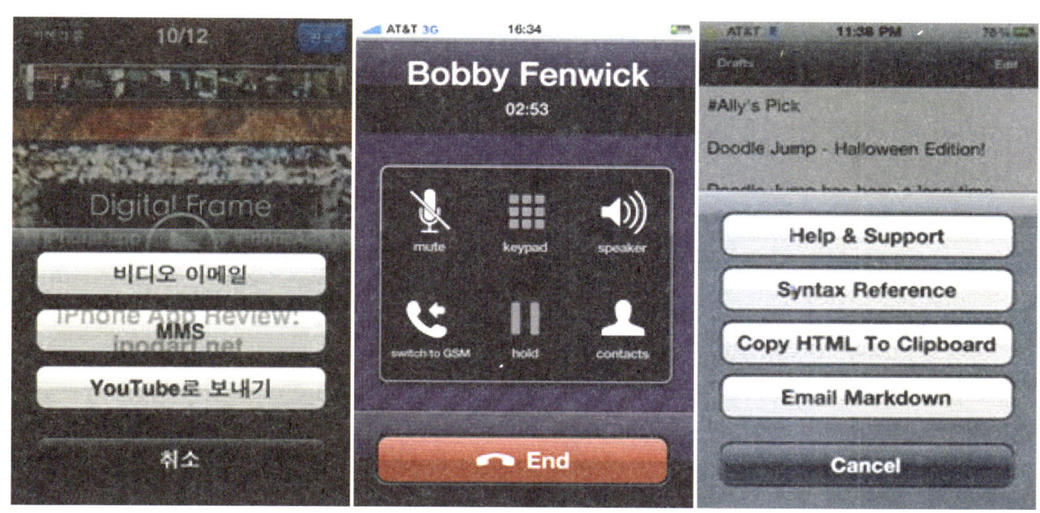

그림 2.25 대화형 메뉴

그림 2.26 HTC의 페이스북, 날씨, 전화 위젯

3) 스마트폰 UX 분석

현재 전통적인 UI 개념은 차세대 UI 개념으로 진화되고 있고 <그림 2.27>은 그것을 보여주고 있다.

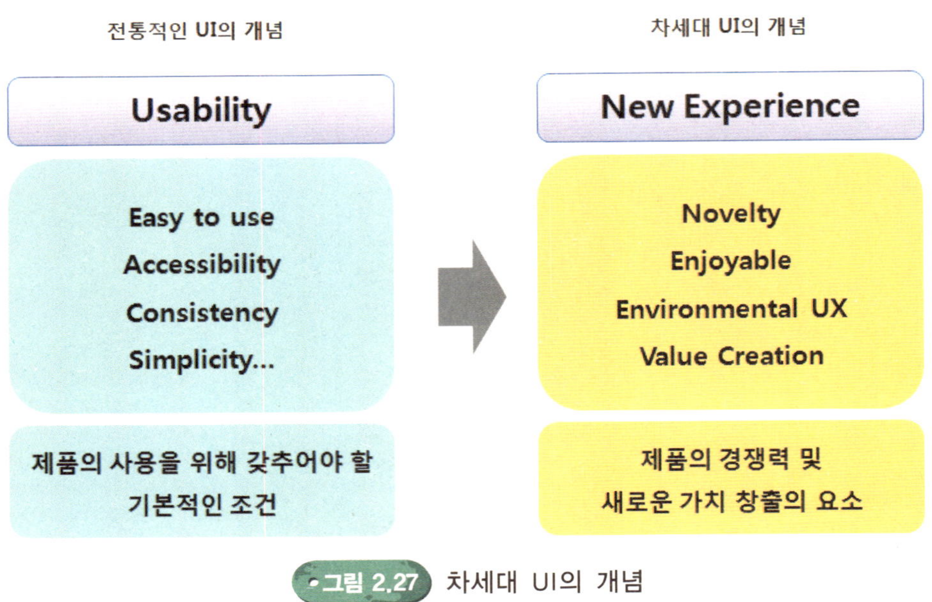

그림 2.27 차세대 UI의 개념

UX(User eXperience)는 사용자가 어떤 제품이나 서비스를 이용하면서 느끼게 되는 총체적 경험을 말하며 UI를 포함한다. 따라서 제품/서비스 설계는 기능 중심의 UI 디자인에서 콘텐츠, 브랜드 등 경험을 기반으로 한 감성 중심의 UX 디자인으로 진화하고 있다. <그림 2.28>은 이 진화를 보여준다.

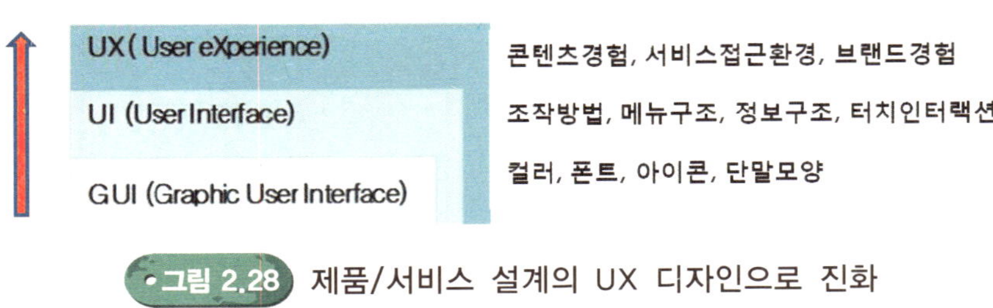

그림 2.28 제품/서비스 설계의 UX 디자인으로 진화

Jakob Nielsen에 의하면 사용자의 UX를 만족시키기 위해서는 다섯 가지(Learnability, Efficiency, Memorability, Errors, Satisfaction) UX 사용자 검증이 필요하다고 한다. 우선 사용하기 쉬워야 하고, 한번 학습하면 효과적으로 매번 신속하게 사용할 수 있어야 하고, 이전에 사용했던 기능의 재사용이 용이해야 하며, 오류가 적고 사용자가 쉽게 오류 상황을 극복할 수 있어야 한다. 그리고 가장 중요한 점은 사용자의 만족도가 높아야 한다는 것이다.

<그림 2.29>는 피터모빌이 만들고 자신의 책 Ambient Findability에서 소개한 그림이다. 이런 식으로 UX의 구성요소를 정의하여 각 구성요소의 평가에 따라 UX 수준을 측정 가능하게 한다는 데 있다.

그림 2.29 UX의 구성요소에 의한 평가

4) 스마트폰 UI/UX 종류 및 특징

가) 터치스크린

터치스크린은 손이나 물체를 이용하여 화면에 접촉(touch)하면 그 위치를 입력받을 수 있도록 하는 화면을 말한다. 키보드를 사용하지 않고 화면(스크린)에 나타난 문자나 특정 위치에 사람의 손 또는 물체가 닿으면, 그 위치를 파악하여 저장된 소프트웨어에 의해 특정 처리를 할 수 있도록 한다. 터치스크린은 단순하게 화면을 눌러서 입력할 수 있는 편리한 인터페이스로 스마트폰과 같은 최신 모바일 기기에 많이 적용되고 있다. 또한 최근의 스마트폰은 차별화된 감각적 UI와 진동피드백 등으로 사용자 편의성을 높이고 재미 요소를 강화하고 있다. 터치폰이 대세인 요즘, 풀브라우징 터치폰이 스마트폰이라고 생각할 정도로 '터치'는 똑똑한 단말기의 기본 조건으로 인식되고 있다.

스마트폰에 터치스크린이 도입되는 요인으로는 멀티미디어 콘텐츠 수요 확대에 따른 디스플레이의 대형화 요구 증대, 터치스크린 구현 기술의 진보, 디자인의 차별화 등을 꼽을 수 있다. 터치스크린 휴대폰은 화면에 나타나는 숫자나 글자를 눌러 사용하기 때문에 시각장애인들이 최신형 터치스크린 휴대폰을 사용할 수 없었는데 최근에는 진동을 통해 시각장애인이 사용할 수 있도록 만든 터치스크린 기술도 등장하고 있다.

터치스크린은 구현 원리와 동작 방법에 따라 저항막 방식, 정전용량 방식, 적외선 방식, 초음파 방식 등이 있다. 휴대폰이나 스마트폰, 태블릿 PC 등에 탑재된 터치스크린은 저항막(감압) 방식과 정전용량 방식으로 나눌 수 있다.

저항막(감압) 방식은 액정 위에 여러 겹으로 막(스크린)이 쌓여 있는 형태로 가장 바깥쪽에는 부드러우면서 흠집에 강한 재질의 막이 있고, 그 다음에는 충격을 완화시켜주는 막, 그리고 다음은 입력을 감지하는 투명 전도막(전기가 통하는 얇고 투명한 기판) 2장이 겹쳐 있는 방식이다. 사용자가 화면을 누르면, 투명 전도막 2장이 서로 맞닿으면서(전기적 접촉, 압력) 발생한 전류와 저항의 변화를 감지해 입력을 판별(가로, 세로 좌표 인식)한다. 따라서 손가락은 물론, 스타일러스 펜(터치펜), 손에 쥘 수 있는 거의 모든 것을 이용해 화면을 터치할 수 있으며, 연속된 필기 입력이나 작은 아이콘 터치에도 유리하다. 또한 원리가 간단한 만큼 제조비용이 많이 들지 않기 때문에 가장 보편적으로 적용되는 터치스크린 방식이기도 하다.

정정용량 방식은 우리 몸에 있는 정전기를 이용하는 방식이다. 즉 액정 유리에 전기가 통하는 화합물을 코팅해서 전류가 계속 흐르도록 만들고, 화면에 손가락이 닿으면 액정 위를 흐르던 전자가 접촉 지점으로 끌려오게 된다. 그러면 터치스크린 모퉁이의 센서가 이를 감지해서 입력을 판별하게 된다. 화면을 살짝 스치듯 만져도 터치 입력이 가능(감성적인 느낌 연출)하며, 멀티터치(여러 접촉 부위를 동시에 인식)를 지원한다. 또한 유전체(전기가 통하는 화합물)가 코팅된 액정 유리를 사용했기 때문에 화질이 저하될 염려도 없다.

나) 음성인식

터치스크린 인터페이스를 보조하는 기능으로 관심을 끌고 있는 UI 중 하나가 음성인식이다. 인간의 음성을 통해 기기를 조작하는 것으로 휴대전화뿐만 아니라 다양한 기기 조작에 활용되고 있으며 특히 시각장애인을 위해 많이 도입되고 있다.

음성 인식 기술과 소프트웨어 개발 연구는 오랜 기간 지속되어 왔지만 연구기간만큼 큰 성과를 거두지 못한 상태이다. 하지만 최근 음성인식 정밀도 기술수준이 진보하면서 터치스크린의 부족한 점을 보완하는 인터페이스로 새롭게 주목을 받고 있다.

구글은 음성으로 웹 검색이 가능한 'Voice Search'를 아이폰용 애플리케이션으로 개발하였다. 아이폰에 대고 검색어를 말하면 탑재된 모션센스가 소리를 감지하고 자동 음성입력모드로 전환된다. 사용자의 음성은 디지털 파일로 전환되어 구글 서버로 전달되고 구글 검색 엔진을 통해 정확한 검색 결과를 휴대폰 화면에서 보여준다.

2011년 10월에 출시된 아이폰 iOS 5에서 Siri Assistant를 선보였다. 2010년 애플은 음식인식 모바일 검색 회사이자 애플리케이션 개발 회사인 시리를 인수하였고, 미국 DARPA의 인공지능 프로젝트에 참여했던 과학자들을 투입하여 초기 단계의 개인 비서 서비스인 시리(Siri)를 출시하였다. 물론 모든 음성 인식은 가능하지 않으나 다음 명령어 리스트(주소록, 달력, 알람, 이메일, 친구찾기, 지도, 문자, iPod 재생 등, 노트, 전화 및 일정 검색 등)를 인식할 수 있다. 또한 아이폰 프로그램들과 연계되어 자동으로 메시지 답장, 전화, 메모 등을 할 수 있다. 시리는 어느 정도의 자연어를 인식하며, 질문이나 명령의 전후 맥락이 반영된 수준의 인공지능을 갖추었다. 예를 들어 "오늘의 날씨는?"이라는 질문은 "오늘 우산이 필요할까?"라고 질문을 해도 인식을 하고, 여기에

"나파 밸리는?"이라는 질문을 더하면, 실제 문장 속에 날씨라는 단어가 없어도, 앞의 문장을 가지고 질문의 의도를 파악할 수 있다.

다) 3D

3D 인터페이스는 최근 인기를 끌고 있는 터치기술을 조만간 대체할 것으로 전망된다. IT 업계에 불고 있는 3D 열풍으로 기존 2D 평면 UI의 휴대전화, PMP, 내비게이션이 입체 3D UI로 바뀌고 있으며 그 중에서 휴대전화에서 3D UI의 적용이 가장 활발하게 이루어지고 있다. 3D UI를 보다 효과적으로 서비스 영역으로 이전시켜 주는 역할을 지원하는 것이 센싱 기술이며, 3D UI와 센싱(Sensing) 기술이 융합된 UI가 차기 휴대폰의 핵심으로 부상하게 될 것이다.

평면으로 즐기던 모바일 기기에서 3D 입체 콘텐츠의 경험은 단말기에 새로운 가치를 부여해줄 것이며, 휴대폰 제조업자나 통신 사업자들은 3D를 활용하는 새로운 비즈니스 모델을 기대하고 있다. LG전자는 3D 효과를 내는 큐브 타입 UI를 선보였다. 움직임과 방향을 자동으로 인지하는 3차원 가속센서가 있어 휴대폰을 가볍게 흔들면 아이콘이 자동 정렬되고 인터넷 사용 시나 사진 감상 시 휴대폰을 가로, 세로로 돌리면 화면이 자동 전환된다. 삼성의 터치위즈 UI는 위젯, 포토, 전화번호 등 메뉴와 대기화면 이동 시 3D 효과를 적용하여 마치 입체 영화를 보는 듯한 느낌을 준다. HTC의 TouchFLO 3D는 터치 컨트롤 기능을 제공하여 사용자의 손가락 움직임에 완벽하게 반응하는 생생한 터치플로 3D 인터페이스이다. 손가락을 이용하여 사진, 연락처, 앨범을 스크롤하고 한 번의 접촉으로 웹브라우징, 미디어 재생 등이 가능하다. 마치 사진첩을 넘기는 듯한 플릭(Flick) 기능이나 종이달력처럼 넘어가는 날짜표시, 벼락이나 구름까지 생생하게 표현되는 날씨정보 등으로 호평을 받았다.

라) 모바일 위젯

모바일 위젯은 사용자가 원하는 서비스나 기능을 휴대전화 대기 화면에 띄워 놓고 바로 이동할 수 있도록 한 것. 시계, 날씨, 증권, 교통 정보 등 자주 이용하는 정보를 위젯으로 설정해 놓으면 쉽고 빠르게 정보를 확인할 수 있다.

터치스크린으로 휴대폰 화면이 커지면서 대기화면을 다용도로 활용할 수 있게 되어 모바일 위젯은 빠른 속도로 보편화되었다. 또한 손가락을 이용해 위젯 아이콘을 이리저리 움직이면서 손끝으로 느끼는 터치의 즐거움 또한 모바일 위젯 사용이 늘어나는 이유도 꼽을 수 있다.

마) 오감활용 UI/UX

닌텐도 DS용 게임 '만져라 메이드인 와리오' 게임에서 DS 마이크에 입김을 불어 스테이지를 클리어 기능처럼 입김을 통한 UI가 휴대전화에도 적용된다. 팬택의 'SKY IM-S410'은 자판 윗부분에 특수 마이크가 장착되어 있어 이 마이크에 바람을 불어 넣으면 다양한 동작을 사용할 수 있는 기능이 있다. 이 제품은 입김을 불면 사진첩의 사진이 마치 바람에 날리듯 한 장씩 펼쳐지거나 삭제되는 아날로그적 UI가 특징이다. 이 기능을 사용하면 대기화면의 이미지를 바꾸고 전화중 라이브콘을 전송하거나 또는 텍스트 뷰어의 페이지를 넘길 때 화면이나 자판에 손을 대지 않아도 된다.

삼성전자는 향기 나는 휴대폰 기술 특허를 미국 특허청으로부터 획득한 것으로 전해졌는데 이는 휴대폰 슬라이드를 젖히거나 폴더를 열면 화면과 키패드 사이에서 향기나 나도록 하는 기술이다. 화면과 키패드 사이에 가늘고 긴 띠를 설치하여 휴대폰을 열 때마다 마찰에 의해 향기가 나도록 하였으며 고분자 화합물과 방향제 비율에 따라 다양한 냄새가 발생하게 된다.

풀터치폰의 유행으로 휴대폰 시장에 아날로그적 감성이 주목을 받으면서 시각, 청각 위주의 휴대폰에 촉각, 후각이 더해지고 향후에는 미각까지 더해진 오감만족 휴대폰이 등장할 것으로 전망된다.

5) 스마트폰 OS별 UI/UX

가) 아이폰 UI/UX

스마트폰 UI 디자인은 아주 어렵다고 한다. 작은 화면에 정보의 효율적인 배치와 버튼의 Layout 잡는 작업은 단순작업이 아니다. 효과적인 UI/UX 디자인을 위해 애플은 iOS Human Interface Guideline[5]이라는 UI 가이드라인을 제시하였다. 가이드라인에 따르면 애플에서 추진하는 Human Interface에 관한 철학은 다음의 5개 아이디어로 압축할 수 있다.

- 각각의 스크린은 한 번에 하나만 보여야 한다. Primary task에 집중할 수 있도록 하라

- Screen 위에 있는 Element의 개수는 최소화하여라. 그리고 사람들이 따라갈 수 있는 Logical path를 만들라.

- UI Element들의 크기는 Tap 하기 쉬운 정도로 적절히 크게 만들어라. 그리고 각각의 Element들 사이의 간격을 충분히 두어서 다른 것들을 Miss tap 하게 하지 말라.

- 세팅은 되도록이면 줄여라. 유저들은 거의 대부분이 Default를 사용한다. 길거리에서 울리는 아이폰 벨소리만 들어봐도 그렇다.

- Detail한 정보로 이동할 때는 좌에서 우로 이동하는 Transition을 보여라. 그러나 무엇보다도 Depth를 줄이는 것이 최상이다.

---

5) http://developer.apple.com/library/iOS/documentation/UserExperience/Conceptual/MobileHIG/MobileHIG.pdf

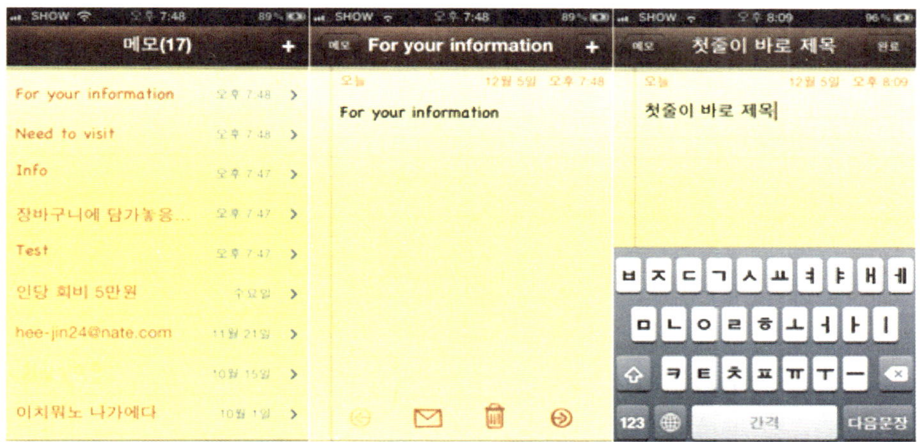

그림 2.30 아이폰 note 어플의 기본 UI 배치

이 가이드라인을 이해하기 위해 <그림 2.30>에서 보여준 아이폰에 기본 앱으로 설치된 note 어플을 살펴보자. 이 어플의 화면은 두 개로 이루어져 있다. 다른 자잘한 정보나 여러 가지 UI들은 다 털어내고 그야말로 아이폰다운 Simple하고 Primary Task에 집중할 수 있도록 하였으며, UI Element들은 최소화되었고, 세팅은 없다. 두 번째 화면에서 메모를 Editing하는 버튼은 따로 할당하지 않았다. 그냥 Field를 터치하면 Virtual Keyboard가 나오면서 바로 Editing을 할 수 있다. 위에서 말한 5가지의 가이드라인을 note 어플에서 적용한 방법에 대해서 정리하면 다음과 같다.

- Primary task에 집중 → 처음 진입 화면인 List에서 할 수 있는 건 두 가지밖에 없다. 메모의 세부 내용을 보거나, 새로운 노트를 작성하거나 하는 것이다.

- Element의 개수는 최소화 → Save 버튼과 Cancel 버튼이 존재하지 않더라도 그 기능을 충분히 수행할 수 있도록 디자인하였다.

- UI Element들의 크기 → 기능하는 모든 버튼들의 최소 사이즈를 준수하였다.

- 세팅은 되도록이면 줄여라 → Sorting option은 없고 폴더 구성을 과감히 포기하였다.

- Depth를 줄이는 것이 최상 → Note 어플의 Depth는 단 두 단계이다.

나) 안드로이드 UI/UX

그림 2.31 HTC, 갤럭시 2, Nexus S의 UI

안드로이드처럼 모바일 운영체제의 소스코드를 공개하는 것과 iOS, 윈도우폰 7처럼 공개하지 않는 것의 차이점은 분명하다. 안드로이드는 사용에 제약이 없기 때문에 더 많은 스마트폰 제조사 및 애플리케이션 개발사/개발자를 확보할 수 있어 모바일 생태계를 빠르게 구축할 수 있다. 반면, iOS나 윈도우폰7은 안드로이드만큼 빠르게 모바일 생태계를 늘릴 수 없지만, 운영체제 업그레이드, 버그 문제 해결 등에 빠르게 대처할 수 있다는 장점이 있다(물론, 현재로서는 iOS의 모바일 생태계가 가장 잘 구축되어 있다는 것에 반론의 여지가 없다). 똑같은 안드로이드폰은 없다. 안드로이드폰은 각 제조사마다 자사가 출시하는 스마트폰에 맞게 바꿀 수 있기 때문에, 다른 두 운영체제와 달리 같은 안드로이드라도 디자인이나 아이콘 외형, 기능 등이 약간씩 다르다. 물론, 구글의 표준 제품인 넥서스원이나 넥서스S 등은 똑같은 UI로 작동한다. 하지만, 삼성전자, LG전자, HTC, 모토로라, 소니에릭슨, 델과 같은 스마트폰 제조사는 자사의 제품에 맞게 안드로이드 UI를 바꿔서 제품을 출시하곤 한다. 제조사가 이렇게 기본 안드로이드 UI를 자체 UI로 바꾸는 이유는 자사가 출시하는 기기에 맞게 최적화할 수 있을 뿐만 아니라, 다른 제조사의 안드로이드폰과 구별할 수 있는 차이점이 되기 때문이다. 또한, 다른 제조사가 서비스하지 않는 기능(증강현실, 전자책, 오픈 마켓 등의 어플)을 추가로 탑재하며 이를 장점으로 내세우기도 한다. 예를 들어 모토로라 모토블러에는 트위터, 페이스북 등의 소셜 네트워크 서비스를 한 번에 관리할 수 있는 기능이 있다. HTC의 고유 UI인 '센스 UI'는 전 세계적으로 매니아층을 확보하며 편의성을 인정받고 있다. 더구나 구글의 안드로이드 2.2 버전(프로요) 표준 제품인 넥서스원을 출시하면서 얻은 노하우를 통해 안드로이드 운영체제 최적화도 잘했다는 평가를 받고 있다.

삼성전자에서 개발된 터치위즈(TouchWiz) UI는 국내에서는 햅틱 UI로 더 잘 알려져 있는데, 삼성전자에서 개발한 풀터치폰의 대표모델인 햅틱 시리즈에 탑재되며 발전해온 인터페이스이기 때문이다. 햅틱폰에 탑재된 최초의 1.0버전은 완성도면에서 다소 아쉬운 점도 있었지만, 기존 자판 방식의 사용자들에게 터치라는 새로운 경험을 제공했다는 점만으로도 큰 의미가 있다. 이후 햅틱 UI(터치위즈)는 햅틱 아몰레드를 통해 2.0버전으로 발전하며(옴니아2에도 탑재됨), 이후 갤럭시 S에 3.0 버전으로 진보되어 탑재된다. 터치위즈4 UI는 갤럭시 S2에 탑재되어 아이폰처럼 투명한 창을 활용해서 보다 더 부드럽고 편리하게 되어있고 자이로센서(3축 센서)를 활용해서 제스처 기반의 UI 동작 구성 기능까지 보여준다. 제스처 기반의 UI 동작에는 모션 줌 기능, 패닝모션 그리고 무음모드 등이 있다.

다) 윈도우폰 7 UI/UX

윈도우폰 7은 아이폰과 안드로이폰에서 익숙하게 보아온 UI 대신에 메트로 UI라고 명명된 완전히 다른 방식의 UI를 보여준다. 도시에서 흔히 볼 수 있는 간판이나 사인은 단순하지만 명확한 정보를 빠르게 제공한다. 이런 점이 메트로 UI의 기본이 되었다.

<그림 2.32>에서 보듯이 사각 박스의 나열로 이루어진 메트로 UI의 모습은 무척 단순해 보인다. 사각 박스는 타일이라고 부르는데, 사용차는 각각의 타일에서 다양한 정보를 실시간으로 받을 수 있다. 다른 스마트폰은 아이콘 크기의 제약으로 숫자 정도만 확인할 수 있는 것에 비해 윈도우폰 7은 타일의 크기가 충분해 좀 더 많은 정보를 보여준다. 타일은 상황에 따라 그 내용이 변하기도 하고, 노티피케이션 기능을 제공하기도 하며, 위젯처럼 사용할 수도 있다. 이런 점 때문에 '라이브 타일'이라고 부른다. 홈 화면에는 전화나 웹브라우저 등의 애플리케이션 아이콘, 주소록 이외에 '허브'를 배치할 수 있다. 윈도우폰 7의 기본 애플리케이션은 통화, 지도, 웹브라우저, 이메일, 캘린더 등이고 그 외에 애플리케이션들은 허브(Integrated Experience Hubs)로 통합할 수 있다.

그림 2.32 메트로 UI

기본으로 제공되는 허브는 People, Pictures, Games, Music+Video(Zune), Office로 총 여섯 가지이다. People 허브는 메일, SNS 활동 등을 사람 단위로 정리가 가능하다. 자주 연락하는 사람을 홈 스크린에 타일로 둘 수도 있다. Pictures 허브는 말 그대로 사진 허브로 PC는 물론 각종 웹 서비스의 사진을 모아서 확인, 포스팅도 가능하다. <그림 2.33>에서 보여주는 Office 허브는 복수 소스로부터의 오긔스 문서를 정리할 수 있다. Games 허브에서는 XBOX LIVE와의 통합을 통해 게이머 태그 확인은 물론 아바타 편집도 가능하다. Music+Video 허브는 Zune HD를 거의 그대로 옮겨놓은 것으로 Zune 클라우드 서비스가 통합되어 있다. 허브는 개발자가 직접 제작도 가능하다. 사용자의 요구에 따라 다양한 허브가 나온다면 윈도우폰 7의 강력한 무기가 될 수 있다.

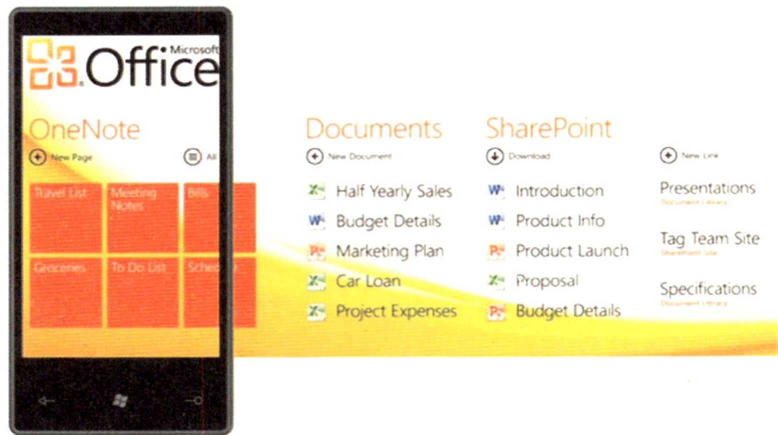

그림 2.33 윈도우폰 7에서 기본으로 제공되는 Office 허브

03

모바일 애플리케이션 마켓

3.1

모바일 애플리케이션 마켓의 개요

3.1.1 모바일 애플리케이션 마켓의 정의

모바일 애플리케이션 마켓은 콘텐츠 및 애플리케이션을 사고 팔 수 있는 온라인 장터를 지칭한다. 모바일 애플리케이션 마켓은 흔히 앱스토어(Appstore)라고 하는데 앱스토어는 Application Store의 준말로 각종 애플리케이션을 자유롭게 사고 팔 수 있는 온라인 오픈 마켓 의미한다. 스마트폰 운영체제(OS)와 함께 소프트웨어 개발툴을 공개해 애플리케이션 제작을 유도하고, 각 개발자 또는 개발 업체가 직접 개발한 애플리케이션을 자유롭게 등록해놓고 판매할 수 있는 온라인 상의 공간이 앱스토어라고 할 수 있다. 모바일 애플리케이션 시장은 게임, 음악, 동영상, 사용자가 원하는 다양한 애플리케이션과 콘텐츠를 공급하는 곳으로 애플은 AppStore라고도 하며 e-Marketplace, Smart Phone Marketplace, Open Market, Application Store등 다양한 용어가 사용되고 있다.

3.1.2 모바일 애플리케이션 마켓의 현황

모바일 애플리케이션 마켓은 현재 스마트폰용 애플리케이션을 중심으로 거래되고 있으나, 향후 PC, TV, VoIP, Tablet PC, IPTV, Smart TV 등 다양한 디바이스로 확대될 것으로 예상된다. 주어진 기능만 사용하는 수동적 차원을 벗어나, 필요한 서비스를 능동적으로 선택하여 사용하려는 니즈가 확산됨에 따라 애플리케이션 마켓에 대한 대응이 향후 모바일 산업의 경쟁력과 직결될 가능성이 높아지고 있다. 마켓에 대한 대응이 향후 모바일 산업의 경쟁력과 직결될 가능성이 높다.

3.2

모바일 애플리케이션 마켓의 구조

<그림 3.1>은 기존의 모바일 시장이 철저하게 통신 서비스 사업자가 장악하고 있던 시장이었으나 모바일 애플리케이션 마켓은 오픈 채널을 이용하여 개발자가 사용자와 직거래를 하는 방식으로 디바이스 사업자, 플랫폼 공급자, 통신 서비스 사업자, 콘텐츠 공급자 등 시장을 개설하는 다양한 채널이 존재한다.

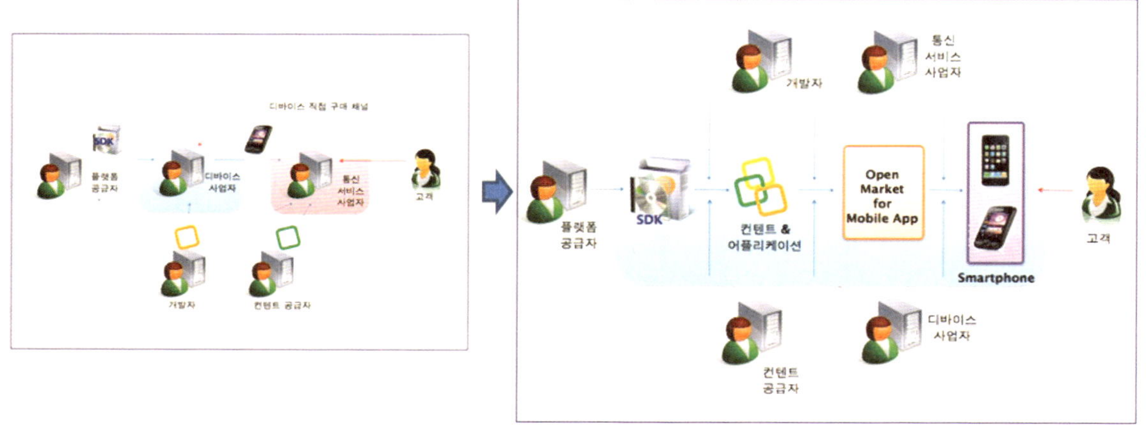

그림 3.1 통신 서비스 사업자 주도에서 오픈 마켓으로 변화

플랫폼 공급자는 개발의 편의를 위해 개발도구(SDK)를 제공하고 개발자와 콘텐츠 공급자는 다양한 애플리케이션의 개발을 통해 콘텐츠를 판매하고 수익을 분배받게 된다. 고객은 개인 및 기업으로부터 이동통신망, Wi-Fi 망 PC Sync 등을 통해 소프트웨어를 다운로드 받은 후 모바일 디바이스를 통해 콘텐츠를 이용할 수 있다.

3.3

모바일 애플리케이션 마켓의 전략

모바일 산업구조의 변화가 발생하여 통신사의 폐쇄적 Walled-Garden의 붕괴가 시작되었다. 초기의 모바일 산업은 통신 사업자에 의해 주도되는 폐쇄적인 구조로, 애플리케이션 유통을 위해서는 통신사업자의 사전적인 승인이 필요하였고, 고객들은 통신사업자가 허용하는 콘텐츠에 대하여만 접근이 가능하였다. 모바일 소프트웨어 시장이 국가별로, 통신사업자 별로 분절되어 있어,

개발자들은 통신사업자 별로 서로 다른 규격에 맞추어 애플리케이션을 개발해야만 하였고, 이에 개발자들의 마케팅도 애플리케이션 유통에 대한 절대적인 통제권을 가진 개별 통신 사업자를 대상으로 이루어졌다.

이동통신망뿐만 아니라 Wi-Fi(무선랜)과 같은 우회경로가 만들어지면서 통신사업자의 사전적인 승인 없이도 원하는 애플리케이션을 자유롭게 유통시킬 수 있는 애플리케이션 마켓이 등장하기 시작하였다. 개발자들도 통신사업자 별로 상이한 사양과 다양한 단말 기종을 개별적으로 지원해야만 했던 환경에서 벗어나 글로벌하게 통합된 하나의 시장을 통해 판매하기 시작하였다. 개발자들이 통신사업자의 종속에서 벗어나 광범위한 소프트웨어 유통의 자유를 얻고, 소비자들도 통신사들의 Walled Garden을 벗어나 원하는 애플리케이션을 선택할 수 있는 환경이 만들어지면서 통신사업자에 주도되었던 폐쇄적인 모바일 산업이 소비자 중심의 개발적인 생태계로 바뀌고 있다.

'네트워크+주파수'에 의해 주도되었던 모바일 산업이 '플랫폼+SW' 형태의 PC 생태계와 같이 변화하였다. PC 생태계는 운영체제로서의 플랫폼과 그 플랫폼을 지원하는 애플리케이션에 의해 결정된다. MS가 PC 플랫폼을 장악할 수 있었던 이유도 바로 플랫폼을 지원하는 광범위한 애플리케이션 생태계를 구축하였기 때문이다. 플랫폼을 개방하고, 개발환경을 제공함으로써 제3의 개발자들을 유인하고 이를 통한 모바일 산업의 헤게모니를 주도하는 데 필요한 생태계를 구축해야 한다.

'분절된 경쟁'에서 '연계된 경쟁'으로 경쟁 구조의 변화가 발생하였다. 과거 모바일 산업의 경쟁은 서비스와 단말로 이원화되었으나 모바일 애플리케이션 마켓의 출연으로, 사업영역별로 이루어졌던 분절된 경쟁이 단말과 플랫폼, 콘텐츠가 연계되는 통합경쟁으로 발전하고 있다. 과거 통신사업자는 통신서비스 그 자체를, 단말사업자는 단말 자체의 가치를 높이는 데 주력하였으나, 단말에 탑재되는 소프트웨어에 대한 소비자의 선택권이 가능해지면서, 단말을 통해 이용 가능한 서비스가 중요하게 되었다. 하드웨어 중심의 경쟁은 소프트웨어와 단말이 하나의 선택지로 연계되는 새로운 경쟁전략을 요구하게 되었다. 따라서 단말 제조와 통신서비스로 이원화되었던 모바일 시장의 경쟁이 모바일 애플리케이션 마켓 중심으로 광범위하게 확산되고 있다.

3.3.1 사업자 유형별 모바일 애플리케이션 마켓 전략

초기에 모바일 애플리케이션 마켓을 운영하는 사업자별로 구분을 하자면 <그림 3.2>와 같이 네 가지 유형으로 구분할 수 있다.

Apple, Nokia 그리고 RIM과 같이 플랫폼과 단말을 동시에 가지고 사업을 펴는 사업자의 경우 자사 스마트폰 단말을 기반으로 해서 빠르게 기반을 잡고 있다. 이들은 이동통신사에 종속적이지 않고, 대부분 Global Market을 대상으로 하기 때문에 시장 자체가 넓다. 그리고 오랜 기간 동안 사업을 진행해왔기 때문에 애플리케이션 수가 많고 다양한 장르가 있으며 질이 높다는 장점이 있다.

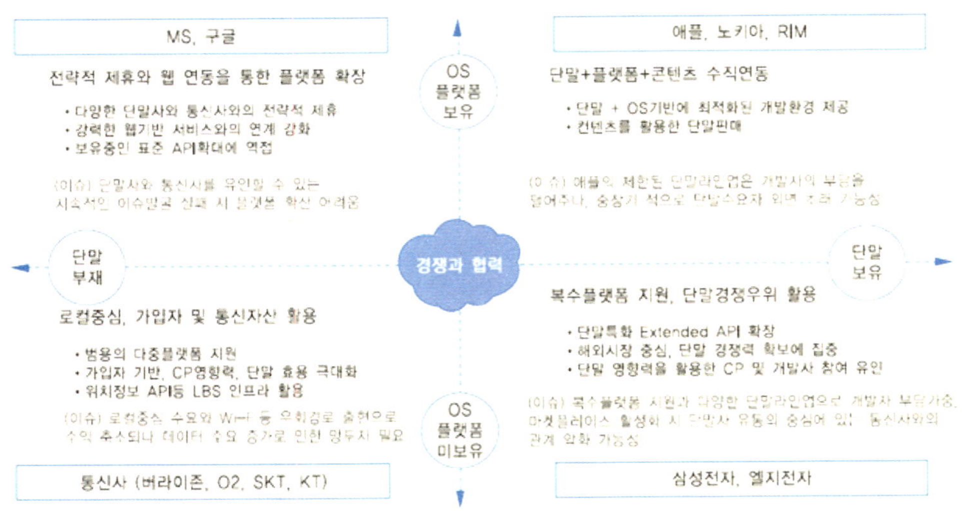

그림 3.2 유형별 모바일 애플리케이션 마켓 전략

플랫폼만 가지고 있는 안드로이드와 MS는 OEM에 의해 시장과의 접점을 만들어 가기 때문에 다소 상황이 다르다. 그들의 입장에서는 자사의 플랫폼이 다양한 디바이스에 설치되기를 바라고 있다. 구글의 안드로이드가 집 전화나 셋톱박스, 넷북 등에 설치되는 것도 이러한 맥락이다. MS 역시 애초 Skymarket에서 Windows Marketplace로 서비스명을 바꾸면서 Windows Marketplace for Mobile, Windows Marketplace for IPTV 등 다양한 단말 형태를 지원할 계획이다. 단말의 영역은 넓어지지만 해당 단말의 세부 스펙이나 일정을 알 수가 없다는 단점이 있다. 앱스토어 자체보다는 앱스토어를 통한 플랫폼 장악력을 높이려는 데 목적이 있다.

단말만 가지고 있는 사업자들 중에 앱스토어를 준비하는 곳은 많지 않다. 현재까지는 국내 단말 2사만 알려져 있는데, 다양한 플랫폼을 모두 고려해야 한다는 문제점이 있다. 실제, 삼성 모바일 애플리케이션과 LG전자는 OZ 앱스토어를 오픈하였다. 삼성은 심비안, 윈도우 모바일용만 현재 서비스 하고 있고, LG전자는 Java와 Flash Lite만을 지원하고 있다. 자사 플랫폼이 없으니 콘텐츠 수급도 없고, 집중력이 떨어질 수밖에 없다. 이들의 미래는 결코 밝지 않다.

단말과 플랫폼 둘 다 없는 사업자는 예전에 피처폰 시절에 강자였던 통신사들이다. 통신사들은 스마트폰이 아닌 피처폰을 같이 고려해야 한다는 부담감, 그리고 역시 다양한 플랫폼을 모두 지원해야 한다는 점, 기존 Walled Garden형 콘텐츠 몰과의 차별성을 찾아야 한다는 점이 부담감으로 작용하여 제대로 된 전략을 찾지 못하고 있다.

현재 사업자별 사업 전략은 매우 급박하게 변화하고 있다. 애플의 앱스토어와 구글의 안드로이드 마켓을 제외한 다른 사업자들은 많은 어려움에 처해 있고 플랫폼 시장도 iOS와 안드로이드 둘만 생존하는 추세이다.

3.4

국내외 모바일 애플리케이션 마켓의 동향

3.4.1 애플 앱스토어

2008년 7월 3G 아이폰 출시와 함께 공개되었으며, 모바일 애플리케이션 마켓의 확산을 촉진시키는 직접적 계기가 되었다. 애플의 성공으로 앱스토어는 모바일 애플리케이션 마켓을 지칭하는 일반적인 용어가 되었다. 또한 앱스토어는 노키아, 구글, SKT 등 후발주자들이 가격설정, 수익분배구조 등 애플리케이션 마켓의 운영방식을 결정하는 데 있어 글로벌 스탠다드로 작용하게 되었다.

앱스토어는 단기간에 서비스 활성화에 성공하였다. 애플리케이션 누적 다운로드 건수는 2009년 7월 서비스 개시 1년 만에 15억 건 돌파하였고, 2009년 6월 말 기준 아이폰과 아이팟터치의 누적판매량은 4,500만대 돌파하였다. 기존의 아이튠즈(iTunes) 스토어와 통합되어 운영되며, 아이폰과 아이팟터치를 통해 이용 가능하다.

앱스토어는 아이폰의 운영체제인 iPhone OS X을 지원하며, 아이폰에서 이용되는 애플리케이션을 독점적으로 공급한다. 애플리케이션의 심사 주체는 애플로서 개발차가 가격을 매겨 등록하면, 애플이 적격여부를 심사해 최종 등록한다. 개발자는 99달러(개인), 299달러(기업)의 연회비를 낸 후 애플리케이션 등록 및 판매가 가능하며, 수익배분은 개발자 70%, 애플 30%로 이루어진다. 앱스토어의 강점은 앱스토어라는 비즈니스 모델을 선도적으로 제시함으로써 폭넓은 가입자 및 개발자 기반을 확보하였고 혁신적 기기를 통해 많은 고객을 유인하고 매니아층을 형성함으로써 사용자 기반 확보에 기여하였다. <그림 3.3>은 앱스토어의 비지니스 모델을 보여준다.

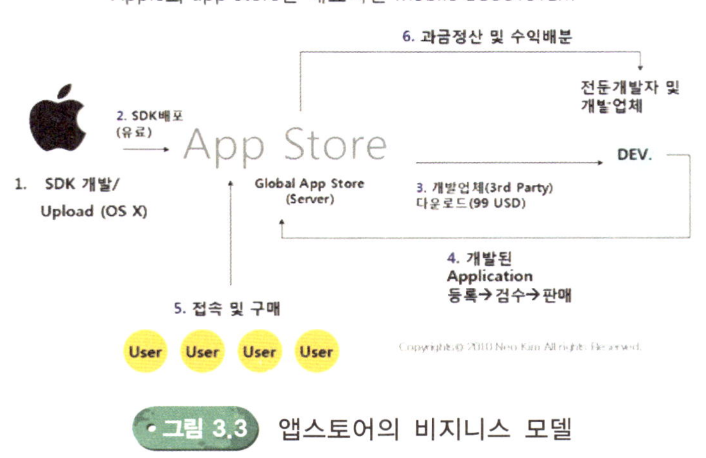

그림 3.3 앱스토어의 비지니스 모델

2003년 처음 서비스를 시작한 아이튠즈는 음악 파일과 오디오북, 뮤직비디오, 영화, TV 프로그램 및 아이팟 용 게임을 판매하였으나 후에 앱스토어로 진화하였으며 <그림 3.4>와 같이 본격적인 모바일 생태계(Mobile Ecosystem)로서 발전하게 된다.

그림 3.4 Digital Contents Ecosystem

애플의 앱스토어는 생산자가 앱을 만들어 팔고 소비자가 구매하는 시장이자 앱의 판매에 대한 정산과 배분이 이루어지는 시스템을 총체적으로 의미한다. 아이튠즈는 음악과 영화/영상 콘텐트를 판매하는 미디어 파일의 판매시스템에서 콘텐트 프로바이더와 앱 개발자들을 사용자와 직접 연결시키는 시스템으로 진화하였다. 아이패드와 애플TV가 나오면서 아이튠즈는 다시 한 번 진일보하였다. <그림 3.4>는 음악과 영상, 앱, e-Book과 TV 콘텐츠를 아우르는 Full Spec의 Digital Contents Ecosystem을 보여준다.

애플 앱스토어는 2010년 1월 30억 회의 다운로드를 기록하였고, 2011년 7월 7일 자사의 애플리케이션 배포 및 판매 사이트인 앱스토어(App Store)의 iOS 디바이스를 위한 애플리케이션의 다운로드 수가 150억 회를 넘었다고 발표하였다. 2011년 현재 앱스토어는 세계 90국에서 42만5천 가지 이상의 애플리케이션을 제공하고 있으며, 그 중 10만 가지 이상은 아이패드 전용 애플리케이션이다.

미국의 조사 회사인 아이서플리(iSuppli)가 2011년 5월에 발표한 자료에 따르면 앱 스토어를 포함한 4대 모바일 어플 스토어인 구글의 안드로이드 마켓(Android Market), 노키아의 오비 스토어(Ovi Store), 리서치인모션의 블랙베리 앱 월드(BlackBerry App World)의 2011년 총 매출은 38억 달러에 이를 것이라고 전망하였다. 그 중 애플의 앱스토어 매출은 29억1천만 달러로 전체 매출의 3/4분 이상(약 76%)을 차지하고 있다.

3.4.2 구글 안드로이드 마켓

안드로이드 마켓은 2008년 10월 첫 단말기인 T-Mobile의 G1의 출시와 함께 오픈하였다. 앱스토어와 달리 애플리케이션에 대한 개입을 최소화하고 이용자들의 평가를 통해 품질을 유지하려고 하였다. 앱스토어에 이어 두 번째로 많은 애플리케이션이 거래되고 있다.

애플리케이션 판매수익은 개발자 70%, 이동통신사 및 빌링솔루션업체 30%로 분배하는 구조이며, 구글은 등록비 외에는 판매 자체로부터 수익을 얻지 않는다. 구글 입장에서 애플리케이션 판매는 그 자체가 목표가 아니며 모바일 인터넷의 에코시스템 구축을 통해 유선 인터넷에서의 경쟁력을 모바일로 확대하기 위한 수단으로서의 성격이 강하다. 안드로이드 마켓의 강점은 OHA(Open Handset Alliance) 및 이동통신사에 우호적인 수익분배 구조를 통한 협력 관계 구축과 개방적이고 유연한 유통구조를 구축하였다는 것이다. 현재 OHA에는 HTC, 모토로라, 삼성전자, LG전자, T-Mobile 등 50개 회사가 포함되어 있으며, 이는 안드로이드 확산의 기반이 되었다. 또한 안드로이드의 오픈소스 정책과 애플리케이션의 자유로운 등록 등 애플에 비해 개방적이고 유연한 유통구조도 안드로이드 애플리케이션의 확산에 일조하였다.

아이폰용 애플리케이션은 앱스토어를 통한 유통만 가능한 반면, 안드로이드용 애플리케이션은 다양한 채널을 통한 유통이 가능하다. 2011년 7월 안드로이드 마켓의 판매량은 애플 앱스토어에 비해 거의 10분의 1 수준인 4억 2500만 달러 수준이었으나 전년도 대비 거의 300%의 증가율을 보인다.

그림 3.5 구글 안드로이드 마켓의 과금 모델

구글의 안드로이드 마켓은 애플의 앱스토어와 거의 유사한 구조를 가지고 있다. 애플과의 차이는 애플은 유료 앱의 수익배분을 개발자와 애플이 7:3으로 나누는 데 반해 안드로이드 마켓은 개발자와 이동통신사가 7:3으로 나누는 구조를 가지고 있다. 구글은 유료 앱을 팔아서 수익모델을 만드는 것이 아니라 무료 앱의 광고를 통해 수익을 만드는 구조를 선택한 것이다. 그렇기에 애플의 앱스토어와 안드로이드 마켓만을 두고 비교해 보면 등록된 앱의 숫자와 이동통신사가 끼어있는 것을 제외하고는 구조적으로 큰 차이를 발견하기 어렵다. <그림 3.5>는 구글 안드로이드 마켓의 구도를 보여준다.

3.4.3 Microsoft – WMM

WMM(Windows Marketplace for Mobile)은 2009년 2월 Windows Mobile 6.5와 함께 공개하였다. 2009년 7월 27일부터 29개국의 개발자를 대상으로 애플리케이션 등록을 시작하였고, 마이크로소프트사의 모든 제품군(OS, 오피스웨어, 콘솔 게임기) 분야에서 공통으로 사용하고 있는 단어인 marketplace를 사용하였다. 기존 Windows Mobile OS로서의 평이 좋지 않기 때문에 윈도우폰 7이 등장한 후에 보다 활성화 될 것으로 예상한다.

WMM의 장점으로는 Windows Live ID만으로 휴대폰과 PC에서 검색 및 구입 가능하고, 신용카드, 휴대폰 결제 등 결제수단을 다양화하였다. 또한 세계 최대의 개발자 풀과 편리한 개발도구를 보유하였고, 유선 인터넷에서 Windows의 압도적인 시장지배력 등이 강점이다. 그러나 아직까지는 그 규모에 있어서 타 앱스토어와 비교하기는 어려울 정도로 작은데, 이는 개발자에게 부과되는 초기 개발 및 등록비용이 타 앱스토어에 비해 상대적으로 높기 때문이다.

3.4.4 앱스토어와 안드로이드 마켓의 비교

표 3.1   앱스토어와 안드로이드 마켓의 비교

비교대상	앱스토어	안드로이드 마켓
서비스 개시	2008년 7월	2008년 10월
판매방식	개발자→애플→이용자(심사주체 : 애플)	개발자→이용자(구글은 공간만 제공)
수익 배분	개발자 70%, 애플 30%	개발자70%, 이동통신사 30%
품질/안정성 유지	불량 애플리케이션에 대한 제재	사용자들의 평가에 기반
SDK 다운로드	애플에 등록된 개발자만 가능	누구나 가능
단말기	아이폰	G1

아이폰의 앱스토어는 기능이 아주 강력하고 다양하다. 최근에 나온 어플(New)부터 해서 어떤 어플이 뜨고 있는지(What's Hot), 내가 어떤 어플을 쓰면 좋아할지(Genius), 카테고리별 정렬, 카테고리별 유료 어플 순위, 무료 어플 순위, 새로 나온 어플 순 정렬까지 다양하게 지원한다. 그리고 어플 목록에서 평가자 숫자가 나와 이 어플이 얼마나 많이 설치된 건지 간접적으로 알 수가 있다. 평점 이외에 판단할 수 있는 다른 기준이 될 수 있다. 게다가 개별 어플 설명에 들어가 보

면 여러 장의 미리보기 사진을 볼 수 있다. 반면 안드로이드 마켓의 경우 카테고리별 정렬과 유료, 무료 어플 순위는 괜찮지만, 상식 이하의 쓰레기 어플들이 많이 올라와 있다. <표 3.1>에서 볼 수 있듯이 아이폰의 경우 애플 측에서 사전 검열을 일일히 거치기 때문에 이런 문제점을 제거할 수 있지만, 구글은 안드로이드 마켓에 가급적 개입을 안 하려는 정책 때문일 것이다.

3.4.5 SKT – T 스토어

국내 최초로 모바일 콘텐츠를 마음대로 사고 팔 수 있는 모바일 오픈 마켓으로 2009년 9월 9일 오픈하였다. 애플리케이션과 단말기 OS를 호환시켜주는 'SK 표준플랫폼'을 개발하여 다양한 모바일 OS를 수용할 수 있도록 하였다. SKT 외 타 이동통신사 고객도 이용 가능하나, 타 이동통신사 고객의 경우 스마트폰 이용자에 한정된다. 누구나 자신이 개발한 콘텐츠를 자유롭게 판매할 수 있고, 사용자는 등록된 콘텐츠를 저렴하게 구매할 수 있는 개발형 콘텐츠 거래장터이다.

크로스플랫폼(Cross Platform) 기술을 통해 기존 위피(WIPI) 기반 콘틴츠를 스마트폰에서도 이용할 수 있도록 지원했다. 스마트폰이나 자사플랫폼 단말기만 지원하는 해외 앱스토어와 달리, 100여 종의 위피 기반 일반 휴대폰에서도 이용할 수 있게 하여, 기존 우피 개발자를 흡수할 수 있어 초기 콘텐츠 확보에 유리하였다. 다양한 결제방식 지원하고, PC Sync를 통한 Side loading을 지원하여 높은 데이터 통화료 문제를 보완하였다.

SKT의 경우 'SK 표준플랫폼'을 통해 플랫폼 위의 플랫폼을 지향하고 있으나 각기 다른 플랫폼들이 다른 기능을 바탕으로 지속적으로 업그레이드 되고 있는 상황에서 다양한 플랫폼의 개선된 사항을 'SK 표준플랫폼'에 반영한다는 것은 비용적인 측면에서 매우 어려운 일이며 따라서 'SK 표준플랫폼'의 기능은 상당히 제한적일 수밖에 없다 이 경우 기존의 우수한 성능(Performance)을 제공하는 기존 플랫폼 대비 'SK 표준플랫폼'의 경쟁력은 과히 높지 않을 것으로 판단된다.

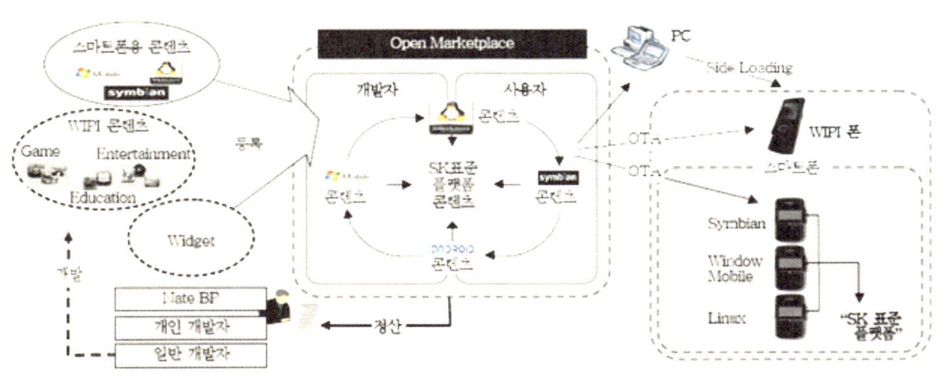

•그림 3.6 SKT 앱스토어의 구성도

또한 위피 콘텐츠의 스마트폰용으로의 전환(migration) 역시 초기에 스마트폰 보급이 확대되는 상황에서 모바일 콘텐츠의 양적증가에 기여 할 수 있겠으나 이는 과도기적 상황의 해결책일 수 있으며 결국 오리지널 스마트폰용 애플리케이션과의 경쟁 시 위피 콘텐츠의 경쟁력은 떨어질 것이다.

따라서 2010년에 T 스토어는 안드로이드 플랫폼 중심의 오픈마켓으로 사업 전략을 수정하였다. 무선 데이터 시장의 활성화를 위해 Wi-Fi를 통한 T스토어 접속을 허용하였고 Side Loading의 적용범위를 확대하였고 위치(Map, LBS, GPS 등), SMS, 주소록 등의 API를 공개하였다. 다양한 서비스를 위해서는 전략적 제휴가 필요하다는 것을 인식하게 되었다. 현재 T 스토어는 내부에 삼성전자 앱스토어와 안드로이드 마켓 등이 입점 형식으로 들어가 있다. 이러한 Store In Store (Shop In Shop이라고도 한다)는 매출에 직접적인 도움이 되기보다는 단말사와 플랫폼 사업자들에게 어플 배포 채널을 제공함으로 제휴에서 경쟁력을 갖추게 되었다.

3.4.6 KT – 올레마켓

2009년 12월 1일 쇼옴니아폰 출시함과 동시에 KT 쇼 앱스토어를 오픈하였다. 시장 선점보다 스마트폰 보급 정도에 맞춰 시장을 개발하여 KT 스마트폰 사용자만 이용이 가능하였다. SKT와 달리 KT의 모바일 플랫폼은 표준 기반 개방형 플랫폼이기 때문에 플랫폼과 단말이 바뀌어도 쉽게 개발할 수 있는 KAF API를 제공하였다.

파격적인 서비스와 데이터 요금제를 출시하였고 SKT에 비해 좀 더 유연한 Wi-Fi망 개발 정책과 소비자에게 도움이 되는 가격 정책을 활용하였다. 4 Screen 기반 통합 디지털 마켓플레이스라는 청사진을 제시하여 혁신적 컨버전스 서비스 환경을 제공하였다. 휴대폰과 PC용 애플리케이션을 우선적으로 제공하되 단말 통합 사용자 환경을 구축해 중장기적으로 IPTV와 인터넷전화(SoIP) 등으로 서비스를 확대해 나간다는 구상을 가지고 있다. 콘텐츠 개발 지원을 위해 애플리케이션 프레임워크, 디바이스 에뮬레이터, UI 빌더 등을 제공하며 기존 위피 콘텐츠를 윈도우모바일 앱으로 자동 변환하는 툴도 제공하고 있다.

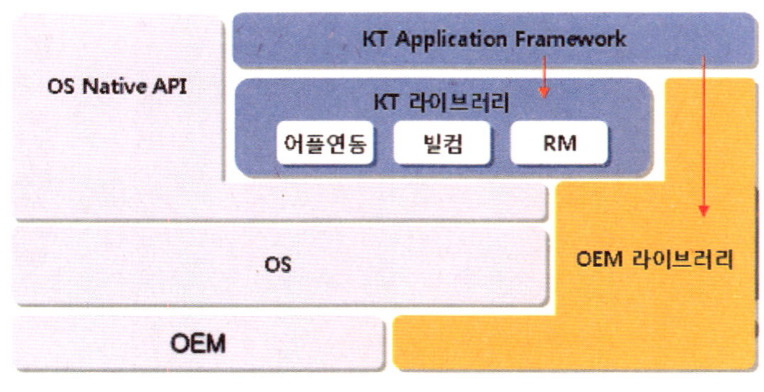

그림 3.7 KT Application Framework

<그림 3.7>은 KAF를 보여준다. 다양한 플랫폼 환경을 개발할 필요없이 해당 KAF SDK로 개발을 하면 Cross Platform을 지원한다는 취지이지만 기존 플랫폼이 업데이트 되면 계속 수정해야 되는 문제점에 봉착해 지금은 T 스토어의 SKAF와 마찬가지로 사장되었다. 올레마켓 역시 안드로이드 플랫폼 중심으로 변경되었고 T 스토어와 안드로이드 마켓 등이 Store In Store 형식으로 입점하였다. 현재 쇼 앱스토어의 명칭은 올레마켓으로 변경되었다.

3.4.7 삼성전자 – Samsung Application Store

2009년 9월부터 영국, 프랑스, 이탈리아 등 유럽 지역에서 서비스를 시작하였다. 1,100여 개의 애플리케이션으로 시작하였으며, 심비안, 윈도우모바일 등의 다양한 OS를 지원하였고, 개발자사이트인 'Samsung Mobile Innovator'와 연계하였다. SBS와 EBS 방송콘텐츠, 트위터와 페이스북 등 소셜 네트워크 사이트(SNS) 관련 프로그램의 다운로드를 제공하였다. 서비스 활성화를 위해 앱스토어 콘텐츠를 진행 중이고, TV뿐만 아니라 휴대폰·캠코더·카메라 등 플랫폼을 점차 확대할 예정이다.

자체 애플리케이션 마켓 구축과 함께 이동통신사와의 협력모델을 모색하여, SKT의 T 스토어에 Store In Store의 형태로 2010년 3월 국내 오픈을 하였다. 이동통신사의 애플리케이션 마켓에 Store In Store 형태로 입점하여 통신사의 애플리케이션 마켓을 보완하거나, 앱스토어가 없는 사업자를 위한 토탈솔루션 서비스를 제공하는 방법 등을 고려하고 있다.

3.4.8 LG전자 – OZ 스토어

2009년 7월 호주와 싱가포르를 시작으로 서비스를 개시했다. 2010년 3월 네이버, 다음, 네이트 3대 포털 주요 서비스를 휴대폰에서 손쉽게 이용할 수 있도록 개발한 '오즈앱' 21개를 제공하였다. 현재 오즈앱은 오즈 스토어로 이름을 변경하였다. 오즈 스토어 역시 안드로이드 앱을 주력으로 배치하였고 삼성 App, LG App, WM App 등 단말 브랜드용 앱을 추가하였다.

4

모바일 콘텐츠와 서비스

모바일 콘텐츠

4.1.1 모바일 콘텐츠의 정의

모바일 단말기가 유선인터넷의 연결 수단이 되었으며 언제 어디서나 이동통신단말기를 이용하여 인터넷 접속이 가능하게 되었다. 그리고 기존의 문자 외에도 이미지(Image), 오디오(Audio), 동영상 등 멀티미디어 서비스가 가능하게 되었다. 모바일 단말기는 '이동성'이라는 장점을 활용하여 각종 콘텐츠들에게 '모바일'이라는 날개를 달아주고 있다.

모바일 애플리케이션은 모바일 단말기에서 실행되는 프로그램(소프트웨어)들을 말하며, 모바일 콘텐츠는 모바일 애플리케이션에서 보이는 정보/자료(예로, 게임, 뉴스, 광고, SMS, 운세) 등을 말하며 모바일 서비스는 통신사의 네트워크를 중심으로 서비스 되는 것을 말한다.

일반적으로 콘텐츠(Contents)란 부호, 문자, 이미지, 오디오, 동영상 등의 형태로 표현되는 자료 또는 정보를 지칭하며, 여기에는 출판, 게임, DB 정보 등의 광범위한 분야가 포함된다. 콘텐츠는 <그림 4.1>과 같이 디지털 콘텐츠와 아날로그 콘텐츠로 세분화 할 수 있으며, 디지털 콘텐츠는 온라인 콘텐츠와 오프라인 콘텐츠로, 온라인 콘텐츠는 유선 콘텐츠와 모바일(무선) 콘텐츠로 분류할 수 있다.

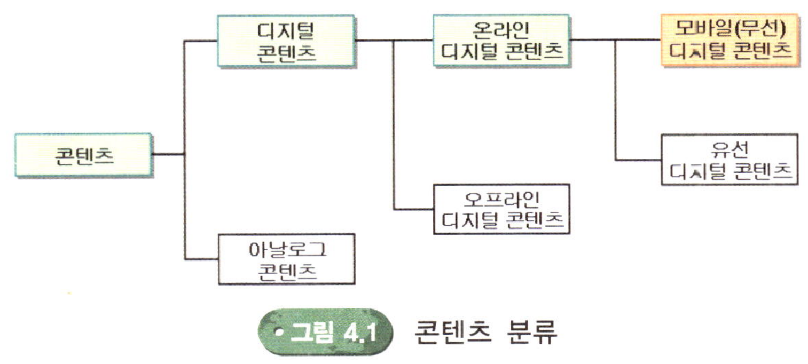

● 그림 4.1　콘텐츠 분류

<그림 4.1>에 분류된 콘텐츠의 개념을 정리하면 다음과 같다.

● 디지털 콘텐츠

부호, 문자, 음성, 음향, 이미지 또는 영상 등으로 표현되는 자료 또는 정보로서 그 보전 및 이용에 있어 효용을 높일 수 있도록 전자 형태로 제작 또는 처리된 것(디지털 콘텐츠 산업보고서 2조, 2002년 정통부)(그림 4.2 참조)

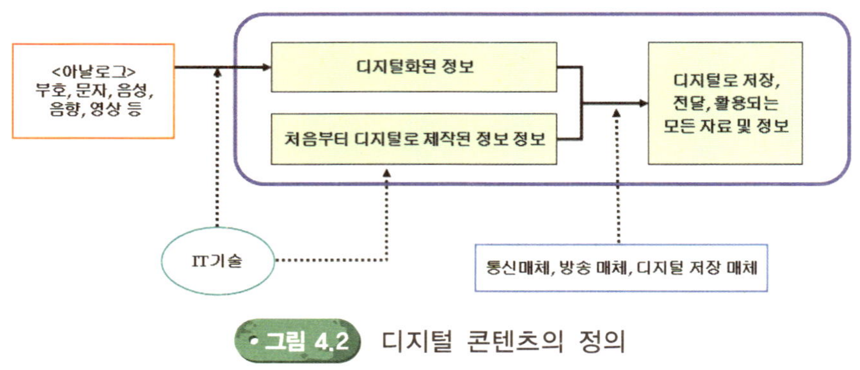

그림 4.2 디지털 콘텐츠의 정의

● 온라인 디지털 콘텐츠

정보통신 네트워크를 통해서 사용되는 디지털 콘텐츠

● 유선 디지털 콘텐츠

브로드밴드(Broadband), 내로우밴드(Narrowband) 등과 같은 유선 네트워크를 통해 유통 또는 소비되는 디지털 기술을 활용한 콘텐츠

● 모바일(무선) 디지털 콘텐츠

이동전화기를 포함해 무선 이동통신 네트워크에 접속할 수 있는 PDA, 스마트폰, 웹패드 등 Handheld 기기를 통해 제공되는 콘텐츠를 말하며, 여기서는 모바일(무선) 디지털 콘텐츠를 모바일 콘텐츠와 같은 개념으로 정의한다.

4.1.2 모바일 콘텐츠의 특성

모바일 콘텐츠가 기존의 디지털 콘텐츠와 비교할 때 갖는 장점과 단점은 <그림 4.3>과 같이 ① 이동성으로 인한 시간적/공간적 제약 극복, ② 개인화, ③ H/W적 제약으로 인한 콘텐츠의 한계 등으로 요약될 수 있다.

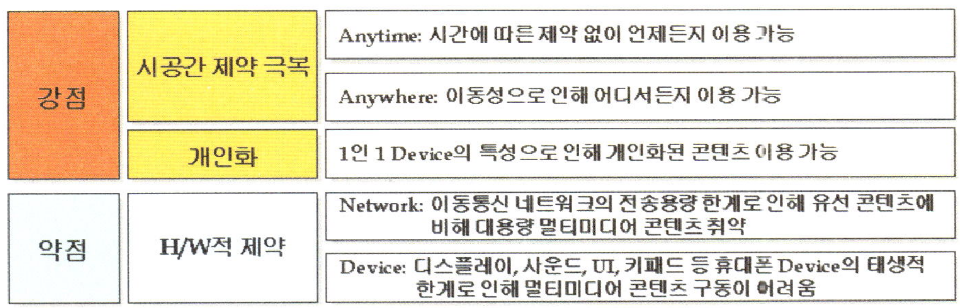

• 그림 4.3 모바일 콘텐츠의 장/단점

모바일 콘텐츠의 특성을 세부적으로 정리하면 다음과 같다.

- **편재성(Ubiquity)** : 무선 단말기의 가장 두드러진 장점으로, 스마트폰이나 커뮤니케이터 형태의 무선 단말기는 이용자가 언제 어디서나 실시간 정보검색과 통신을 가능하도록 지원해준다.

- **접근성(Reachability)** : 사용자 간의 통신을 위해 중요한 기능으로 무선 단말기를 가진 사용자는 언제 어디서나 연결이 가능하고 특별한 경우, 특정 인물이나 시간대에만 접근이 가능하도록 제한할 수 있다. 접근성은 무선 서비스의 개인화, 다양화 추세와 맞물려 점점 더 중요시 되는 특성이다.

- **즉시 연결성(Instant Connectivity)** : 무선 단말기를 통해 언제 어디서나 사용자가 원하는 즉시 인터넷에 접속할 수 있으며, LTE, Wi-Fi, GPRS, IS95C 등 통신 서비스가 가능하게 됨으로써 인터넷에 접속하기 위해 별도로 통신에 연결할 필요 없이 소지하고 있는 휴대 단말기로 간편하고 빠르게 인터넷을 이용할 수 있다.

- **편리성(Convenience)** : 향후 다양한 휴대 단말기의 등장으로 사용하기 쉬워질 것이며 여러 기능이 시범 서비스를 통하여 사용자의 요구에 가장 적합한 형태로 강화될 것이다. 이러한 특성은 하드웨어 측면의 기술적 진보와 그 맥을 같이하며, 단말기 화면의 크기 개선, 배터리 및 저장 용량의 증가, 무선 단말기 자체 및 그 기능의 다양화 등을 통하 더욱 강화될 전망이다.

- **위치확인(Localisation)** : 무선 서비스와 애플리케이션에 위치 정보를 결합하는 형태로 휴대 단말기에 가치를 부여할 수 있다. 특정 시점에 이용자의 위치를 알면 이용자가 거래하고 싶은 욕구가 생기도록 유인할 수 있는 적절한 서비스를 제공할 수 있게 된다. 또한 위치확인을 통한 응급구조 및 미아 찾기 등의 안전한 삶을 위한 콘텐츠가 가능하다.

- **개인화(Personalization)** : 해당 단말기를 사용한 개인 고객이 미리 제공한 정보나 사전 설정한 내용을 바탕으로 사용자 개인의 특성에 맞춘 콘텐츠를 제공하는 것으로 현재 신용카드 구매 확인 등과 같이 제한적인 서비스가 제공되고 있다. 그러나 무선 포털 사이트를 통해 개인화된 정보 검색 및 거래 처리의 수준을 더 끌어올릴 수 있으므로 궁극적으로 휴대 단말기가 일상생활에 필수적인 도구가 될 수 있을 것이다.

- **보안(Security)** : 무선통신 보안기술은 이미 폐쇄적인 End-to-End 시스템 내에서 SSL(Secure Socker Layer) 형태로 구체화 되고 있다. 유럽의 경우 단말기에 부착되는 스마트카드, SIM(Subscriber Identification Module)카드는 소유한 사용자만이 인증하도록 하여 유선인터넷망에서의 보안보다 수준 높은 보안을 제공한다.

4.2

모바일 서비스

4.2.1 모바일 클라우드

1) 모바일 클라우드의 개요

모바일 클라우드란 모바일 단말기(주로 스마트폰)를 사용하여 클라우드에 있는 애플리케이션과 데이터를 액세스함으로써 IT 서비스를 제공받을 수 있는 컴퓨팅 환경을 말한다. 클라우드 컴퓨팅 서비스는 하드웨어, 소프트웨어 등 IT 자원을 필요할 때 필요한 만큼 빌려 쓰고 사용한 만큼의 요금을 지불하는 것을 말하는데, 모바일 클라우드는 서비스를 이용하는 단말기를 모바일 영역으로 확대한 것이다. 모바일 클라우드 환경에서 서비스 이용자는 단말기(디바이스) 사용과 종류에 관계없이 언제 어디서나 동일한 환경의 컴퓨팅 환경을 제공받을 수 있다.

모바일 단말기는 개인이 보유하기 때문에 개인에 특화된 서비스와 콘텐츠를 제공할 수 있다. 따라서 개인을 대상으로 데이터 저장 및 공유, 멀티미디어 스트리밍, 소프트웨어 대여 등과 같은 서비스가 등장하고 있으며, 특히 이동 중에 많이 이용되는 콘텐츠 서비스와 클라우드 컴퓨팅의 결합이 본격화 되고 있다.

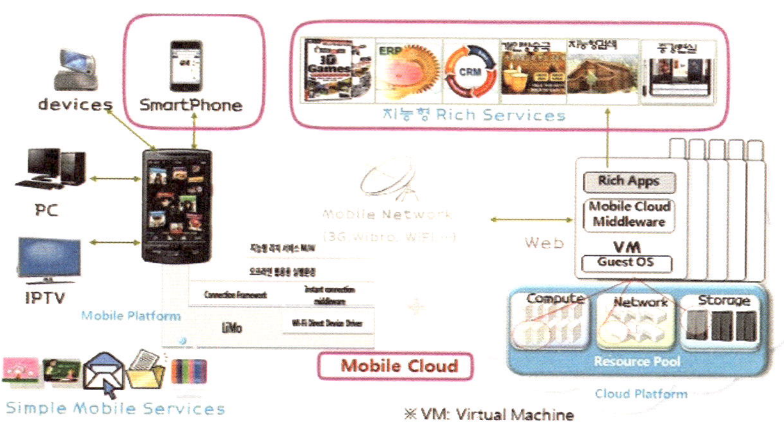

• 그림 4.4 모바일 클라우드 구성도(출처: 한국전자통신연구원 2010)

2) 모바일 클라우드 구성요소

모바일 클라우드는 크게 모바일 단말기, 모바일 클라우드 플랫폼, 모바일 서비스로 구성된다. 모바일 단말기는 개인인증과 네트워크 접속기능을 제공하고, 모바일 클라우드 플랫폼은 데이터 제공을 위한 스토리지 서버와 서비스를 처리하는 데이터 프로세싱 서버로 구성된다. 모바일 서비스 제공자는 이메일, 애플리케이션, 멀티미디어 콘텐츠 등과 같은 서비스를 제공한다.

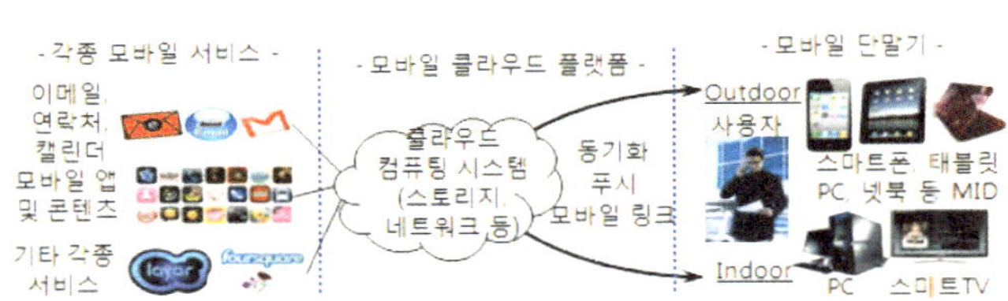

• 그림 4.5 모바일 클라우드의 구성요소(자료: 스트라베이스 2010)

3) 모바일 클라우드의 동향

모바일 클라우드는 동영상, 음악, 전자책, 게임 등과 같은 모바일 콘텐츠와 연계됨으로써 큰 위력을 발휘할 것으로 전망되며, 특히 스트리밍(streaming) 기술이 매우 중요한 기술 방식의 하나로 부각되고 있다. 스트리밍은 네트워크를 통해 실시간으로 콘텐츠를 단말에 전송하여 재생하는 기술이다. 초기 클라우드 컴퓨팅은 서버, 스토리지 등의 기본적인 IT 자원을 제공하는 수준에 그쳤으나, 최근에는 클라우드 서버에서 콘텐츠나 서비스를 직접 단말에 전송하는 스트리밍 방식의 사업 모델이 각광받고 있다. 클라우드 스트리밍 서비스는 서버에서 모든 연산처리를 수행한 후 결과만을 단말에 전송하기 때문에 개별 단말의 하드웨어 성능과 무관한 서비스를 제공할 수 있다. 이 서비스는 서버의 컴퓨팅 성능과 네트워크 전송기술, 네트워크 접속 품질에만 영향을 받으며, 성능이 떨어지는 단말에서도 고화질의 콘텐츠를 감상할 수 있도록 한다. 스마트폰, 태블릿 PC의 성능이 향상되고 있지만 여전히 데스크톱 PC나 노트북에 비하면 상대적인 성능 차이가 있기 때문에, 모바일 클라우드 서비스에는 스트리밍이 적극 활용될 것으로 보인다.

현재 콘텐츠 업체는 동일한 콘텐츠를 각 OS 플랫폼 별로 변환해야 하는 작업이 필요하지만, 향후에는 한 번의 콘텐츠 개발로 모든 모바일 단말기에서 활용이 가능하도록 함으로써 적은 비용으로 다양한 콘텐츠를 개발할 수 있을 것이다. 즉 미래에는 정보와 데이터들이 플랫폼을 떠나 클라우드로 옮겨가 자유롭게 상호 이동이 가능한 거대한 클라우드 형태로 이루어진 플랫폼이 형성될 것이다. 이를 위해서는 클라우드 플랫폼 간 상호 호환을 위한 표준화, 폭발적인 트래픽 증가와 서비스 중단 가능에 따른 안정성, 악성코드, 해킹 등에 노출되는 보안성, 관련 법, 제도 개선 등 개선되어야 할 문제점들이 많다. 하지만 최소한의 기능을 가진 저가의 단말기로 자신이 원하는 콘텐츠를 소비하길 원하는 소비자와 이를 공급하기 위한 개발사들이 존재한다면 이들이 원하는 모바일의 미래는 모바일 클라우드로 흘러갈 것으로 전망된다.

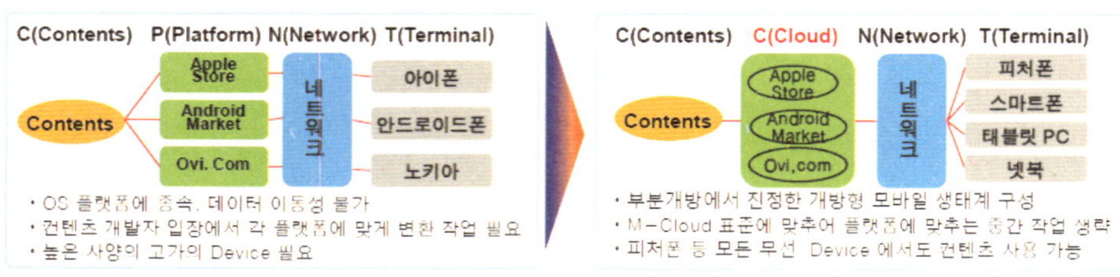

그림 4.6 모바일 클라우드의 미래 전망(출처: KT경제경영연구소 2010)

모바일 클라우드 시장은 개인 대상의 스토리지 및 단말의 동기화(Sync) 중심 서비스에서 기업용 텔레프레즌스, 모바일 오피스 등 기업 대상의 클라우드 서비스 영역으로 다변화 중이다. 모바일 클라우드는 적용 범위의 확장이 용이하여 모바일 오피스의 급속한 확대가 전망된다. 또한, 새로운 웹 표준인 HTML5 확산과 모바일 브로드밴드 커버리지 확대, 기업용 협업 서비스의 니즈 증가로 모바일 클라우드 시장을 가속화할 것으로 예상된다. 구글, 애플, MS 등은 스마트폰 보급에 의한 모바일 산업 생태계 변화에 맞춰 단말기, 서비스 플랫폼, 콘텐츠 및 소프트웨어 관련 서비스를 총체적으로 제공하고 있다. IT 솔루션 업체들도 기업용 협업 서비스나 산업 간 융합서비스 분야에 특화된 모바일 클라우드 기반 솔루션 개발 등 시장 선점을 위한 공격적인 행보에 나서고 있다. 통신사업자들도 시장 주도권 방어를 위하여 해당 시장 진출을 가속화할 것으로 예상된다.

4) 모바일 클라우드 서비스 사례

가) 모바일N드라이브(네이버)

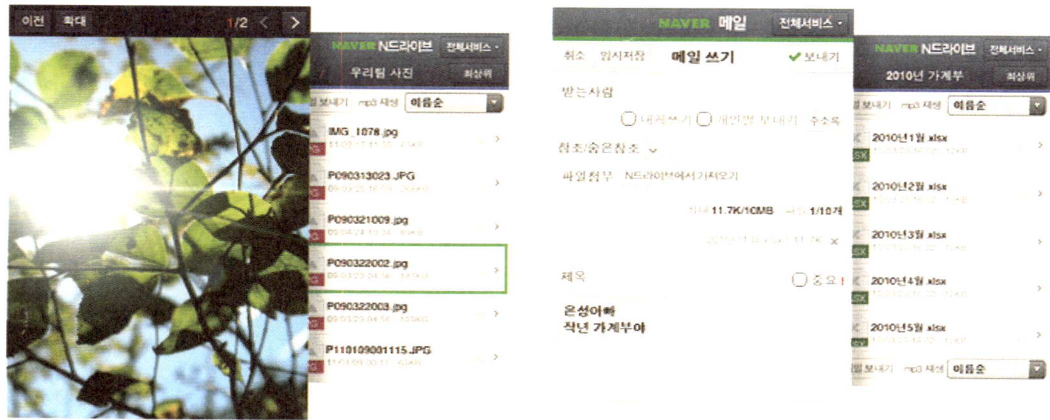

그림 4.7 모바일N드라이브 서비스 화면

모바일N드라이브 서비스는 30GB의 용량을 무료로 제공하며, 모바일뿐만 아니라 웹, PC 등에서 최적화된 다양한 환경에서 사용할 수 있다. N드라이브 탐색기를 설치하면 N드라이브 폴더가 자동 연동되며, 스마트폰 사진 자동올리기, 자동동기화 등을 지원한다.

N드라이브에 올린 이미지 파일(JPG, GIF, PNG 등)이나 문서 파일(DOC, PPT, XLS, HWP 등)을 모바일 웹 뷰어로 언제 어디서나 바로 확인이 가능하다. 또한, N드라이브에 올린 파일을 선택한 후, 메일 보내기를 누르면 모바일 웹에서도 파일을 첨부하여 메일을 쓸 수 있다.

나) 다음 클라우드(다음커뮤니케이션)

다음 클라우드(Daum Cloud)는 시간과 장소에 구애 없이 '언제 어디서나' 클라우드에 파일을 저장하고 저장된 파일을 이용할 수 있는 통합 파일관리 환경을 제공한다. 다음커뮤니케이션의 클라우드 서비스인 다음 클라우드는 50GB의 저장용량을 지원하는 서비스로 PC나 노트북이 없을 때, 대중교통으로 이동 중인 상황에서도 스마트폰으로 손쉽게 클라우드어 접속해 자신의 파일을 확인하고 지인에게 바로 전송할 수 있다. 또한 폴더공유 기능을 활용하여 자신의 클라우드 폴더를 친구들과 공유하여 문서, 이미지 등을 간편하게 공유할 수 있다.

그림 4.8 Daum 클라우드 서비스 화면

다) 유플러스박스(LG)

유플러스박스(U+Box)는 VOD, Music 등과 같은 멀티미디어콘텐츠와 My Media 웹저장공간에 올린 자신의 파일을 스마트폰, 패드, PC, U+TV 등에서 바로 이용할 수 있는 미디어 클라우드 서비스이다. 유플러스박스에는 My Media 서비스, VOD 서비스, iMORY 인화/포토북, SimFile 등이 포함된다.

My Media 서비스에서는 사진, 동영상, 음악, 문서파일을 온라인 상에서 어디서든 손쉽게 올리면 휴대폰, PC, 노트북, 패드, TV 등 다양한 디지털 디바이스에 최적화된 포맷으로 자동 변환되어 언제 어디서나 바로 즐길 수 있고, 손쉽게 공유할 수 있는 클라우드 서비스 기반 N-스크린 서비스이다. VOD 서비스는 TV(드라마/예능), 영화, 음악/뮤직비디오, 교양, 뉴스 등 다양한 장르의 최신 동영상을 휴대폰, PC, 노트북, 디지털액자 등 다양한 단말에서 어디서든 바로 볼 수 있는 주문형 동영상(Video On Demand) 서비스이다.

iMORY 인화/포토북은 디지털 사진을 직접 편집해서 사진인화, 증명사진, 스튜디오 앨범, 포토북, 액자 등 다양한 포토상품을 직접 만들고 주문할 수 있는 서비스이며, SimFile은 PC, 스마트폰, 정품 S/W 애플리케이션에 대한 모든 정보를 한곳에서 확인하고 초고속 다운로드 서비스를 통해 쉽고 빠르게 소프트웨어를 활용할 수 있는 멀티 플랫폼 소프트웨어 자료실이다.

그림 4.9 U+Box 서비스 개념

라) 모바일 유클라우드(KT)

KT의 유클라우드(ucloud)는 간편한 조작으로 데이터를 실시간으로 보관(자동백업)해주고, 다양한 단말에서 자유롭게 접근하여 이용할 수 있는 'Personal Cloud Storage' 서비스이다. 모바일 유클라우드(Mobile ucloud) 서비스는 모바일웹, 아이폰, 안드로이드폰, 아이덴티티탭 등 다양한 모바일 기기를 이용하여 파일 전송, 멀티미디어 감상, 사진 업로드 기능 등을 제공한다.

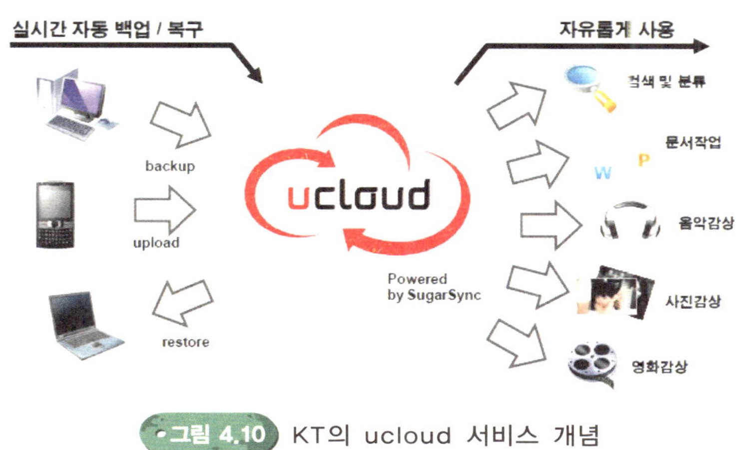

그림 4.10 KT의 ucloud 서비스 개념

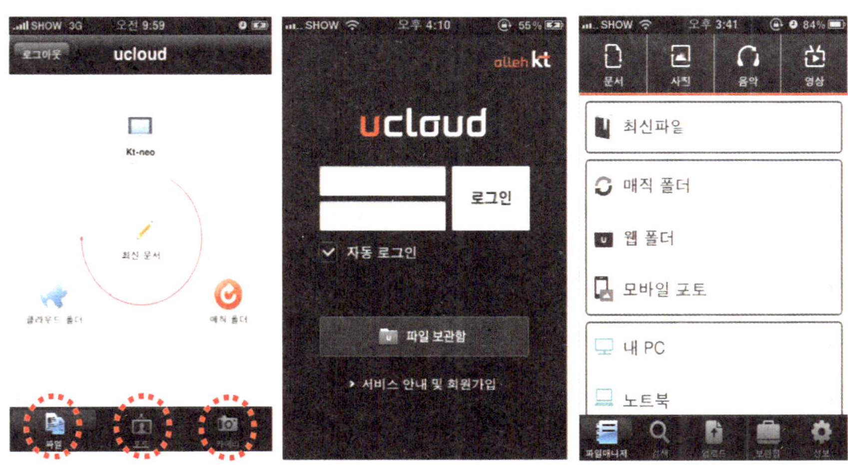

그림 4.11 모바일 ucloud 서비스 화면

마) 아이클라우드(애플)

아이클라우드(iCloud)는 기존의 애플 클라우드 서비스인 '모바일미(MobileMe)'의 기능을 확대한 서비스로 모바일 단말과 PC, 노트북 단말 사이에서 콘텐츠 이용 환경을 통합하였다. 무료로 제공되는 5GB의 스토리지에 사진, 문서, 음악, 애플리케이션 등 다양한 종류의 콘텐츠를 저장하고,

아이폰, 아이패드, 맥북, 아이팟터치 등 애플 모바일 단말에서 언제든지 원하는 콘텐츠를 연동해 이용할 수 있다. 또한, 이메일, 주소록, 캘린더 정보 통합관리 및 업데이트 정보의 푸시 동기화 기능 등을 제공한다.

과거에는 Mac과 iOS를 탑재한 단말(아이폰, 아이패드, 아이팟터치) 간의 동기화 작업은 직접 케이블 연결과 별도의 연동 프로그램의 구동이 필수였지만, 아이클라우드를 통해 간단히 콘텐츠의 백업과 연동이 가능하다. 따라서 아이폰과 아이패드가 PC, Mac의 종속에서 벗어나 독립적인 단말로서의 기능이 가능하게 되었다.

그림 4.12 아이클라우드(iCloud) 서비스 개념

바) 구글 싱크(구글)

구글 싱크(Google Sync)는 구글의 Gmail, 연락처, 캘린더 정보를 동기화하고 구글 문서에 액세스하는 기능을 제공한다. 아이폰, 윈도우모바일, 블랙베리, 심비안 등과 같은 다양한 OS플랫폼 기반의 모바일폰에서 이용이 가능하다. 구글 싱크는 동기화 기능 외에도 모바일 기기와 구글 계정을 연동시켜준다.

구글 싱크는 푸시(Push)기술과 액티브싱크(ActiveSync) 프로토콜을 이용하여 동기화 기능을 제공한다. 이메일 도착, 주소록 변경, 일정 변경과 같은 이벤트가 발생하면 푸시기술을 이용하여 모바일 기기로 데이터를 동기화시키며, 다시 모바일 기기에서 데이터가 변경되면 액티브싱크 프로토콜을 이용하여 구글 클라우드 서비스로 데이터를 동기화시킨다.

그림 4.13 Google Sync 서비스 개념

사) 모토블러(모토로라)

모바일 클라우드 서비스를 위하여 모토로라에서 개발한 모토블러(MOTOBLUR)는 이메일, 사진, 소셜네트워크 사이트의 글 등이 모두 휴대폰에 자동으로 업데이트하여 페이스북에서 트위터에 이르기까지 사용자의 복잡한 소셜 라이프를 한눈에 볼 수 있도록 정리해준다. 모토블러는 트위터와 페이스북을 동기화하여 휴대폰 속에 하나의 위젯으로 통합시켰으며, SMS, 이메일, 페이스북과 트위터로부터의 메시지를 하나의 수신함으로 모아주고, 바로 응답할 수 있도록 편리한 서비스를 제공한다.

그림 4.14 MOTOBLUR 모바일 클라우드 서비스 화면

아) SoonR

SoonR은 아이폰용 모바일 클라우드 애플리케이션으로 DOC, PPT, XLS 등의 오피스 파일을 별도 오피스 프로그램 없이 모바일 단말에서 열람하거나 백업, 협업, 인쇄가 가능하다. 이 회사는

원격 사용자 인터페이스(Remote User Interface) 기술을 이용하여 클라우드에서 실행한 후 해당 파일의 실행 결과를 단말기에 전송하는 방식으로 서비스한다.

그림 4.15 SoonR 모바일 클라우드 서비스 개념

4.2.2 모바일 광고

1) 모바일 광고의 개요

모바일 광고는 무선 단말기(스마트폰, 피처폰, 태블릿 PC 등)상에서 보여주는 광고로 모바일 마케팅 수단으로 활용된다. 모바일 광고는 시간과 장소의 구애를 받지 않고 원하는 고객에게만 음성, 문자, 사진, 그리고 동영상 등 다양한 형태의 멀티미디어 광고를 전달할 수 있기 때문에, 차세대 마케팅 커뮤니케이션 도구로 각광 받고 있다. 또한 스마트폰 확산, 모바일 인터넷 확대, 그리고 SNS의 적절한 활용으로 비용 대비 높은 효과를 갖는 매력적인 광고 채널로 급부상 중이다.

스마트폰의 빠른 성장속도와 더불어 모바일 광고가 마케팅 전문가들 사이에서 중요하게 여겨지는 이유는 바로 모바일 앱이 오늘날 세분화된 소비자들에게 좀 더 효과적인 방법으로 광고 메시지를 전달할 수 있다는 가능성 때문이다. 시장조사기관인 민텔(Mintel)이 발표한 '소비자 휴대기기 사용보고서'에 따르면 모바일 앱 사용자 대다수는 25~34세의 젊은 연령층이며, 여성(35%)보다는 남성(65%)이 많고, 이들의 연 평균소득수준은 연간 7만5천 달러 이상이며, 대부분이 대학졸업 이상의 고학력인 집단인 것으로 나타났다. 아울러 모바일 앱 이용자들의 사용패턴을 분석한 핀치미디어(Pinch Media) 보고서에 따르면 모바일 앱 이용자들은 주로 다운로드한 당일 혹은 다음날 가장 많이 사용하고, 다운로드 후 30일이 지난 다음에도 활발히 사용하는 사용자는 5% 미만에 그치는 것으로 조사되었다. 또한 게임이나 엔터테인먼트, 라이프스타일 관련 앱의 경우 다른 종류의 앱에 비해 더 오래 사용하는 것으로 보고되었다. 특히 전체 모바일 앱 사용자들의 대다수를 차지하는 아이폰이나 안드로이드 사용자들의 경우 광고가 없는 유료 모바일 앱보다 광고가 삽입된 무료 모바일 앱을 더 많이 선호하는 것으로 알려졌다.

2) 모바일 광고의 특성

모바일 광고는 누구에게(anyone), 언제(anytime), 어디서나(anywhere) 소비자와 대화 가능한 특성을 가진다. 모바일 광고는 개인화된 모바일기기 특성으로 개인에게 특화된 맞춤형 메시지의 전달이 가능하며 고객에게 실시간 광고 제공 및 즉각적인 반응 유도, 확인이 가능하다.

최근에 멀티미디어, 이메일 그리고 소셜 네트워킹 등 다양한 기능을 제공하는 스마트폰 단말기가 확산되고 관련 서비스시장이 활성화됨에 따라 모바일환경에 특화된 솔루션을 제공하기 위해 모바일 광고의 플랫폼화를 하였다. 따라서 모바일 광고의 제작·활용이 용이해지고, 성과 측면의 효율성 등 긍정적인 측면이 가시화되며 시장의 성장성이 부각되고 있다. 특히 스마트폰 모바일 광고시장은 모바일 비즈니스의 핵심이 될 전망이다. 다음은 모바일 광고의 특성과 장점을 간략하게 기술하였다.

- Mass&Targeting : 세밀한 사용자 프로파일의 분석을 이용한 타깃팅 광고가 가능하고, 광범위하고 빠른 파급력을 가지고 있다.

- Anytime : 사용자가 24시간 휴대하는 미디어 단말에 원하는 시간을 선택할 수 있다. 물론 실시간 서비스도 가능하다.

- Anywhere : 사용자가 원하는 장소를 선택할 수 있다. 또한 위치기반서비스 기술을 활용하여 고객의 현재 위치를 중심으로 원하는 시간에 고객이 필요로 하는 정보를 제공 가능하다.

- Multi Interactive : 오디오/비디오, 텍스트 등 다양한 반응 선택과 소비자 행동 유도가 용이하다.

- Immediacy : 정보를 보다 쉽게 얻고, 취한 정보를 쉽게 올리며, 디바이스 내 다양한 툴로 쉽게 전파 가능하고 사용자의 즉각적인 반응을 유도할 수 있다.

- Interesting : 모바일 내에서 게임, 증강현실, 쿠폰 제공 등 보다 다양한 창조적인 구현이 가능하다.

- Cost Effective : 타 광고 미디어에 비해 저렴한 비용으로 최대 광고 효과가 가능하다.

3) 모바일 광고 유형

모바일 광고는 일반적으로 그 광고 형태에 따라 검색 광고(Searching Ad), 노출형 광고(Display Ad), 동영상 광고(Video Ad) 그리고 메시지 광고(Messaging Ad) 네 가지로 분류할 수 있다.

검색 광고(키워드 광고)는 네이버 같은 검색 포털을 많이 이용하는 사용자들에게 검색 결과 페이지의 첫 페이지 상단에 자신의 홈페이지를 위치하게 하여 사용자를 효과적으로 끌어들이기 위한 광고를 말한다. 모바일 웹의 등장과 함께 활성화되기 시작하였으며, 스마트폰의 성장세와 더불어 동반 성장이 예상되는 부분이다. 다만 좁은 모바일 환경을 감안, 웹과 달리 주로 제목, 설명, 전화번호, URL의 순서로 노출하고 있다. <표 4.1>은 모바일 시장의 예측을 보여준다. 모바일 검색광고 시장은 2009년 전체 모바일 광고 시장의 20%를 차지하고 있지만, 2014년경에는 전체의 34%의 점유율을 보일 것으로 예측된다. 구글과 야후, 마이크로소프트 등의 검색 엔진 사업자가 이 분야의 시장을 주도하고 있다.

표 4.1 미국 모바일 광고 매출 전망, 2009-2014 (출처: eMarketer, 2010)

구분	2009년	2010년	2011년	2012년	2013년	2014년	CAGR[1]
Messaging	$228.8	$327.3	$422.0	$476.7	$528.5	$602.5	21%
Display	$91.4	$202.5	$334.5	$489.1	$693.4	$887.6	58%
Search	$83.2	$185.0	$295.1	$451.4	$681.1	$858.2	59%
Video	$12.6	$28.3	$50.8	$84.0	$133.8	$201.3	74%
Total	$416.0	$743.1	$1,102.4	$1,501.3	$2,036.8	$2,549.5	44%

노출형 광고는 기존의 온라인에서도 흔히 사용되었던 광고기법으로 모바일 웹 페이지나 애플리케이션 내에 배너를 삽입하는 광고 형태를 말한다. 노출형 광고는 크게 모바일 웹 노출형 광고와 앱 노출형 광고로 분류된다. 웹 노출형 광고는 기존 PC 웹에서의 배너 광고를 모바일로 옮겨놓은 것으로, 띠 배너 형태의 광고를 모바일 웹에 노출시키는 방식이다. 이를 클릭하면 이용자들은 모바일 애플리케이션 페이지뿐만 아니라 PC 사이트로도 접속할 수 있다. 또 웹 광고와 마찬가지로 노출량 및 클릭수를 집계, 광고 효과를 측정할 수 있다. 앱 노출형 광고는 애플리케이션에 탑재되는 탑재형 광고 상품으로 '인앱애드(in-app ad)'라고도 한다. 구글의 애드몹(Admob)이나 애플의 콰트로 와이어리스[2](Quattro Wireless) 등이 주요 사업자로서, 고객의 주목도가 비교적 높고 팝업창이나 기존의 스팸 광고와 달리 거부감이 적은 것이 장점이다. 2009년 전체 모바일 광고 시장에서 25%를 차지하였으나 2014년에는 전체의 35%를 차지할 것으로 예상된다.

동영상(비디오) 광고는 애플리케이션을 다운로드할 때 혹은 웹 상에서 마우스를 위치시켰을 시 동영상을 시청할 수 있고 전후에 노출되는 형태로 사용자가 시청하고 있던 동영상에서 직접 링크에 접속하여 제품의 정보를 얻을 수 있는 양방향 광고가 가능하다. 동영상 광고는 애플의 iAd와 구글의 Admob으로 할 수 있고, 향후 이 부분은 애플과 구글에서 더욱 확장할 분야로 예측되며 2009년 3%에서 2014년에 7%로 가장 큰 상승세가 예상되는 부분이다.

마지막으로 메시지(SMS/MMS) 광고는 스마트폰 이전의 모바일 시장의 대부분을 차지하였던

---

1) 연평균복합성장률 CAGR(Compound Annual Growth Rate): 특정 기간 동안 DATA의 연평균성장률

2) 현재 애플 iAd에 통합되었다.

SMS 및 MMS와 같은 메시징 서비스 기반의 전통적인 푸시(Push)형 광고이다. SMS/MMS 광고는 피처폰과 스마트폰을 포함하여 모든 휴대폰에 적용되며, 주로 이벤트를 통하여 즉각적인 흥미를 유발시키기 위한 단순 정보 제공에 목적이 있다. SMS/MMS 광고는 소비자가 원해서 받아보는 정보가 아니라 기업에 의해 일방적으로 발송되는 광고이기 때문에 소비자로 하여금 스팸으로 인식하게 되어 불쾌감을 유발시키는 문제점이 발생한다. 2009년 메시지광고 시장은 전체 모바일 광고 시장의 63%를 차지하였지만, 2014년 23%로 급격한 감소세가 예측되며 메시지 광고 시장의 대부분이 검색 광고 시장으로 대체될 것으로 예상된다. 이는 모바일 광고 시장이 푸시형 광고에서 점차 풀형 광고 시장으로 변해감에 따라 나타나는 자연스런 현상이라고 할 수 있다.

4) 모바일 광고 플랫폼

모바일 광고 플랫폼은 고객 데이터 분석에서부터 시작해서 타깃팅, 발송, 효과분석 그리고 리포팅까지 해주는 일종의 광고업무 프로세서 시스템을 말한다. 즉, 다시 말해 광고주의 욕구(Needs)가 반영된 캠페인 실행계획을 모바일 매체를 통해 고객들에게 전달하기 위한 기반(Infrastructure)이라고 할 수 있다. 예를 들어 광고주로부터 광고 의뢰를 받으면 데이터베이스에 저장된 고객 프로파일을 분석하여, 광고메시지를 받을 타깃을 선별하고, 선별된 타깃에게 맞춤형 메시지를 전송하고, 전송된 메시지에 대한 타깃의 반응을 분석하여 광고주에게 최종적으로 리포팅을 해준다.

가) 애플 iAd

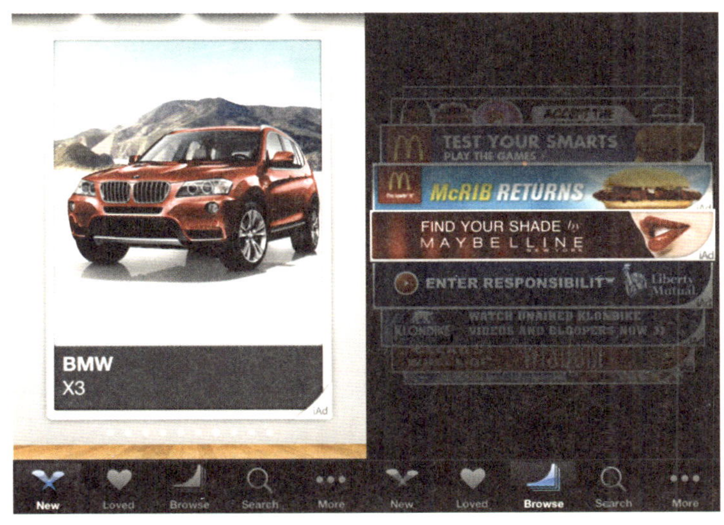

●그림 4.16 iAd 앱을 사용한 광고

애플의 경우 이미 스마트폰 시장에서는 아이폰을 통해 누구도 따라올 수 없을 정도의 입지를 확립하고 있는 만큼 자체 콰트로 와이어리스(Quattro Wireless) 인수를 통해 모바일 광고 네트워크와 플랫폼을 갖추게 되었다. 아이애드(iAd)는 아이폰 애플리케이션에 애플이 수주한 광고를 삽입할 수 있도록 하는 시스템으로, 애플은 클릭 당 단가를 25센트로 할 예정이다. 다음은 iAd의 주요 특징이다.

- 움직이는 영상을 보여줄 수 있다는 TV광고와 유사한 감정적 표현이 가능한 장점과 인터넷 광고의 특성을 지닌 인터랙티브 기능을 겸비한 장점이 조합되어 있다.

- 특정 광고주 홈페이지 연결보다는 애플리케이션 안에서 광고가 주로 집행된다. 왜냐하면 스마트폰에서는 사용자들이 웹에서처럼 많은 검색을 하지 않고 모든 정보를 애플리케이션에서 얻기 때문에 검색광고는 효과적이지 않다고 판단한다.

- 아이폰 운영체제 안에 구축되어 있어 개발자들이 쉽게 접근할 수 있고, 애플이 직접 광고를 중개하므로 품질을 보장한다.

- 애플은 무료 애플리케이션이 벌어들일 수입을 자신의 시스템 체계 안으로 끌어들임으로써 안정적인 수익 추구가 가능하다.

- 애플리케이션 개발자에게 최대 60%의 수익을 배분한다.

- 광고는 모두 HTML로 개발한다.

iAd는 향상된 타깃팅, 프리미엄 크리에이티브, 탄탄한 광고 측정이라는 세 가지 특성을 가지고 있다. 정확한 타깃팅 방법을 위해 애플에서는 사용자들의 아이튠즈와 앱스토어의 사용이력을 활용한다. iAd는 아이폰이 가진 멀티미디어, 인터랙티브한 플랫폼 특성을 이용하여 높은 수준의 창조적인 광고를 지원한다. <표 4.2>는 iAd의 특성을 간단하게 설명하고 있다.

표 4.2 iAd의 특성

특징	내용
향상된 타깃팅	나이와 성별
	애플리케이션 선호
	음악 선호
	영화 장르 관심
	방송 장르 관심
	위치
프리미엄 크리에이티브	풍부한 미디어 광고 지원
	사용자의 터치에 반응하는 인터랙티브한 광고의 구현
	아이폰의 각종 센서들을 활용한 체험형, 참여형 광고 구현
	현재 위치정보를 기반으로 한 지도와 연계한 광고 구현

표 4.2 계속

탄탄한 광고 측정	임프레션 클릭수 및 CTR(Click-Throught Rate) 방문 수(Visits) PV(Page View) 및 Visits 인터랙티브한 사용자 반응(보여진 비디오, 보여진 이미지 등) 광고 당 평균 체류 시간 소셜 네트워크로의 전달 수 전환(conversions), 다운로드 수

나) 구글 애드몹(Admob)

구글은 검색을 통한 광고 이외에 모바일 애플리케이션에 배너형 광고 및 동영상 콘텐츠 대상의 광고를 통해 제공 범위의 확대를 추진하기 위해 2007년 더블클릭과 2009년 애드몹을 인수하였다.

그림 4.17 애드몹을 사용한 배너 광고

그림 4.18 애드몹을 사용한 동영상 광고

모바일 광고시장에서 마케팅 플랫폼으로 성장한 애드몹의 핵심은 광고주와 광고매체를 최적으로 연결하는 '분석알고리즘'이다. 분석알고리즘을 통해 광고주가 자사 광고의 효과를 극대화할 수 있는 앱(App)을 선택하게 함으로써 우량기업은 물론 소규모 지역사업자까지 포함하는 방대한 광고주 네트워크를 확보하는 데 성공했다. 덕분에 2006년에 설립된 애드몹은 2009년 5월 구글에 인수되기 전까지 모바일 앱 광고시장의 50%를 차지하였다. 애드몹은 광고주가 쉽게 광고를 올리고 그들의 광고 캠페인을 관리할 수 있는 간단한 툴을 제공하여, 광고주의 접근성을 높여주고 있다. 애드몹의 중요한 두 가지 사업전략은 CPC(cost-per-click)와 CPM(cost-per-thousand-impressions)이라는 옵션이다. 이 중 텍스트 광고형태로만 제공되는 CPC는 애드몹의 광고 트래픽에서 가장 많은 부분을 차지한다.

구글의 '애드몹(Admob)' 대표적인 상품으로, 인기 애플리케이션의 상·하단에 디스플레이 광고를 삽입하고, 이용자가 터치하면 광고주의 사이트 및 랜딩, 동영상 등이 노출되게 한다. 애드몹은 스마트폰이라는 모바일 특성을 극대화한 사용자의 액션을 유발할 수 있는 여러 가지의 형태가 있고, <표 4.3>은 그 형태를 간단히 설명해준다.

표 4.3 광고 클릭 시 발생할 수 있는 액션

광고형태	내용
Click to Web	광고 클릭 시 모바일 웹페이지로 이동
Click to Video	광고 클릭 시 동영상 플레이
Click to SNS	광고 클릭 시 트위터, 페이스북 등 광고주 SNS 페이지로 이동
Click to Download	광고 클릭 시 광고주 어플 다운로드 페이지로 이동
Click to Canvas	광고 클릭 시 배너 형태에서 Canvas 형태로 변환
Click to Call	광고 클릭 시 광고주에게 직접 곧바로 전화를 걸 수 있게 함
Click to Map	광고 클릭 시 지도로 이동해 위치를 확인시켜줌

구글은 애드몹을 인수하기 전에 자체 개발한 애드센스(AdSense)를 비롯한 온라인 검색광고의 성공모델을 모바일 플랫폼에 도입함으로써 타깃 광고시장의 멀티 플랫폼화를 완성하였다. 구글은 2011년 10월부터 모바일 앱 개발자는 애드몹을 사용하여 광고를 하고 모바일 웹 개발자는 애드센스를 사용할 것을 장려하고 있다.

다) 트위터

모바일 광고에서의 트위터나 페이스북 같은 SNS의 실시간으로 전달되는 정보는 검색과 결합되어 맛집, 날씨, 부동산, 쇼핑, 및 교통정보 등 생활밀착형 실시간 검색 정보 서비스로 활용이 가능하며, 특히 작성자의 위치정보, 즉 LBS와 결합될 경우 광고효과는 더욱 커진다. 예를 들어 어떤 레스토랑에서 트위터 사용자가 스마트폰을 이용해 음식에 대한 후기를 실시간으로 자신의 트윗에 등록하면 자연스럽게 레스토랑의 위치가 노출되면서, 제공된 정보에 대한 신뢰도도 높일 수 있어 광고 효과 향상을 기대할 수 있다.

SNS 모바일 광고 플랫폼은 이용자의 접속빈도가 높으며, 체류시간도 길어 광고 노출 가능성이 크다는 점을 들 수 있으나, 무엇보다도 SNS가 갖는 실시간성이라는 특징이 주목받고 있는 이유다. 이러한 실시간성을 바탕으로 타깃 광고와 지역 광고는 물론 스폰서 대화형 광고 등 다양한 SNS 광고 유형이 등장하고 있다. 실시간과 열린 소통이란 측면에서 보자면 트위터를 비롯한 SNS 광고는 스마트폰의 장점과 닮아있어, 활용도가 매우 크다고 할 수 있다.

최초의 SNS이고 SNS 성장의 일등공신이나 마땅한 수익 모델이 없던 트위터는 2010년 4월 트위터 개발자 컨퍼런스에서 'Promoted Tweet'이라는 광고 플랫폼을 발표하였다. 물론 트위터는 구글, 마이크로소프트 및 야후의 실시간 검색에 자사 트윗 정보를 제공하는 조건으로 이미 수억 달러의 매출을 올린 바가 있으나, 단문의 메시지만을 올릴 수 있는 특성 때문에 수익 모델이 한정되었다. 그러나 Promote Tweet은 광고를 원하는 트위터 사용 기업이 광고 트윗을 제작, 트윗하는 셀프 서비스 기능으로 일반 트윗과 동일한 형태이다. <그림 4.19>는 스타벅스 광고 트윗을 보여준다.

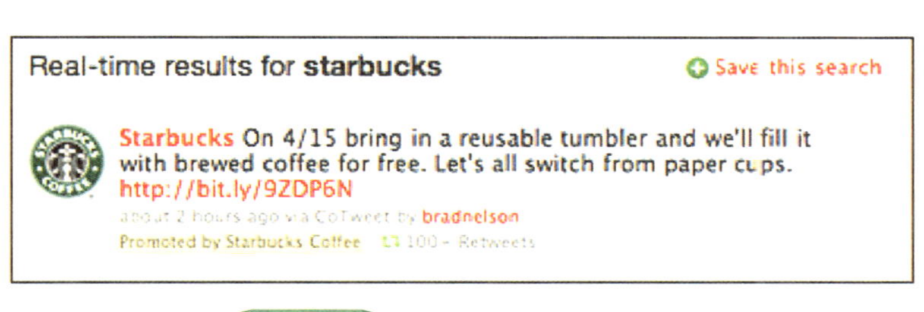

그림 4.19 스타벅스의 트윗 광고

과금 방식으로는 단순 노출뿐만 아니라 Retweet, @reply, 해시태그 재사용, 아바타 클릭, 해시태그 클릭, 트위터 링크클릭 등 다양한 지표를 활용하여 측정하는 'Resonance(공명, 울림)' 모델을 도입하였다.

라) 다음 AD@m

다음이 2010년 12월에 선보인 '아담(AD@m)'은 모바일 애플리케이션 탑재형 광고인 모바일 앱과 모바일 웹을 포괄하는 모바일 광고 플랫폼이다. 아담은 누구에게나 오픈된 광고 네트워크 플랫폼으로 애플리케이션 개발자, 모바일 사이트 운영자 등 다양한 플랫폼의 운영자들이 손쉽게 등록해 광고를 노출하고 수익을 낼 수 있도록 한 것이 핵심이다.

모바일 광고의 광고노출방식은 입찰한 금액에 따라 원하는 순위로 광고를 노출하는 '고정노출방식'이다. 노출되는 광고는 입찰가가 높은 순서대로 1순위에서 5순위까지 최대 5개의 광고가 노출된다.

모바일 광고의 과금방식은 고객이 페이지에 방문한 경우에만 비용을 지불하는 '클릭 당 과금 방식'으로, 광고노출만 되고 클릭이 되지 않는 경우에는 과금하지 않는다.

현재 띠배너 형태의 광고만 사용할 수 있다.

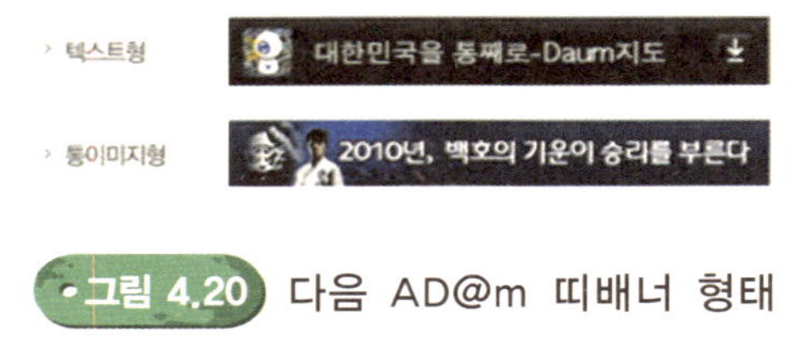

그림 4.20 다음 AD@m 띠배너 형태

그림 4.21 다음 AD@m 모바일 앱 광고와 모바일 웹 광고

마) T 애드(T ad)

T 애드는 SK텔레콤에서 개발한 모바일 광고 플랫폼으로 최적화된 솔루션을 기반으로 광고주에게는 효과적인 타깃팅과 광고 상품을 제시하고, 퍼블리셔에게는 최고의 수익을 제공하는 모바일 앱과 웹 기반의 광고 시스템이다.

그림 4.22 T애드 노출형 광고 종류

In App 광고는 노출형 광고로 <그림 4.22>에서 볼 수 있고, 다음 네 가지 배너 형태를 가지고 있다.

- 이미지 배너 : Click to App 다운로드, Click to Web, Click to Call 등 캠페인 목적에 따라 랜딩 페이지를 선택할 수 있는 기본적인 배너 광고다.
- 확장 배너 : Click하면 팝업 형태로 또 하나의 크리에이티브 배너가 노출되는 인터랙티브 광고다.
- 동영상 배너 : Click하면 전체 화면으로 동영상이 재생되는 광고다.
- 전면 배너 : App 초기 화면 또는 실행 중 화면 전체에 이미지가 노출되는 광고다.

바) U+AD

LG U+는 모바일 광고 플랫폼 U+AD를 내놓으면서 모바일 광고 시장에 진출했다. U+AD는 자동화 프로세스를 통한 즉각적인 피드백을 얻을 수 있기 때문에 마케팅 효과를 파악할 수 있고, 리워드성 경품을 통한 마케팅 시너지 효과를 올릴 수 있다.

노출형 광고는 디지털 배너라고 하며 배너 클릭 시 광고주 페이지로 연결하는 링크 배너, 클릭 시 광고주 전화번호로 연결되는 콜배너, 그리고 클릭 시 동영상 재생 페이지로 연결되는 동영상 배너가 있다. 모든 노출형 광고는 클릭 시 과금한다.

그림 4.23 U+AD의 노출형 광고 종류

메시지 광고는 디지털 메시지라고 하며 SMS와 MMS를 특정 고객에서 발송할 수 있다.

U+AD는 일반 광고에 마케팅 효과를 높이기 위해 디지털 경품이라는 서비스가 있다. 고객에게 문자메시지로 선물을 보낼 수 있는 모바일 상품권으로 이벤트 진행시 경품으로 활용할 수 있다. 또한 무료 메시지 상품권도 있다.

5) 브랜드 애플리케이션

그림 4.24 버추얼 지포라이터 앱

현재 각종 모바일 플랫폼을 통해 제공되는 다양한 종류의 모바일 애플리케이션 가운데 마케터들의 큰 관심을 끄는 것은 바로 브랜드 모바일 애플리케이션인데, 기업 입장에서 자신의 브랜드와 제품의 홍보를 위해 제작된 앱을 말한다. 이런 브랜드 앱은 대부분 무료로 제공되기 때문에 많은 사람들에게 유용하고 다양한 정보를 거부감 없이 전달할 수 있는 장점이 있다. 라이터 전문 회사인 지포(Zippo)사의 버추얼 지포라이터(Virtual Zippo Lighter) 애플리케이션이 그 대표적인 사례다. 1934년부터 라이터 사업을 시작한 지포는 이미 30대 이상의 소비자들 사이에서는 인지도가 높은 브랜드지만, 금연 추세나 일회용 라이터 등장 등의 요인으로 인해 브랜드 인지도와 매출은 점차 감소하고 있었다. 특히 실용적이고 편리한 상품을 선호하는 10~20대 젊은 소비자들 사이에서 지포는 그다지 친숙한 브랜드가 아니었다. 이에 지포는 2008년에 애플 앱스토어를 통해 '버추얼 지포라이터'라는 무료 모바일 애플리케이션을 제공하면서 재기에 나섰다. 애플 엡스토어를 통해 지포라이터를 다운로드한 소비자들은 자신의 구미에 맞는 다양한 종류의 가상 라이터를 아이폰 안에 설치하고 본인의 취향에 어울리는 외관·색상·디자인 등을 꾸밀 수가 있다. 여기에 실제 라이터와 똑같이 소비자의 움직임에 따라 라이터 불꽃이 움직이기도 하고, 심지어 입으로 불면 불꽃이 바람에 흔들리기까지 하는 등, 불을 붙일 만큼 뜨겁지 않다는 점만을 빼면 모든 기능이 실제 라이터와 흡사하게 만들어졌다. 이러한 기능을 통해 재미를 추구하는 10~20대 소비자의 욕구를 충족시키는 한편, 소비자들의 입소문을 통한 마케팅으로도 유명세를 더해 갔다. 인기가수의 콘서트에서 가수의 노래리듬에 맞춰 휴대폰 안의 지포라이터 불꽃을 흔들기 시작한 아이폰 사용자들의 이야기가 미디어를 통해 소개되면서 젊은 소비자집단 사이에서 지포 모바일 애플리케이션에 대한 입소문이 널리 퍼져나가기 시작한 것이다. 현재까지 지포 애플리케이션은 미국뿐 아니라 유럽 각국에서 1천만이 넘는 다운로드 수를 기록하고 있고, 애플 아이폰이 출시되는 전 세계 각국에서 점점 더 그 사용자들이 늘어갈 것으로 예상된다.

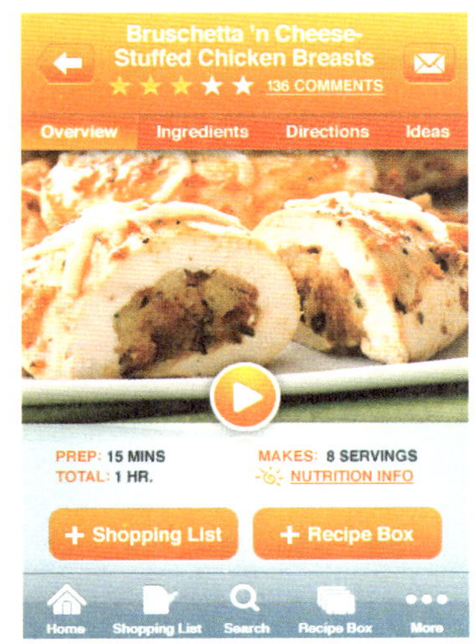

그림 4.25 크래프트 아이푸드 어시스턴트

지포가 무료 애플리케이션의 대표적인 성공 사례라면 유료 모바일 애플리케이션의 성공 사례로 자주 언급되는 브랜드는 식품기업인 크래프트(Kraft)의 아이푸드 어시스턴트(iFood Assistant)다. 아이푸드 어시스턴트는 매일 저녁 뭘 먹을까 고민하는 소비자들을 겨냥한 라이프스타일 애플리케이션이다. 그날 저녁의 추천 메뉴에 대한 영양정보, 조리법, 조리시간 등의 기본적인 정보를 소비자에게 소개한다. 또한 비디오 클립 사진 등을 통해 메뉴에 대한 자세한 조리법 설명, 식자재 쇼핑 목록, 가격, 현재 위치에서 이 재료들을 구입하기 가장 가까운 장소 검색 등 조리에 필요한 모든 정보를 제공한다. 크래프트가 2008년 11월 최초의 아이푸드 어시스턴트를 애플 앱스토어를 통해 제공하였고, 재미와 편의성, 그리고 99센트라는 부담 없는 가격이 소비자들의 호응을 얻어 1백만 달러 이상의 매출을 달성할 정도로 폭발적인 반응을 얻었다. 더 중요한 시사점은 이렇듯 새로운 수익창출에 더해서 양질의 고객 정보 수집이라는 또 하나의 기회를 얻었다는 데에 있다. 애플리케이션 사용자의 90%가 크래프트 홈페이지에 회원 가입을 하였는데, 이것은 배너 광고 등으로는 얻을 수 없는 결과다. 나아가 아이푸드 어시스턴트에서 추천하는 메뉴의 재료로 소개되는 크래프트 상품 브랜드의 간접광고 효과까지 생각한다면 크래프트가 아이푸드 어시스턴트를 통해 얻을 수 있는 효과는 대단한 것이다.

브랜드 애플리케이션을 경험한 사람들은 대부분 상품과 기업에 대한 관심이 더 증가되므로 이는 제품과 기업의 이미지 향상에 상당히 매력적인 마케팅 기법으로 활용될 가능성이 크다. 많은 기업들은 현재 브랜드 애플리케이션 마케팅의 효과 극대화를 위해서는 애플리케이션 개발과 더불어 애플리케이션을 대중적으로 알릴 수 있는 통합 마케팅 커뮤니케이션 전략과 운영 노하우를 구축하고자 한다. 따라서 모바일 광고에서의 브랜드 애플리케이션은 향후 지속성장이 가능한 영역으로 주목해야 할 것이다.

국내 애플리케이션 개발 업체 중에는 브랜드 애플리케이션에 중점을 두고 있는 업체가 많지 않으나, 가장 활성화가 되어 있는 북미에서는 패션, 레저, 식품, 여행, 금융, 방송, 건강, 신문 및 자동차 등 거의 모든 업종에서 브랜드 애플리케이션을 마케팅 전략으로 사용하고 있다.

4.2.3 모바일 금융

모바일 금융 서비스(Mobile Financial Service)는 크게 뱅킹, 지급결제, 증권, 자산관리 등으로 나눠

지며 지급결제와 뱅킹 부분이 가장 활성화되어 있다. 최근에 모바일 증권과 자산관리는 모바일 뱅킹 서비스의 하나로 포함시키는 추세이다. 또한 모바일 뱅킹과 모바일 지급결제 서비스는 모바일 커머스(Mobile Commerce)에 포함시키는 자료도 있다.

1) 모바일 뱅킹

모바일 뱅킹은 모바일 단말기에서 이루어지는 은행 서비스라고 정의할 수 있으며 대표적인 서비스로는 아래와 같이 정리할 수 있다.

- 모바일 계좌 관리 : 계좌 관리, 잔액 조회 등을 모바일로 할 수 있다.
- 모바일 이체 : 다른 은행이나 주식 투자와 같은 곳에 이체를 할 수 있다.
- 모바일 지로 : 각종 공과금의 지로를 모바일로 지불할 수 있다
- 고객 서비스 : 계좌에 대한 자신의 정보 관리나 고객 서비스를 이용한다.

IC칩을 직접 휴대폰에 탑재하는 방식과 S/W를 다운로드 받아 이용하는 방식 등 뱅킹 서비스 제공 형태가 다양화되면서 모바일뱅킹을 통한 개인 간 자금이체 및 공과금 납부 등 소액결제 중심으로 사용건수 및 이체 규모가 크게 증가하였다.

모바일뱅킹 이용건수 및 금액(일평균 기준)은 2011년 일사분기에는 전분기 대비 각각 44.9%, 23.4% 증가한 673만 건, 5,865억원을 기록하여 일평균 이용금액이 5천억 원을 상회하였고, 스마트폰 기반의 모바일뱅킹서비스 이용실적도 389만 건, 2,180억 원으로 늘어 전분기에 이어 큰 폭 (+70.5% 및 +79.5%)의 증가세를 지속하였다.

가) 우리은행 원터치 개인

우리은행 원터치 개인 애플리케이션은 개인고객을 대상으로 스마트기기에서 실행되는 금융 애플리케이션으로 뱅킹 서비스를 받을 수 있다. 인터넷뱅킹에 가입되어 있으면 별도의 가입 없이 쉽게 이용할 수 있으며, 보안 프로그램과 공인인증서의 탑재로 보다 안전한 거래가 가능하다. 다음은 이 앱의 특징을 간단히 요약한다.

- 스피드 이체 : 고객이 많이 사용하는 자금 이체 시 거래 단계를 줄여 거래시간을 최소화하였다.
- 가입절차 간소화 : 인터넷뱅킹 미가입 고객의 경우에도 우리은행 계좌만 있으면 영업점 창구를 거치지 않고 간단한 가입 절차를 통해 조회 서비스를 이용할 수 있다.
- 신규 금융상품 가입 : 스마트폰 내에서 예/적금, 청약저축, 펀드 등 다양한 금융상품을 조회하고 즉시 가입까지 가능하다.

- 간편한 대출 : 긴급한 자금이 필요한 고객들을 위하여 스마트폰 내 예/적금 담보대출(펀드제외) 서비스를 제공한다.

<그림 4.26>은 이 앱에서 제공하는 서비스 종류를 보여준다. 계좌조회, 계좌이체, 계좌관리, 상품가입, 펀드/가입, 신용카드, 현금출금, 대출, 외환, 지로/공과금, 퇴직연금, 및 부가서비스를 제공한다. 또한 QR코드를 이용한 공과금 납부, 증강현실을 이용한 지점 찾기 기능(AR), 그리고 <그림 4.30>같은 보안 키패드 변경(한글자판, 가로모드 지원)도 지원한다.

그림 4.26 제공하는 서비스

그림 4.27 계좌조회

그림 4.28 계좌이체

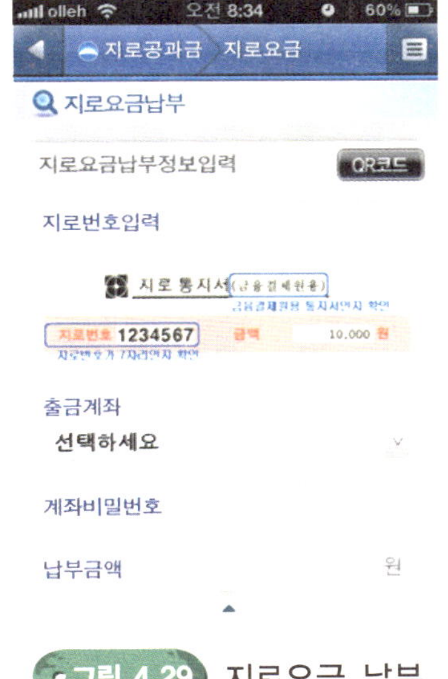

그림 4.29 지로요금 납부

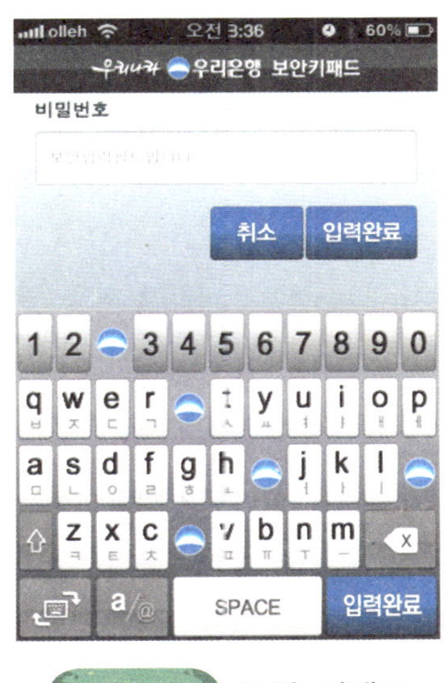

그림 4.30 보안 키패드

2) 모바일 지불결제

모바일 지급결제는 모바일 단말기에서 물건이나 서비스에 대한 결제를 하는 것이라고 정의되며 대표적인 서비스로는 아래와 같이 정리할 수 있다.

- Premium SMS based transactional Payment
- Direct Mobile Billing
- Mobile Web Payment(WAP)
- Contactless NFC(Near Field Communication)

국내에서는 SMS 트랜잭션 지불 방식은 거의 사용되지 않았지만, 휴대폰 소액결제(Direct Mobile Billing) 방식은 보안, 편리성, 빠른 승인, 그리고 간편함 때문에 많이 사용하였다. Mobile Web Payment 방식에는 PayPal, Amazon Payments, 그리고 Google Checkout 등이 있다. Contactless NFC 방식은 근거리 무선통신 칩이 장착된 스마트폰을 가게 단말기(PoS : Pont of Sale)에 갖다 대면 물품 대금이 자동 결제되는 서비스이다.

가) 구글 지갑(Google Wallet)

구글 지갑은 사용자의 스마트폰을 가상 지갑과 같이 사용하게 하는 애플리케이션이다. <그림 4.31>같이 구글 지갑은 신용카드, Loyalty[3] 카드, 및 쿠폰 정보 등을 사용자의 휴대폰에 저장하고, NFC 단말기가 설치된 매장에서 물건을 구입 시 사용자의 휴대폰을 단말기에 대면 자동으로 결제가 된다.

•그림 4.31 구글 지갑의 가상 이미지

---

3) 물품 구입액에 따라 점수를 매기고 이를 누적하여 장래 구입 대금의 충당·할인의 기초로 삼는 카드. 국내에서는 포인트 카드라는 용어를 사용한다.

구글 지갑 서비스는 구글이 지난 4월, 시범적으로 내놓은 할인쿠폰 서비스 '구글 오퍼스'와도 연동할 수 있다. 사용자가 구글 오퍼스를 통해 할인 쿠폰을 구매한 후 그글 지갑으로 결제하면 자동으로 쿠폰이 적용된 금액으로 결제가 된다. 또한 Loyalty Card도 구글 지갑에 저장할 수 있기 때문에 사용하면 포인트가 자동으로 적립된다.

그림 4.32 구글 오퍼스

구글은 구글 지갑 서비스를 통해 수수료나 가입비용 등의 수익을 내지는 않지만, 사용자 정보는 물론, NFC 지원 단말기를 설치한 매장에 대한 정보까지 얻을 수 있게 된다. 사용자의 지역 정보, 물건 구매 습관, 소비 패턴 등 사용자에 대한 수많은 정보를 실시간으로 수집할 수 있다. 이 같은 사용자 정보는 새로운 광고영업 전략을 마련하거나, 쿠폰영업, 지역 상인들을 위한 서비스 등을 준비하는 데 사용할 수 있다. 오프라인 세계의 정보를 온라인 세계의 광고에 활용하고자 하는 목적이다. 실제로 구글은 2010년 매출인 293억 달러 중 96%를 검색광고를 통해 벌어들였다.

3) 모바일 증권

모바일 증권 솔루션은 일반 휴대폰이나 스마트폰을 통해 모바일 증권 애플리케이션을 다운로드 받아 사용하는 서비스이다.

가) goodi smart

신한금융투자의 주식 트레이딩 프로그램인 goodi smart는 주식 시세 조회와 주문은 물론 이체 및 보유종목 실시간 시세조회까지 할 수 있다. goodi smart의 특징과 기능은 다음과 같다.

- HTS(Home Trading System)나 Web에서 등록한 관심종목을 아이폰에서 조회할 수 있으며, 아이폰에서도 관심종목 편집이 가능하다.

- 단순한 주식시세 조회 및 주문뿐만 아니라 타행이체, 예수금전환 등의 이체기능을 제공한다.
- 스마트폰에서 매수/매도 주문조건, 감지조건, 청산조건 등 자신만의 조건을 설정하여 자동으로 주문이 나갈 수 있게 한다.
- 로그인 없이 실시간 시세 및 투자정보를 제공한다.
- 파워풀한 주식/ELW/선물옵션/지수 차트를 제공한다.
- '스마트알림' 서비스를 제공(스마트폰 지수/시세 푸시알림 기능)한다.
- 주식(일반/신용/예약/제휴대출), ELW, 선물옵션 주문서비스를 제공한다.
- 대폭 강화된 투자정보(종목컨센서스, 업종분석, ELW순위분석, 옵션전종목시세 등)를 제공한다.
- My메뉴(사용자메뉴 설정) 기능과 사용자 편의에 중점을 둔 UI를 제공한다.
- 모든 거래정보는 암호화되어 안전하게 전송되며, 주문/이체/잔고조회 등의 서비스는 안전한 주식거래를 위해 PC의 공인인증서를 복사하여 이용할 수 있다.

● 그림 4.33 주식시세 조회

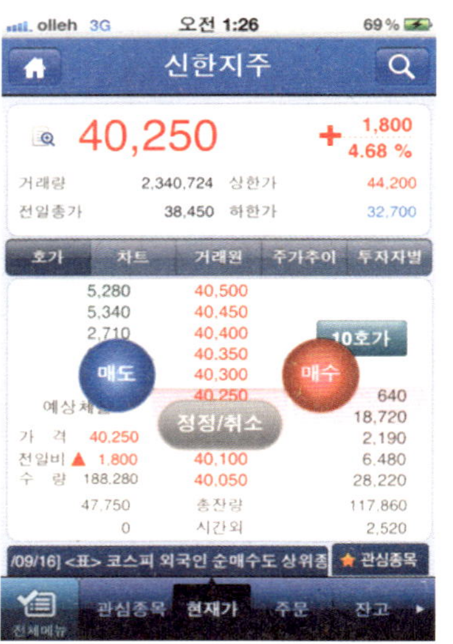

● 그림 4.34 매수/매도 주문

● 그림 4.35 주식 챠트

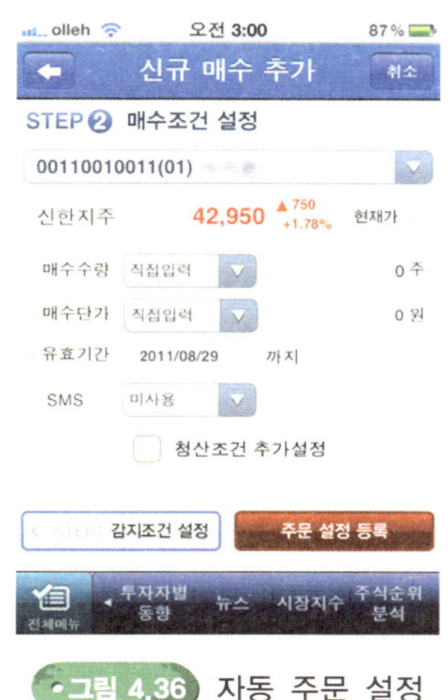

그림 4.36 자동 주문 설정

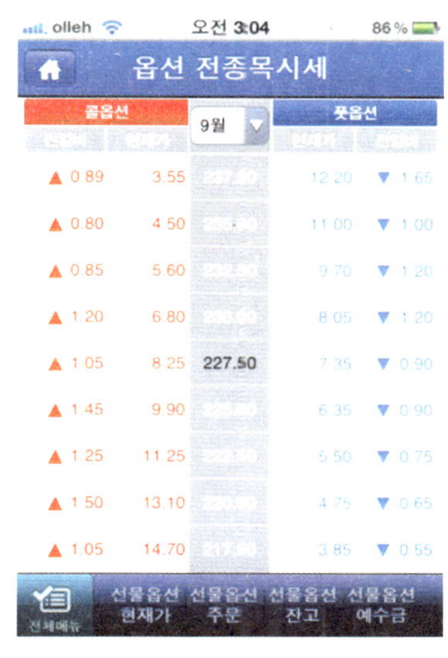

그림 4.37 선물 옵션

4) 모바일 자산관리

모바일 자산 관리 서비스는 모바일 단말기를 사용하여 뱅킹, 카드, 증권거래, 보험 및 자산운용 등의 주요 서비스와 부동산 시세 조사, 각종 쿠폰 및 QR 코드 인식 등 다양한 부가 서비스를 한꺼번에 제공하는 서비스를 말한다. 또한 여러 금융회사에 분산된 금융자산을 통합 관리하는 기능이 필요하다.

가) 하나N Money

하나N Money는 매일 매일의 수입/지출 관리로부터, 자산 등록관리, 리포트 분석까지 쉽고 직관적인 사용자 인터페이스와 효과적으로 설계된 재테크 북이다. 다음은 하나N Money의 주요 기능이다.

- Home(가계부) : 일상의 수입과 지출에 대한 관리를 한다.
- 자산 : 등록한 금융/비금융 자산에 대한 포트폴리오 제공 및 꾸준한 추세를 관리한다.
- 리포트 : 재테크 결과를 눈으로 확인한다.
- 도움말 : 각 메뉴별 기능 및 이용방법을 제공한다.
- 스케줄러 : 수입/지출 반복주기 등록 내역을 확인한다.
- 찾기 : 하나N Money에 기록한 내용을 메뉴별, 일자별, 금액별로 즈회한다.
- 뱅킹 : 하나N Bank의 뱅킹 기능과 연동되어 편리하게 자산을 관리한다.
- 설정 : 사용자의 이용환경에 맞추어 쓸 수 있는 편리한 기능 설정이 가능하다.

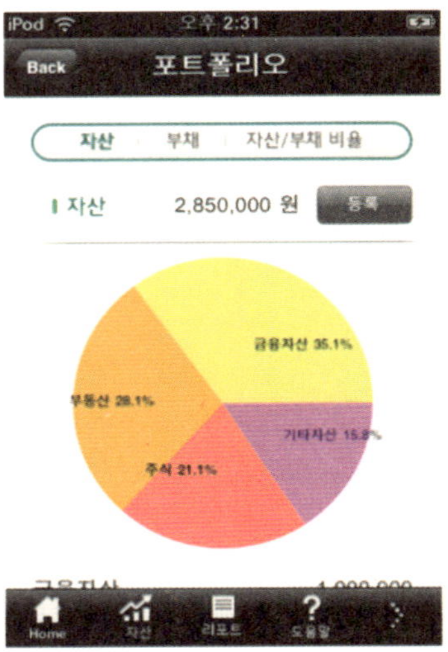

그림 4.38 가계부

그림 4.39 지출항목 선택

그림 4.40 포트폴리오

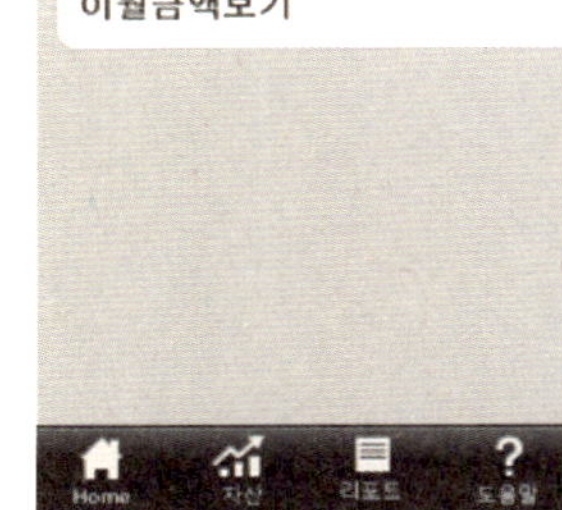

그림 4.41 하나뱅킹과 연동

그림 4.42 리포트

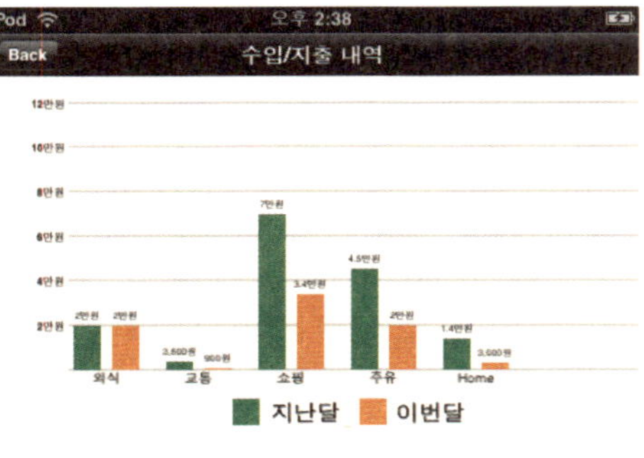

그림 4.43 수입/지출 내역

5

모바일 애플리케이션

모바일 애플리케이션의 개요

모바일 애플리케이션이란 인터넷 접속, 개인정보 관리, 휴대용 멀티플레이어 기능을 갖춘 스마트폰, 휴대용 미디어 플레이어 아이팟(iPod) 및 아이패드(iPad)등과 같은 모바일 기기를 통해 구동되는 소프트웨어를 지칭한다. 이 용어가 익숙해지기 시작한 계기는 2007년 여름으로 거슬러 올라간다.

당시 애플의 혁신적인 1세대 아이폰이 출시되면서 기존 휴대전화 단말기에 비해 높은 가격에도 불구하고 아이폰에 가장 먼저 지갑을 연 소비자들의 대부분은 얼리어답터들이었다. 이에 따라 얼리어답터 사이에 아이폰 보유가 급증하면서 애플 앱스토어를 통해 무료 혹은 유료로 제공되던 각종 모바일 애플리케이션들이 큰 인기를 얻었고, 이러한 인기는 자연스럽게 일반인들에까지 급속도로 전파되기 시작했다. 여기에 아이폰 사용자들에게는 의무사항인 정액제 무선 데이터서비스의 무제한 사용 패키지도 그 역할을 더했다. 아이폰 사용자들이 어디서나 손쉽게 무선 인터넷을 통해 다양한 애플리케이션을 무제한으로 다운로드 할 수 있는 편리성이 더해지면서 모바일 애플리케이션에 대한 소비자들의 관심이 빠른 속도로 증가하기 시작한 것이다.

모바일 애플리케이션의 분류

모바일 애플리케이션은 네이티브앱(Native App), 웹앱(Web App), 그리고 하이브리드앱(Hybrid App)으로 분류할 수 있다. 네이티브앱은 주로 모바일 단말기에 전용으로 제작된 앱을 말한다. 네이티브앱(Native App)의 장점은 실행 속도가 빠르고 디바이스에 특화된 카메라 및 GPS 칩을 쉽게 작동시킬 수 있다. 단점으로는 유지보수와 버전업 절차가 복잡하고 앱 제작을 위해 플랫폼

전용 API를 학습해야 한다. 웹앱(Web App)은 네트워크 통신이 가능한 모든 범용 모바일 단말기에서 작동할 수 있다. 장점으로는 유지보수 등이 용이하고, 상대적으로 개발기간을 단축할 수 있고 자유로운 코드의 재활용을 할 수 있다. 단점으로는 오프라인 처리와 단말의 특성 정보를 활용할 수 없고, 브라우저의 성능에 좌우되며 대용량의 처리 등에 한계가 있다. 또한 간단한 애플리케이션을 통해 배터리의 잔량, 주소록의 주소 정보, 단말에 저장된 일정 정보 등을 활용하고자 해도 할 수 없다는 점은 치명적인 약점이다. 하이브리드앱(Hybrid App)은 Native code와 Web code가 공존하는 형태로 Offline-oriented Web App과 Online-Oriented Web App으로 구분할 수 있다. Offline-oriented Web App은 콘텐츠를 온라인을 통하여 다운로드 받고, 로컬에 저장하여, 평상시 Offline 서비스가 가능하다. 콘텐츠 내용 변화가 연속적이지 않고, 상대적으로 업데이트가 잦지 않은 e-Book이나 기관 단체의 홍보 App 형태에 적용할 수 있다. Online-oriented Web App은 콘텐츠를 Online을 통하여 다운로드 받기도 하지만, 서비스의 주요 콘텐츠는 항시 Online을 통하여 서비스를 하고 동기화를 한다. 포털 그리고 게시판 형태의 앱(App)에 적용할 수 있다.

모바일 애플리케이션의 또 다른 분류 방법은 일반적인 기능별 분류를 하는 것이다. 여기서는 엔터테인먼트(Entertainment), 게임(Game), SNS, 정보검색, LBS, e-Book, 증강현실 그리고 기타로 분류하여 각 카테고리에서 유명한 애플리케이션의 사용방법에 대해 간단히 살펴볼 것이다.

5.2.1 모바일 엔터테인먼트

1) 모바일 엔터테인먼트 개요

모바일 엔터테인먼트(Mobile Entertainment)는 엔터테인먼트와 통신이라는 두 상이한 산업의 융합으로 생성된 분야로 정확한 정의를 내리는 데 어려움이 있다. 2005년 Wong과 Hiew는 이전에 나온 여러 정의들의 차이점을 연결해주는 공통관점을 찾아내었고, 하나의 모바일 서비스가 모바일 엔터테인먼트에 속하는지를 결정하는 세 가지 주요 사항이 있다고 하였다. <그림 5.1>은 모바일 엔터테인먼트의 세 가지 모델을 보여주고 다음과 같이 요약할 수 있다.

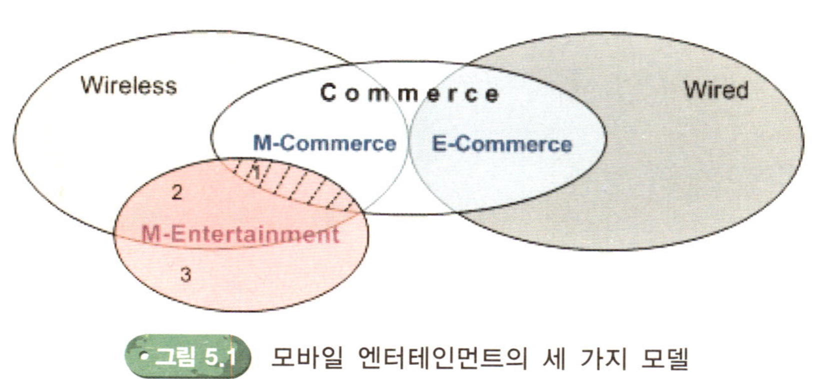

그림 5.1 모바일 엔터테인먼트의 세 가지 모델

첫 번째 모델은 M-Commerce와 겹쳐지는 부분이다. 사용자가 게임이나 mp3, 벨소리 등을 이동통신사의 네트워크를 통하여 다운을 받거나 이용을 하고, 이동통신사는 이에 대해 정보 이용료나 패킷, 월정액 등을 통해 수익을 발생한다. 현재 이동통신사가 누리던 수익은 무제한 요금제가 보편화되고 앱스토어의 활성화에 따라 점차 줄어들고 있는 추세이다.

두 번째 모델은 무선에서 일어나는 엔터테인먼트지만 이동통신사와 무관하게 플레이하여 실제 과금이 일어나지는 않는 영역을 말한다. 예를 들어 사용자들이 무선랜을 통해서 닌텐도DS로 멀티플레이를 하고, 블루투스를 이용해서 채팅을 하고, Wi-Fi를 통해서 YouTube 비디오를 플레이하는 것들이 바로 이것에 속한다. 이윤 발생이 직접적이지 않기 때문에 이동통신사들의 관심을 받지 못하고 있으나 대형 웹 포탈이나 대형 콘텐츠 Publisher들이 관심을 보이는 영역이다.

세 번째 모델은 무선 네트워크와 무관하게 모바일 디바이스에서 행해지는 영역이다. 스마트폰에 다운받은 Single User게임을 플레이하거나 PC에 받은 mp3를 Sync하여 음악을 듣는 것들이 여기에 속한다. 벤더들이 자사 제품의 특화를 위해서 다양하게 노력하는 부분이다.

그러나 현재 앞에서 언급한 세 가지 모델의 차이점이 모호해지기 시작하였다. 피처폰 시절에는 이동통신사에서 개발한 소프트웨어가 내장된 기기를 사용하였으나 스마트폰에서는 콘텐츠 개발자가 개발한 앱을 앱스토어에서 다운받아 설치하여 사용하는 구조를 가지고 있어, 발생하는 수익은 콘텐츠 개발자와 앱스토어 운영자가 양분하게 되었다. 또한 무제한 요금제에 따라 사용자의 관점에서는 첫 번째 모델과 두 번째 모델의 차이점이 거의 없어지게 되었다. 개발자들 역시 통신 방식의 차이점이란 관점에서만 인식하게 되었다. 예를 들어 최근에 개발된 모바일 카트라이더 게임은 인공지능 캐릭터와의 대전(세 번째 모델) 그리고 블루투스를 이용한 주변 사람과의 대전(두 번째 모델)을 지원한다. 또한 페이스북을 통해 개인 기록을 바탕으로 한 랭킹 서비스(첫 번째 모델)도 제공한다.

따라서 모바일 엔터테인먼트 애플리케이션은 모바일 기기를 사용하여 여가를 위해 즐길 수 있는 모든 콘텐츠(게임, 이미지, 음악, 영화, 뉴스, 도박, 성인물 및 TV 등)를 제공하는 애플리케이션을 통칭한다. 모바일 게임 애플리케이션은 현재 가장 많은 종류의 애플리케이션이 있고, 가장 매출이 높은 분야이기 때문에 따로 분류하고, 나머지 엔터테인먼트 애플리케이션은 엔터테인먼트(앱스토어) 혹은 Fun(T 스토어)으로 분류한다.

2) 모바일 엔터테인먼트의 종류

가) 모바일 유튜브(YouTube for Mobile)

그림 5.2 모바일 유튜브

스마트폰에서 유튜브의 고화질 동영상을 볼 수 있게 해주는 앱으로 다음의 기능들을 가지고 있다.

- 유튜브에 가장 많이 본, 가장 좋아하는, 그리고 가장 높은 점수를 얻은 동영상 모음 등을 볼 수 있다.
- 사용자의 동영상을 스마트폰에서 직접 페이스북 같은 웹 사이트 혹은 유튜브에 업로드를 할 수 있다.
- 특정 동영상을 쉽게 검색할 수 있다.
- 유튜브 위젯을 설치하면 DVD 품질의 동영상을 쉽게 레코딩을 할 수 있다.
- 사용자의 유튜브 계정에 접속하여 동영상을 다운로드 그리고 업로드를 할 수 있다.
- 모바일 웹 사이트에서 직접 유튜브의 사용자들에게 동영상의 평가, 한말하기, 좋아요 및 공유하기 등을 할 수 있다.
- 현재 감상하고 있는 동영상과 유사 동영상을 찾을 수 있게 해준다.
- 고성능의 스트리밍 기술로 고화질의 끊김 없는(Seamless) 동영상을 볼 수 있다.

나) CNN

CNN 앱을 이용하면 CNN show를 실시간으로 볼 수 있고 매일 방송하는 CNN TV 또한 실시간으로 볼 수 있다. 다음은 CNN 앱의 기능을 간단히 설명해준다.

그림 5.3a CNN Headline

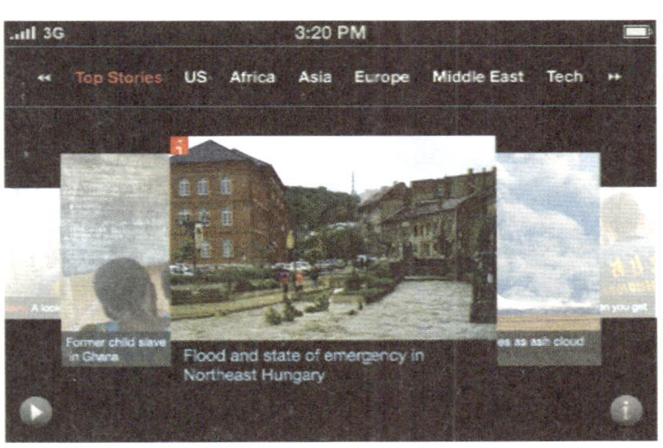

그림 5.3b Headline using 3D UI

그림 5.4a 지역 뉴스와 날씨

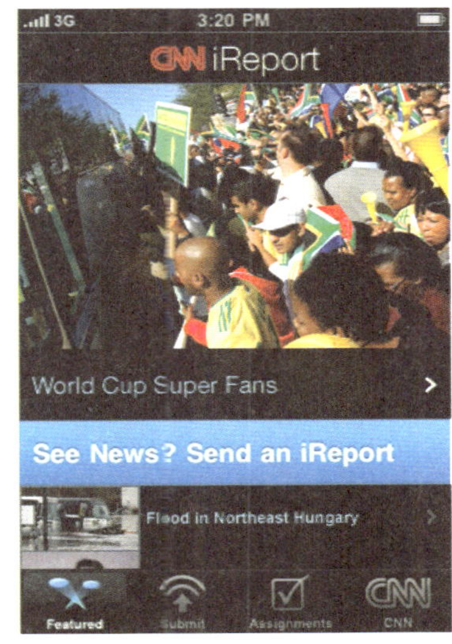

그림 5.3b iReport로 사진
혹은 동영상 올리기

- Headlines : 최신 뉴스, 톱기사, 전 세계와 지역 뉴스, 비즈니스, 스포츠, 엔터테인먼트 및 테크놀로지 등의 최신 기사를 하이라이트 혹은 전체 기사 형식으로 볼 수 있다.

- Breaking News Alerts : 푸시 알람 기능으로 가장 최신 뉴스를 사용자의 단말기에 알려준다.

- Video : 모든 뉴스 항목에서 가장 많이 본 비디오 등을 제공하고 효과적으로 네트워크 사용으로 최적인 비디오 스트리밍을 유지한다.

- Regional News and Weather : 미국 전역 도시의 지역 뉴스나 지역 날씨 정보를 받을 수 있다.
- CNN iReport : 모든 사용자의 단말기에서 직접 찍은 비디오나 사진 등을 iReport에 올릴 수 있다.
- Follow & Share Stories : 뉴스 정보를 이메일, 트위터, 혹은 페이스북을 통해 공유할 수 있다.

5.2.2 모바일 게임

1) 모바일 게임의 개요

모바일 게임(Mobile game)은 휴대전화나 스마트폰, PDA, 포터블 미디어 플레이어 등의 휴대용 기기를 통해 즐길 수 있는 비디오 게임의 일종으로, 휴대전화로 즐길 수 있는 게임을 두루 이르는 말이다. 그러나 플레이스테이션 포터블이나 닌텐도DS로 즐기는 핸드헬드 게임은 모바일 게임의 범주에 포함되지 않는다. 휴대전화에 탑재되었던 최초의 모바일 게임은 1997년 노키아가 개발한 '스네이크'으로 여겨진다.

2) 모바일 게임의 종류

가) 앵그리버드

앵그리버드(Angry Birds)는 핀란드의 벤처기업 로비오사가 지난 2009년 스마트폰 게임 애플리케이션으로 첫 선을 보인 뒤 최근까지 전 분야를 아우르는 글로벌 엔터테인먼트 사업으로 확장해 왔다. 이미 게임은 스마트폰을 넘어 태블릿 PC 그리고 웹 플랫폼으로 발을 넓혔으며, 캐릭터 산업으로 영역을 확대하였다. 앵그리버드 리오 1.3 버전의 영화판인 Rio가 2011년 4월에 출시되어 미주 지역에서 1.5억불 이상의 흥행 성적을 달성하였다. 또한 TV 애니메이션 그리고 전자책 분야에도 진출할 예정이다. 이 게임은 별 생각 없이 하다보면 금방 시간이 가는 중독성 게임이다. 거의 모든 국가에서 전체 앱 랭킹에서 1위를 차지하는 앱이다.

그림 5.5 앵그리 버드 게임 로딩 화면

유료 버전에서는 105개의 레벨을 즐길 수 있다. 모든 게임들마다 Lite 무료 버전을 제공하므로

본 게임을 구입하기 전에 즐길 수 있도록 해준다. 앵그리버드 게임은 정말 간단한 게임이다. 화난 새들을 새총으로 날려서 돼지들을 무찌르는 게임이다. 크리스털이라는 온라인 서비스로 전체 랭킹과 리더보드와 같은 것을 볼 수도 있다. 큰 에피소드는 약 네 가로 각 에피소드마다 약 25개씩 있다.

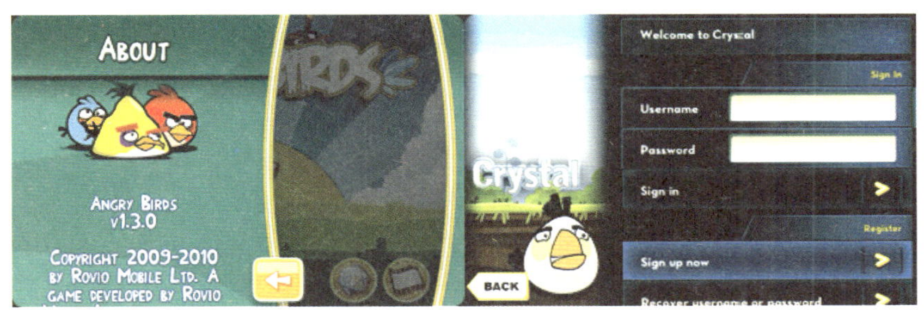

그림 5.6 앵그리버드 스코어를 저장하는 Crystal Server

그림 5.7 앵그리버드 첫 번째 에피소드 중 완료된 레벨을 보여줌

레벨 중간 중간에 각 다른 능력을 지닌 새들을 얻을 수 있다. 레벨마다 약 4~5마리의 화가 잔뜩 난 새들이 새총에 대기를 하고 발사를 기다린다.

그림 5.8 게임 화면

<그림 5.8>의 왼쪽은 돼지를 잡으러 가는 화가 난 앵그리버드, 오른쪽은 화가 난 새들을 피해서 요새를 쌓은 돼지들이다. 새총을 뒤로 당겨서 좋은 각도로 던지면 날아가서 요새를 파괴하고 돼지를 잡는다. 나선의 궤적이 보이므로 다음번 새를 날릴 때 도움이 된다. 그리고 줌인과 줌아웃을 제공해서 전체적인 모습과 새를 날릴 때의 정확도를 따로 구분할 수 있게 해준다.

그림 5.9 게임화면과 게임레벨을 완료 시 획득한 점수를 보여주는 화면

<그림 5.10>에서 보듯이 각 새들마다의 특징이 있고 사용 방법이 약간씩 다르므로 잘 사용하면 더 재미있다. 돼지들을 모두 무찌르면 끝나는 단순하지만 굉장히 중독성이 강한 게임이다. 상당히 간단하고 쉬운 레벨이 적절히 배분되어 있어서 질리지 않게 처음부터 계속 진행을 할 수 있다.

그림 5.10 앵그리버드 게임에서 나오는 네 종류의 새들

나) 타워디펜스

타워디펜스(Tower Defense: Lost Earth) 게임은 국산 모바일 게임으로 미국 앱스토어 전체 유료 앱 2위를 지키며, 세계적인 인기작 앵그리버드(Angry Birds)를 바짝 추격하고 있다. 컴투스(대표 박지영, www.com2us.com)가 2011년 5월 말 애플 앱스토어를 통해 서비스하기 시작한 스마트폰 용 정통 디펜스 게임 'Tower Defense: Lost Earth'가 지속적으로 순위가 올라 미국 앱스토어에 서 Adventure, Strategy 장르의 장르별 인기 1위에 오르고, 7월 14일부터 전체 유료 앱 순위 2위 에 올랐다고 밝혔다. 'Tower Defense: Lost Earth'는 적의 공격으로브터 아군 기지를 방어하는 디펜스 장르의 게임으로, 개발 단계에서부터 한국과 미국인 프로듀서가 함께 참여하고, 독일과 프랑스인 직원들이 현지화 작업에 직접 투입되는 등 글로벌 시장을 겨냥해서 만들어진 게임이다.

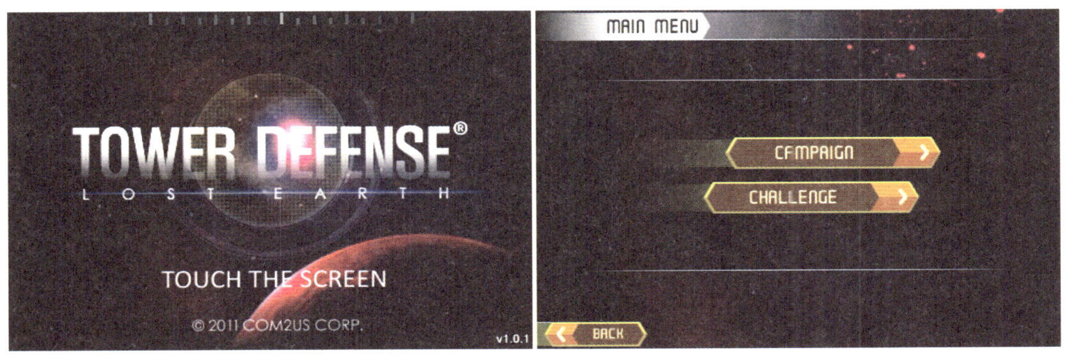

그림 5.11 타워디펜스 게임의 시작 화면

지구의 모든 자원이 고갈되자 인류가 미지의 행성으로 날아가 자원을 확보하려 하고, 그 행성에 거주하는 생명체들과 전투를 벌여 모든 자원을 획득하는 게 최종 목적이라는 스토리 라인을 갖고 있다. 타워 디펜스의 게임 모드는 시나리오를 진행해 나가는 캠페인 모드와 다른 유저와 경쟁하는 챌린지 모드로 나뉜다. 캠페인 모드는 40개의 스테이지로 구성돼 있는데, 다른 디펜스 게임에서 방어만 해야 하는 단순함을 벗어난 점이 눈에 띈다. 주어진 시간 내에 기지를 지켜야 하는 생존, 지정된 자원을 모아야 클리어 할 수 있는 수집 미션 등이 있고 아예 자원 수집용 유닛까지 등장하기도 한다. 물론 여기까진 다른 디펜스 게임에서도 볼 수 있었던 것이다. 여기에 타워 디펜스는 공격 미션을 추가해 개성을 더했다. 공격이란 몰려오는 적을 상대하면서 조금씩 설치 영역을 확장해 보스를 사정거리 안으로 끌어들이고, 궁극적으로는 보스를 없애는 것이다.

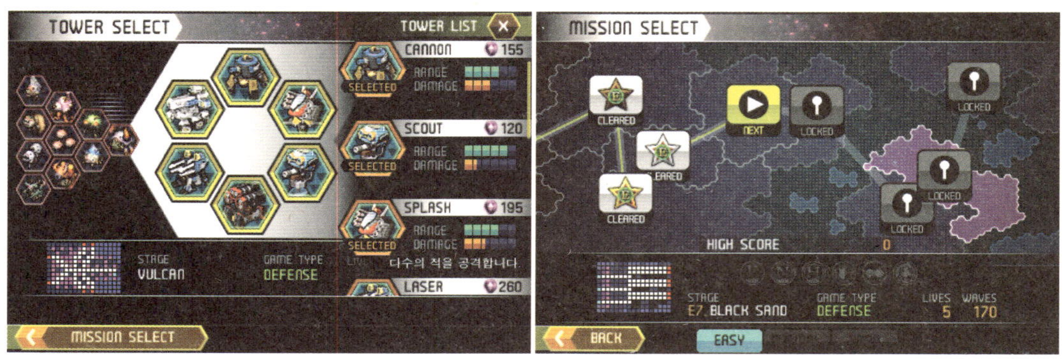

그림 5.12 게임 시작 전에 선택할 수 있는 타워 종류와 완료된 미션을 보여주는 화면

그림 5.13 게임 화면

타워 디펜스는 플레이어의 취향이나 등장할 적들의 성향에 맞게 6개의 유닛을 선택한 다음 게임을 시작하게 된다. 각 타워의 기능은 다음과 같다.

- cannon : 기본적인 타워로, 초반엔 이 타워 하나로 모두 처리가 가능하다.
- scout : 사정거리가 길어 주로 자원을 파먹는 용도로 사용한다.
- splash : 범위공격이 가능해서 곡선코스에 뭉쳐서 놓으면 적을 일격에 타격할 수 있다.
- laser : 직선코스에 적이 오는 방향 반대편에 설치해야 한다.
- slow : 적을 느리게 만든다.
- rocket : 후반에 꼭 필요하다. JUGGERNAUT은 이 타워로 반드시 처치해야 한다.
- flame : 불을 쏘아 적에 불을 붙여 뒤늦게 죽인다. 범위공격은 아니다.
- focus : 제일 마지막에 얻게 되는 궁극의 타워이다. 오래 쏠수록 데미지가 커진다.

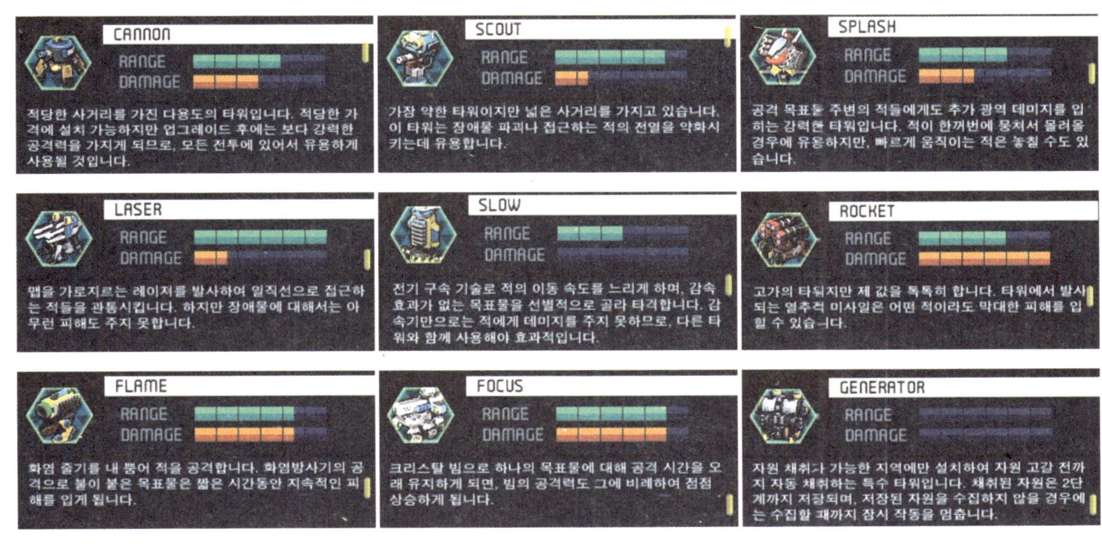

그림 5.14 사용 가능한 타워들과 특징

다음은 각 몬스터의 특징과 공략에 대해 간단히 설명한다.

- gremlin : CANNON 타워로 상대해준다.

- imp : SPLASH로 상대하면 매우 쉽다.

- grizzly : 느려서 CANNON으로도 상대 가능하다.

- sprinter : 빠르기 때문에 3단계 CANNON으로 처리한다.

- spawn : 터지면 우측에 보이는 TUMBLER를 낳는다. SLOW+SPLASH조합으로 처리한다.

- tumbler : 직선에서 빠르므로 SLOW+LASER로 상대해주면 좋다.

- squid : 죽을 때 근처 타워들을 일시적으로 마비시킨다. 사거리가 긴 scout로 처리해야 한다.

- medic : 주변유닛을 회복시키나 미비하다.

- stalker : 자동 추적을 피하기 때문에 반드시 수동 타깃을 사용해야 한다.

- juggernaut : CANNON, SPLASH, LASER만 설치하고 있다가는 당하게 된다. ROCKET, FOCUS가 반드시 필요하다.

그림 5.15) 몬스터의 종류와 특징

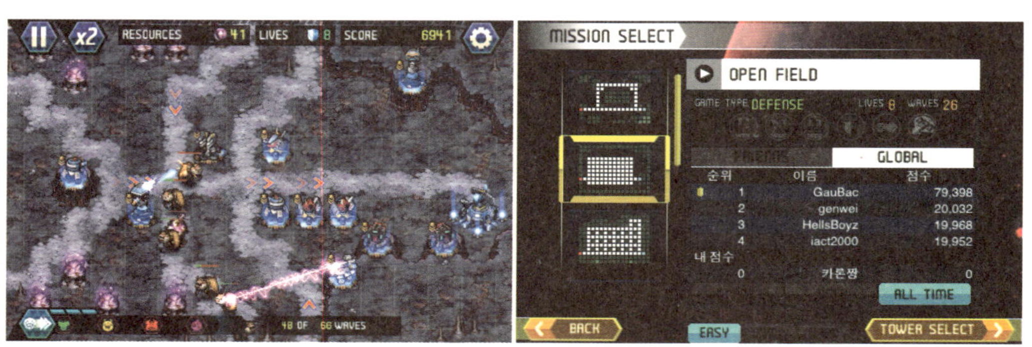

그림 5.16) 챌린지 모드에서 볼 수 있는 게임 화면과 현재 순위

게임은 일반모드, 디펜스모드, 보스모드가 있다. 일반모드는 주어진 WAVE 동안 LIVES를 지키는 것이다. 디펜스모드는 주어진 시간동안 LIVES를 지키면 된다. 보스모드는 시간제한은 없으나, 갈수록 세지는 적들을 막으며 구석에 위치한 보스를 타워로 무찌르면 된다. 챌린지 모드를 선택하면 현재 순위를 볼 수 있다.

다) The Heist

'The Heist'는 2011년 후반기에 미국 및 유럽에서 앵그리버드(Angry Birds)를 제치고 전세계 1위를 차지한 게임이다. 이 게임은 간단한 퍼즐게임으로서 점점 갈수록 난이도가 높아지는게임이다.

'The Heist'는 퍼즐게임 네 종류가 묶여있는 종합세트와 같은 게임이다. 퍼즐게임을 좋아하면 한 번씩은, 혹은 익숙할 것 같은 게임인, 블록빼내기, 스도쿠, 상자옮기기 그리고 퍼즐맞추기의 네 가지 게임으로 구성된다. 처음에는 각 게임의 처음 5개의 게임만 열려있고, 파워를 채워서 금고 보호 장치가 하나씩 사라질 때마다 잠겨있던 것들이 열린다.

- **블록빼내기**

오래전에 유행했던 파라오의 관을 다른 것들을 피해서 밖으로 빼내는 파라오 게임과 유사한 게임으로 통나무 같은 것들을 요리조리 치워서 건전지처럼 생긴 것을 반대쪽 출구로 보내는 게임이다.

그림 5.17 블록 빼내기 게임 화면

- **스도쿠**

스도쿠 게임은 각 줄과 칸에 겹치는 숫자 없이 모든 숫자를 배열하는 게임이다. 'The Heist'에 있는 스도쿠 게임은 한 단계 더 업그레이드된 변형 스도쿠 게임이다. 기존 3×3 칸과 같이 정사각형이 아니라 다른 모양으로 영역이 정해져 있다거나 영역이 겹치도록 여러 개의 스도쿠를 하나로 합쳐놓았다. 또한 숫자가 아니라 모양으로, 다양한 색으로 게임의 재미를 추가하였고, 매 스테이지마다 문양이나 그림도 달라진다.

그림 5.18 변형 스도쿠 게임 화면

● 상자옮기기

초록색 박스들을 직접 움직여서 노란색 테두리가 있는 구멍에 맞춰야 된다. 이동하고 싶은 곳을
클릭하면 이동이 된다. 대신 한번 이동하면 취소를 할 수 없기 때문에 신중하게 결정해야 한다.
터치폰 특성상 한 칸씩 로봇을 움직이는 것이 여간 귀찮은 일이 아닌데, 'The Heist'에서는 가고
자하는 목적지를 누르면 로봇이 알아서 최단거리로 이동을 해준다. 돌을 옮기고 싶을 때에는 돌
을 누르면서 로봇이 바라보는 방향으로 돌을 밀면 된다.

그림 5.19 상자옮기기 게임 화면

● 퍼즐 맞추기

그냥 단순한 퍼즐 맞추기 게임은 아니고, 각 시작점과 도착점을 이어지게 해야 하기 때문에 조
금 더 머리를 써야 한다. 아래의 사진에서는 시작점과 도착점이 각각 두 개지만, 뒤로 갈수록 다
양한 색의 포인트가 뒤섞인 난이도가 올라간 퍼즐들도 등장한다.

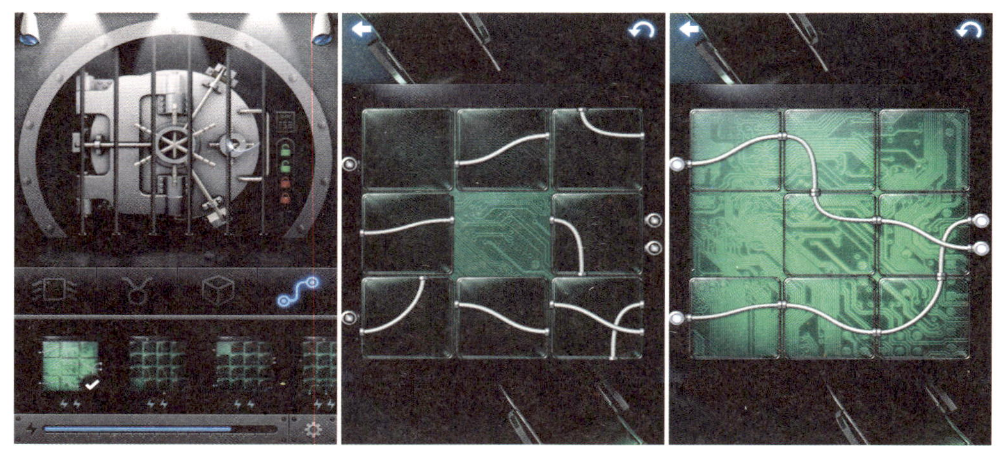

그림 5.20 퍼즐맞추기 게임 화면

모든 퍼즐을 다 풀면 금고문을 열 수 있다. 금고문이 열리면 금고문 안에 Eets라는 데스크톱용 게임팩 쿠폰이 들어있다.

5.2.3 SNS

1) SNS의 개요

1967년 미국 하버드 대학의 사회 심리학자인 밀그램(Stanley Milgram)은 재미있는 실험을 수행하였는데, 미국 내의 서로 모르는 임의의 두 사람 간의 거리를 파악하는 실험이었다. 즉, 무작위로 추출한 두 명 사이의 거리를 알고자 두 사람 간의 편지 전달을 시행하여, 상대방에게 닿는 데 거치는 사람의 수를 파악하고자 하는 것이었다. 이 실험 결과 약 5.5명을 거치면, 서로 모르는 임의의 사람 간에도 연결이 될 수 있다는 것을 알아내게 된다. 이 실험이 바로 그 유명한 작은 세상(small world) 실험이다. 언뜻 보기에는 엄청나게 많은 단계(사람들)가 필요할 것 같은 이 실험결과가 단지 5.5명만 거치면 (미국 내) 모르는 사람과도 연결이 될 수 있는 이유는 무엇일까? 이를 설명할 수 있는 것이 바로 소셜 네트워크(Social Network)이다.

소셜 네트워크는 개인 또는 집단이 하나의 노드(Node)가 되어, 각 노드들 간의 상호 의존적인 관계에 의해서 만들어지는 사회적 관계 구조를 의미한다. 일반적으로 사람이 사회생활을 하면서, 각종 인간관계들을 맺고 지내는데, 이러한 인간관계들의 구조들이 바로 대표적인 사회 연결망의 시발이고, 기초적인 반석이라고 할 수 있다. 이러한 실제 사회 연결망이 인터넷 또는 웹(Web) 상에서 만들어진 특정한 서비스 시스템을 통해서, 생성되는 것이 근래의 주요 인터넷 트렌드인데, 이러한 소셜 네트워크 구조의 서비스를 해주는 것을 SNS(Social Network Service)라고 한다.

2) SNS의 정의와 목적

개인의 표현욕구가 강해지면서 사람들 사이의 사회적 관계를 맺게 하고, 친분관계를 유지시키는 SNS 또한 점점 발달하고 있다. 웹 상의 카페와 동호회 등의 커뮤니티 서비스가 특정 주제에 관심을 가진 집단이 그룹화하여 폐쇄적인 서비스를 공유한다면 SNS는 나 자신 즉 개인이 중심이 되어 자신의 관심사와 개성을 공유한다는 점에서 차이점이 있다.

Wikipedia에서는 SNS를 온라인 인맥구축 서비스로 개인의 관심사를 공유하고 소통시켜주는 서비스라고 정의하였다. 사회적 관계 개념을 인터넷 공간으로 가져온 것으로, 사람과 사람 간의 관계 맺기를 통해 소셜 네트워크 형성을 지원하는 서비스이다. 커뮤니케이션을 기반으로 하여, 새로운 정보습득의 채널이자 자신의 생각을 불특정 다수에게 쉽게 이야기할 수 있으며, 새로운 인맥을 형성하고 누구나 평등한 위치에서 대화를 할 수 있게 해주는 웹2.0의 새로운 형태이다.

SNS는 1인 미디어, 1인 커뮤니티, 정보 공유 등을 포괄하는 개념이며, 참가자가 서로에게 친구를 소개하여, 친구관계를 넓힐 것을 목적으로 개설된 커뮤니티형 웹사이트라 할 수 있다. <그림

5.21>은 SNS를 이용하는 목적을 보여준다. 그 중에서 커뮤니케이션, 정보 습득 및 교류, 그리고 친교 및 교제라는 측면이 가장 높아 오프라인의 일상생활을 통해 형성된 인간관계를 다시 온라인의 소셜 네트워크 서비스를 통해 연결하고 확장해가는 형태를 보이는 것을 알 수 있다.

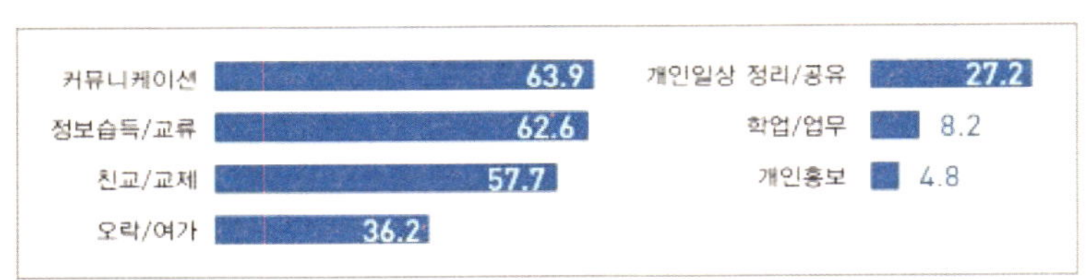

그림 5.21 스마트폰을 이용한 SNS의 이용 목적 (출처: KISA)

3) SNS의 활용

초기에 SNS는 주로 친목도모, 엔터테인먼트 용도로 활용되었으나 이후 비즈니스, 각종 정보 공유 등 생산적 용도로 활용하고 있다. 인터넷 검색보다 SNS를 통하여 최신 정보를 찾고 이를 활용하는 이들도 많다. 대부분 아는 사람의 아는 사람으로 연결되어 있는 특성상 일반 검색을 통해 찾는 정보보다 친구의 추천으로 공유하는 정보가 신뢰성이 높고 또 간결하게 전달되기 때문이다.

전 세계적으로 SNS 서비스는 놀라운 성장세를 기록 중이고, 특히 스마트폰의 대중화가 성장의 견인차 역할을 하였다. 현재 가장 인기 높은 SNS인 페이스북의 경우 세일즈와 마케팅의 새로운 도구로 급부상하고 있다. 소비자의 경우 검색과 정보 네트워킹을 무기로 최선의 선택을 하는 관계로, 당연히 수요자인 고객과의 관계를 상실한 공급자들의 세일즈는 점점 더 어려워지고 있는 추세다. 이제 공급자들이 소비자를 만나기 위해선 스스로 소비자들의 네트워크 안으로 들어오지 않으면 안 되는 상황이 도래한 것이다. 이제는 고객이 있는 곳으로 찾아가야 한다. 이런 이유로 페이스북은 2011년 2월 초에 이용자 수가 6억 명을 돌파하고, 2010년 광고 매출 18억 달러에서 2011년 35억 달러로 95% 증가할 것으로 예상했다. <그림 5.22>는 전 세계 SNS의 광고시장 규모를 보여준다.

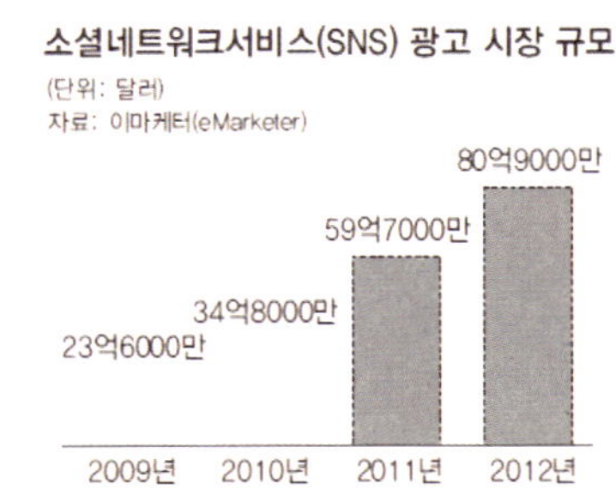

그림 5.22 전 세계 SNS의 광고 시장 규모

SNS 사용자의 폭발적인 증가 때문에 광고주들이 SNS에 몰리고 있으나 마케팅 툴로서 SNS는 다음과 같은 세 가지 장점을 가지고 있다. 첫 번째로 기존 미디어와 달리 쌍방향 커뮤니케이션이 가능해 일방적인 메시지 전달을 위한 매체비를 줄일 수 있으며 고객의 참여, 공유 및 대화를 이끌어낼 수 있다. 두 번째로 고객이 이미 가지고 있는 소셜 네트워크를 통해 마케팅 경험 및 콘텐츠가 구전되는 바이럴(Viral) 효과를 극대화 할 수 있다. 마지막으로 신뢰성과 진실성을 기반으로 관계지향적 마케팅을 활용한다면, 타 마케팅 툴보다 고객의 브랜드에 대한 긍정적 반응과 브랜드 로열티를 확보하는 데 용이하다.

4) SNS의 종류

가) 트위터(Twitter)

트위터는 무료 SNS이고 마이크로블로그[4] 서비스이다. 또한 단문메세지(SMS), 메신저 등을 통해 '트윗(Tweet)'을 전송할 수 있다. '트윗'이란 작은 새가 지저귀는 소리를 나타내는 단어로 한 번에 쓸 수 있는 글을 말하고, 140자가 한도이다. 장문의 진지한 글을 쓰는 데 좋은 블로그와 달리, 트위터는 간단한 글을 손쉽게 쓸 수 있는 단문 전용 사이트이기 때문에, 모바일을 활용하기에 적합하다.

140자의 제한 서비스를 제공하는 트위터의 원리는 매우 간단하다. 나를 중심으로 내가 작성하는 140자의 글에 관심이 있는 이들에게 글을 보여주는 행위와 나의 관심을 끄는 다른 이들의 140자를 받아보는 행위를 일컫는다. 트위터 용어로 전자를 팔로워(Follower)라 하고, 후자를 팔로우(Follow) 혹은 팔로잉(Following)이라 한다.

트위터를 시작하면 가장 먼저 알아야 할 것이 트위터에서 사용하는 용어를 이해하고 자유롭게 사용할 수 있어야 한다. <표 5.1>는 트위터 용어를 설명해준다. 리트윗(Retweet)은 남이 올린 트윗을 다시(Re-) 내 계정을 통해 올린다는 의미로, 일반적으로 내가 접한 유용한 정보나 뉴스를 팔로워(Follower)에게 알리고자 트위터 사용자들이 만든 약속이다. 이 약속은 2009년에 트위터가 자체 기능화한 것이다. 따라서 리트윗의 원래 목적은 '정보의 전파'라고 할 수 있다.

표 5.1 트위터에서 사용되는 용어

용어	한글표현	내용
Tweet	트윗	140자 이내의 글, 기본적으로 느구나 볼 수 있는 성격의 글
Follow	팔로우	자신이 관심있는 누군가를 관심 등록하는 행위

---

4) 인터넷에 블로거가 올린 한두 문장 정도 분량의 단편적 정보를 해당 블로그에 관심이 있는 개인들에게 실시간으로 전달하는 새로운 통신 방식을 사용한다. 블로그 + 메신저의 형태라고 할 수 있다.

표 5.1 계속

영어	우리말	설명
Follower	팔로워	나를 관심 등록한 사람
Time Line	타임라인	시간 순으로 트윗을 보여주는 가상 공간
Direct Mention(DM)	쪽지	발신자와 수신자만이 볼 수 있는 개인 쪽지
Mention	멘션	누군가 아이디를 지침해서 하는 트윗
Reply	리플라이(답장)	특정 트윗에 대한 답장
Hash Tag	해시태그	# 뒤에 붙는 키워드 분류
Retweet	리트윗	관심있는 트윗을 다시 트윗 하는 행위
List	리스트	자신이 팔로우하는 이들을 관심사에 따라 분류

여기서 소개하는 twtkr은 한글 트위터로 인터페이스와 사용법은 트위터와 거의 동일하다. 차이점으로는 twtkr은 푸시알람 기능을 지원하고 리트윗 시 첨언 기능이 있다.

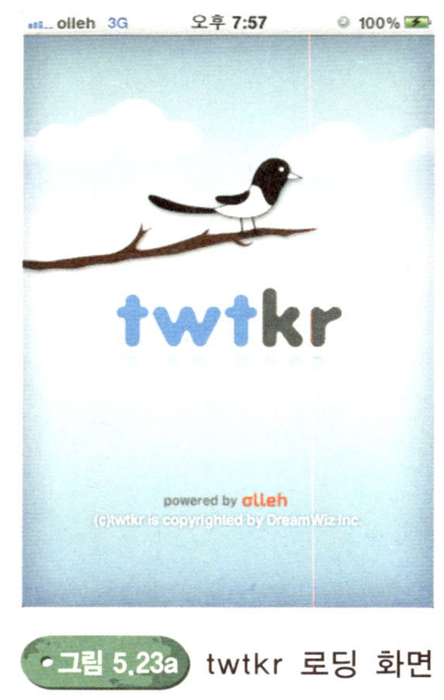

그림 5.23a twtkr 로딩 화면

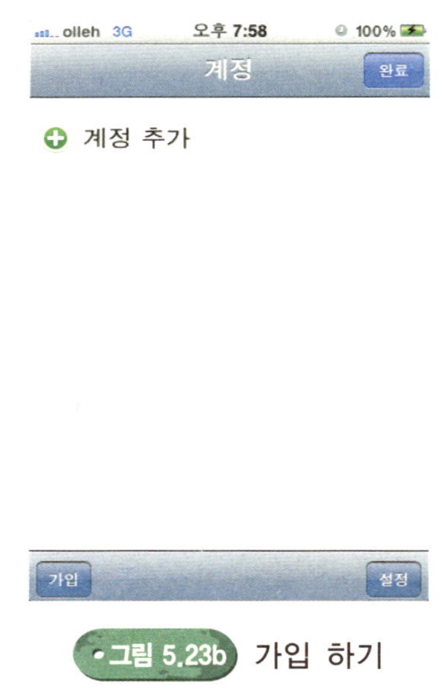

그림 5.23b 가입 하기

● 등록하기

twtkr 애플리케이션을 실행하게 되면 위와 같은 화면이 등장한다. 처음 애플리케이션을 실행할 때에는 아무런 계정도 등록이 되어 있지 않기 때문에 계정을 추가해야 한다. 트위터에 가입이 되어 있지 않다면 <그림 5.23b> 화면 왼쪽 하단을 보시면 가입이라는 버튼이 있어서 쉽게 가입할 수 있다. 다시 돌아가서 계정추가를 누르게 되면 '아이디 또는 이메일'을 입력하고, 비밀번호를 누르고 애플리케이션 승인 버튼을 누른다. 그러면 이제 로그인을 하게 되는데 <그림 5.23d> 사진은 푸시 알림에 대한 허용 메시지이다. 승인을 하지 않으면 맨션(Mention)과 같은 쪽지를 받을 때 알림이 울리지 않는다. 승인을 누르면 자동으로 실시간으로 푸시가 와서 확인이 가능하다.

그림 5.23c 계정 추가

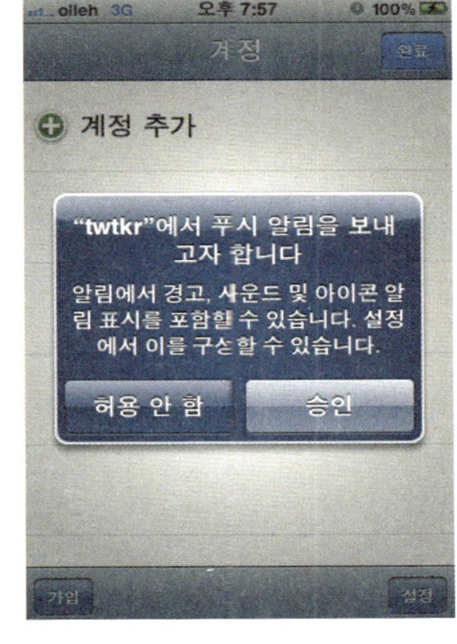

그림 5.23d 푸시 알람 허용

- 타임라인(Timeline)과 맨션(Mention)

<그림 5.24>을 보게 되면 아래 하단에 타임라인이라고 해서 내 트윗 친구들이 트윗한 글들이 실시간으로 올라온다. 새로운 트윗이 올라오면 숫자로 표시 된다. <그림 5.25>에서 @아이디는 나를 언급한(Mention) 트윗들만 볼 수 있다.

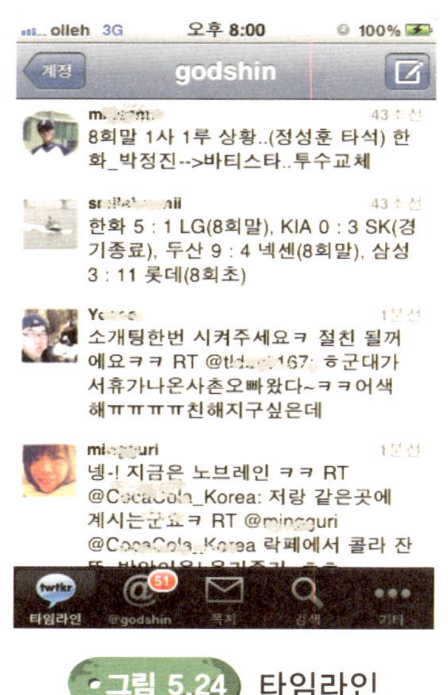

 **그림 5.24** 타임라인

 **그림 5.25** 내언급

● **트윗(tweet) 하기**

타임라인 화면이나 맨션 화면 오른쪽 상단 아이콘을 누르면 트윗 글을 작성할 수 있고, <그림 5.26a>에서 볼 수 있다. 사진 등을 트윗에 포함시키려면 오른쪽 중간 부분을 보시면 키보드 모양이 있다. 키보드 모양을 누르게 되면 <그림 5.26b>과 같이 여러 가지 메뉴들이 보이게 되는데, 새로운 사진을 찍어서 올릴 수 있고 기존에 찍었던 사진도 선택할 수 있다. 또한 트윗할 시 공간상의 제약(트위터는 140자 이내로 작성해야 한다.) 때문에 긴 URL의 주소를 줄일 수 있고, 내용을 번역하거나, 위치 정보 및 페이스북에 올리기 등도 가능하다.

그림 5.26a 트윗하기

그림 5.26b 트윗에 사진 넣기

- 답장(Reply)하기, 리트윗(Retweet)하기, 쪽지(Direct Mail)보내기, 이메일(e-mail)보내기

타임라인에서 하나의 트윗글을 터치하여 확인을 해본다. <그림 5.27a> 하단에 다섯 가지 메뉴가 보이는데 순서대로 설명을 하면 첫 번째는 답장, 두 번째는 관심글, 세 번째는 추천, 네 번째는 번역, 마지막은 리트윗(RT), 쪽지(DM), 혹은 이메일로 전달하기이다.

<그림 5.27a>에서 하단 메뉴 중 꺾인 화살을 누르게 되면 <그림 5.27c>의 메뉴를 볼 수 있고 해당 트윗을 리트윗(RT)할 수 있다. <그림 5.27e>과 같이 필요하면 내 의견도 앞에 넣어서 리트윗할 수 있다. 트위터에서 RT가 가장 큰 정보 확산의 기능을 담당하고 있다.

그림 5.27a 트윗글 보기

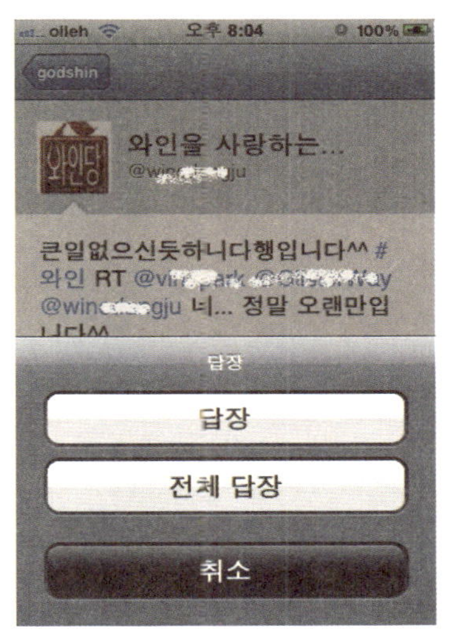

그림 5.27b 답장하기

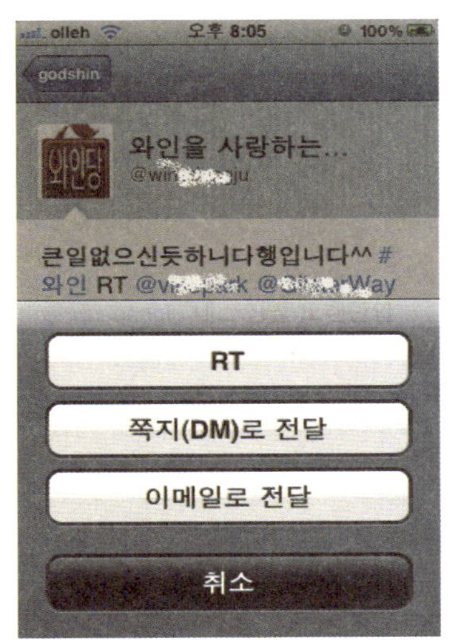

그림 5.27c RT, DM, 이메일 메뉴

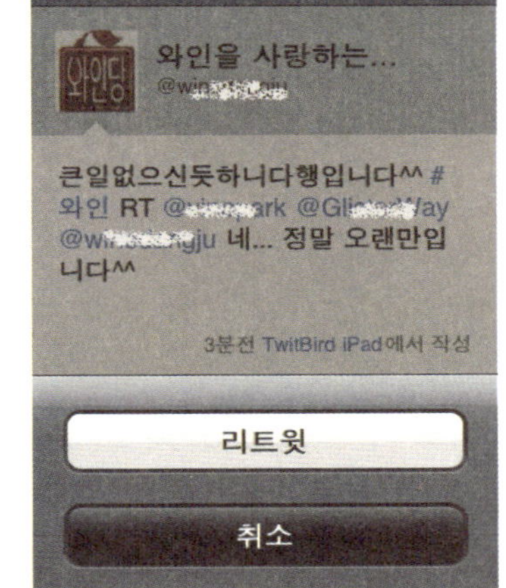

그림 5.27d 리트윗 하기

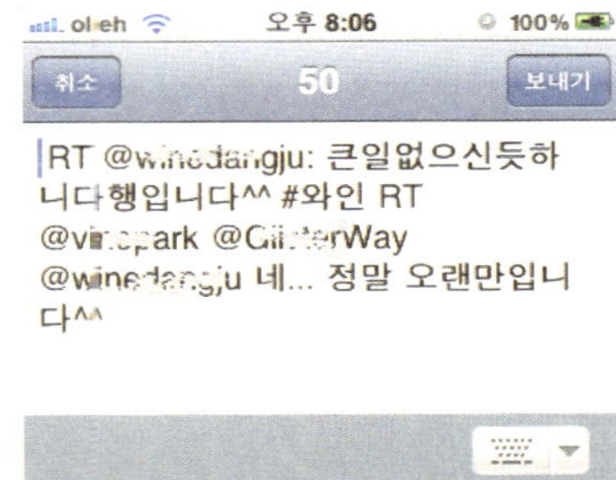

그림 5.27e 리트윗에 내 의견 넣기

타임라인에서 한 사람의 트윗글에 들어가서 <그림 5.28a>에서 볼 수 있는 링크(파란색으로 표기됨)를 눌러보자. 보통 Short URL을 사용하게 되면, 우리가 알고 있는 일반적인 도메인과 주소가 아닌 처음 보는 형태의 주소가 표기가 된다. 링크를 누르게 되면 <그림 5.28b>에서 보듯이 바로 해당하는 페이지가 열리게 된다. 트위터는 브라우징 기능도 제공하기 때문에 쉽게 페이지를 보여줄 수 있다. <그림 5.28c>은 이 트윗을 메일로 전송하는 화면이다.

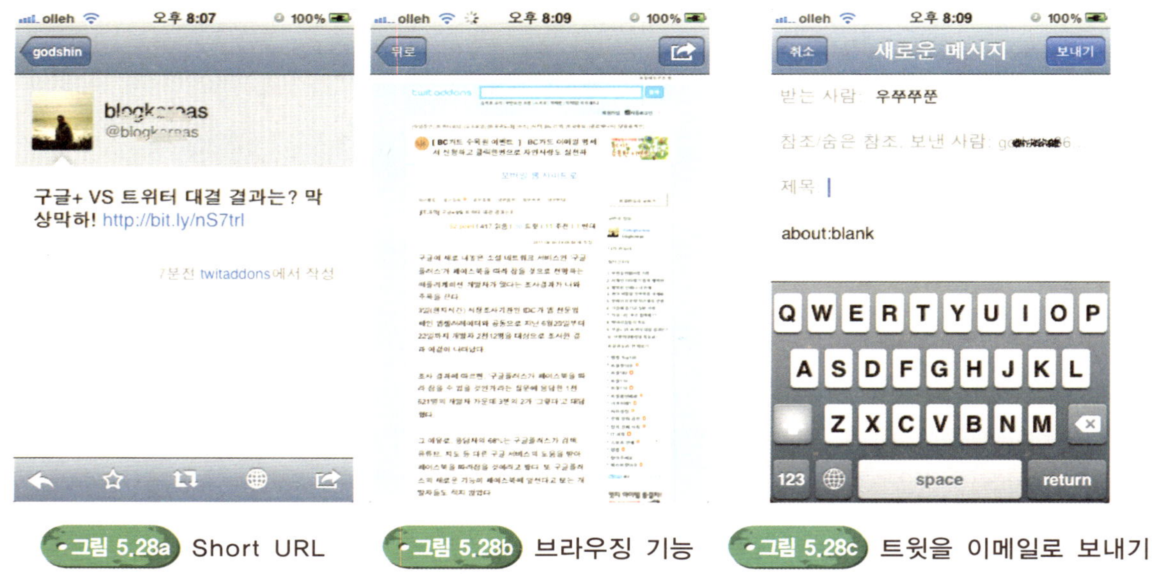

그림 5.28a Short URL   그림 5.28b 브라우징 기능   그림 5.28c 트윗을 이메일로 보내기

● 쪽지 보기와 검색하기

<그림 5.29>에 하단 세 번째 메뉴를 터치하면 나에게 온 쪽지(DM)를 확인할 수 있고, 상단 우측 버튼으로 친구에게 쪽지를 보낼 수 있다. <그림 5.30>에 하단 네 번째 메뉴는 트윗 검색이다. 트윗, 사용자, 이미지, 영상 등을 선택해서 검색할 수 있다.

그림 5.29 내게 온 쪽지

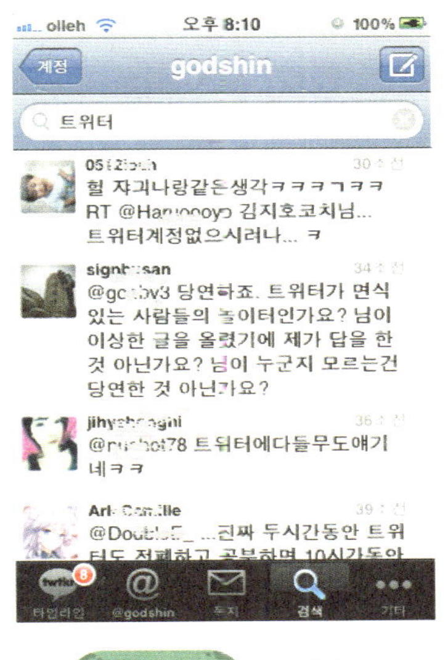

그림 5.30 검색하기

- 팔로우(Follow) 하기

다음은 유명인을 팔로우하는 방법을 보여준다. <그림 5.31a>에서 보듯이 우선 친구(유명인) 검색을 하여 <그림 5.31b>에서 볼 수 있는 '팔로우하기' 버튼을 터치하면 된다.

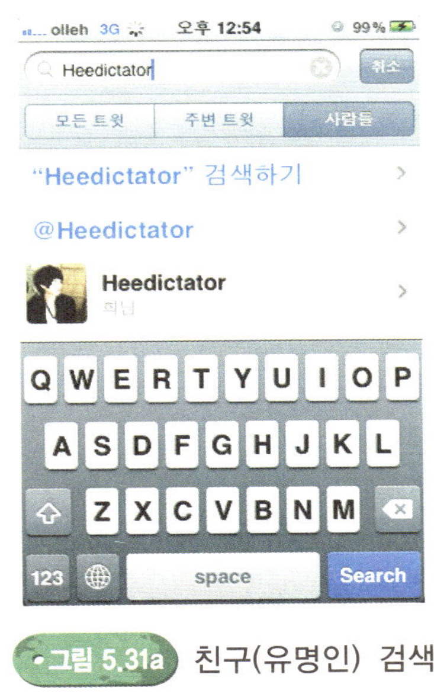

그림 5.31a 친구(유명인) 검색

그림 5.31b 팔로우하기

- 기타 메뉴

<그림 5.32a>는 기타 메뉴를 보여준다. 기타에서는 나와 관련된 여러 가지 기능이 있고, 설정을

할 수 있다. <그림 5.32b>는 내가 쓴 트윗 글을 보여주며, <그림 5.32c>는 나를 팔로우한 사용자의 목록이다. 가장 최신에 팔로우한 목록 순서로 보여준다.

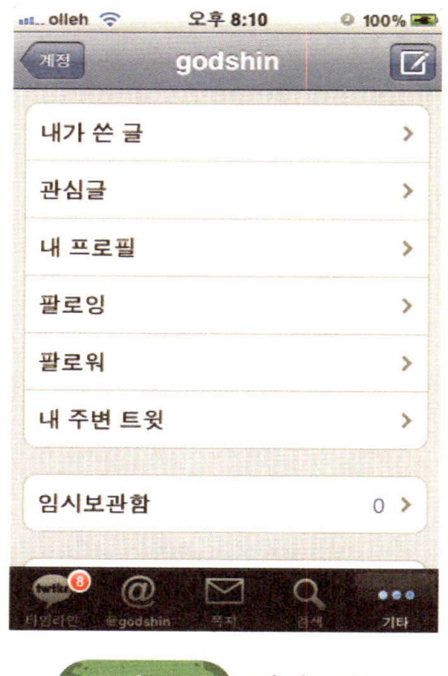

그림 5.32a 기타 메뉴

그림 5.32b 내가 쓴 글 보기

그림 5.32c 팔로워의 목록

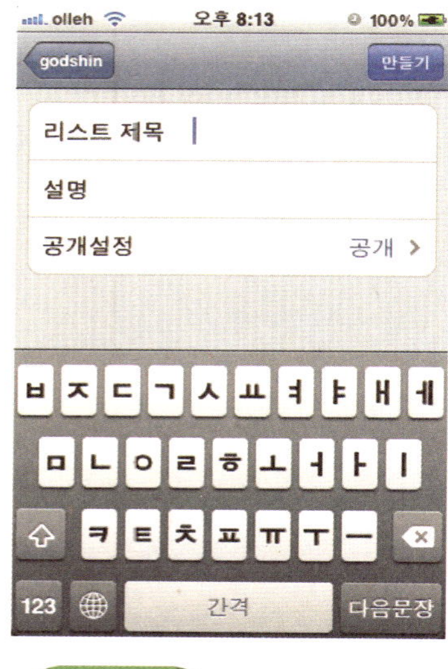

그림 5.32d 리스트 만들기

또한 <그림 5.32d>와 같이 리스트(친구 그룹, 클럽과 유사함)를 만들 수도 있다. 팔로워 수가 많아지면 타임라인에 수많은 글들이 올라오고 내가 보기 싫은 글도 올라오는 경우가 많아진다. 이런 경우 해결방법은 '특정 유저 그룹'을 만들어 사용하면 쉽게 해결할 수 있다. <그림 5.32e>과 <그림 5.32f>는 트위터와 관련된 세부 설정을 보여준다.

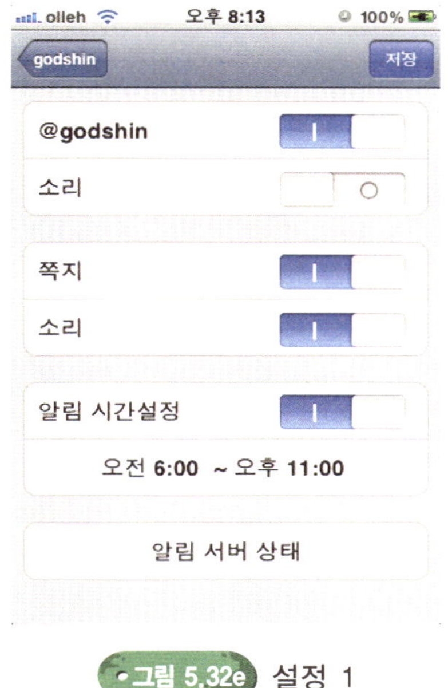

그림 5.32e 설정 1

그림 5.32f 설정 2

기타 메뉴 중의 내 주변 트윗을 실행하면 <그림 5.32g>처럼 현재 나의 위치를 중심으로 트윗 사용자를 지도에 표시해준다. 내 주변 트윗에 나오는 사용자들은 나와 친구 관계가 아니어도 표시가 된다. 한 사람을 누르게 되면 그 사람이 가장 최신에 작성한 트윗의 내용을 확인해볼 수 있다. <그림 5.32h>는 그 예를 보여준다.

그림 5.32g 내 주변 트윗

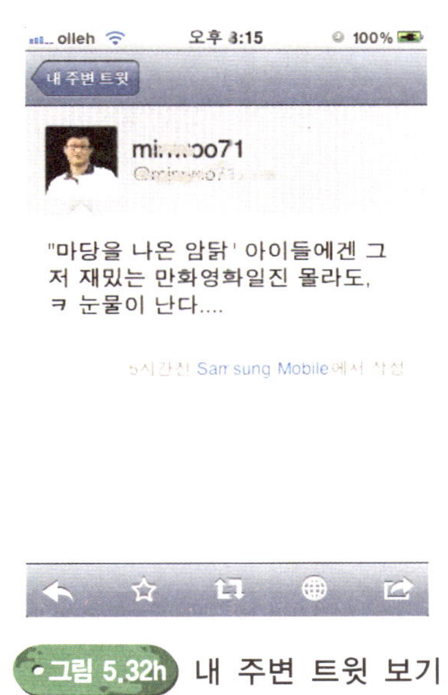

그림 5.32h 내 주변 트윗 보기

나) 페이스북(facebook)

트위터는 단문 형식의 소셜 미디어적인 측면이 강하고, 유통 측면에서도 강한 브로드캐스팅 (Broadcasting) 미디어로 간주된다. 빠른 속도로 불특정 다수에게 소식을 연쇄적으로 전달할 수 있는 RT 기능 덕분에 빠른 정보교류와 전파의 매체로 쓰인다.

이에 반해 페이스북은 트위터의 빠른 흐름보다는 공고한 인적 네트워크 형식을 취한다. 친구들과 관계 맺기를 하고, 그들의 일상 소식을 나누는, 친구들과의 소통에서부터 시작한다. 이런 관점에서 볼 때 지난 수년간 국내에 열풍처럼 번졌던 '싸이월드'와 매우 흡사하다. 그러나 페이스북을 그저 '미국판 싸이월드'라고 할 수 없다. 우선 페이스북은 미국판이라고 하기에는 이미 사용자의 70% 이상이 해외 가입자인 글로벌 사용자들이다. 또 단지 서비스 제공업체가 만들어준 틀과 메뉴 구조 안에서만 움직일 수 있는 싸이월드의 미니홈피 기능과는 도저히 비교할 수 없으리만치 수십만 개의 공개 애플리케이션을 언제든 추가로 장착할 수 있는 무한한 확장성을 갖고 있다. 즉 페이스북은 단순한 소셜 네트워크 서비스가 아니라 '소셜 네트워크 플랫폼'인 것이다. 인맥 관리와 친교 기능을 기초로 한 소셜 네트워크이면서 동시에 개인 포털 기능을 갖춘 파워풀한 미디어로, 수많은 애플리케이션들을 결합하고 상상 이상의 기능들을 결합하여 자유롭게 쓸 수 있는 개인 포털형 도구가 바로 페이스북이기 때문이다. <그림 5.33>은 트위터와 페이스북의 차이점을 보여준다.

그림 5.33 트위터와 페이스북의 차이점

우선 트위터와 마찬가지로 페이스북에서 사용되는 용어에 대해서 간단히 설명한다. 뉴스피드 (news feed)는 나와 내 친구들의 글이 계속 업데이트 되는 곳이다. 최신글, 인기글, 목록글 등으로 구분해서 볼 수 있다. 트위터의 타임라인과 같은 역할을 한다고 할 수 있다. 프로필은 우리가 흔히 알고 있는 프로필과 같은 의미로 프로필 편집을 통해 기본정보, 구사언어, 출신학교, 주요 관심사, 정치성향, 직장 등 다양한 정보를 입력할 수가 있다. 페이스북은 이런 시스템을 통해 사용자들에게 친구를 추천해준다. 담벼락은 프로필을 누르면 볼 수가 있는데, 내가 전달한 메시지만을 보여주고 그 메시지에 대한 댓글 형태로 보여준다. 그룹은 개인이 특정 주제에 관련해서 만들 수 있는 커뮤니티이다. 다음, 네이버의 카페와 유사하고 설정에 따라 공개, 비공개, 혹은 허가제 등의 그룹 생성이 가능하다. 페이지는 커뮤니티 페이지와 팬 페이지로 구분할 수 있다. 전자는 개인이 특정 주제나 활동과 관련된 페이지를 만들어서 팬을 확보하여 운영하는 페이지이고, 후자는 기관, 회사, 공인, 혹은 유명인 등을 위한 공개 프로필로 기관이나 단체의 승인을 받은 대표자만이 페이지의 운영이 가능한 공식 페이지로 팬의 숫자에 제한이 없다.

• 가입하고 모바일 설정하기

모바일 페이스북을 사용하기 위해서는 페이스북에 가입이 되어 있는 상태이어야 하며, 가입이 되어있지 않다면 페이스북 웹에서 가입을 한다. 페이스북 홈페이지(www.facebook.com)에 접속하면 <그림 5.34a>과 같은 화면을 볼 수 있다. 성, 이름, 이메일, 그리고 비밀번호를 입력한 다음 가입하기 버튼을 눌러준다. 여기서 주의할 것은 이메일로 가입 승인 메일이 보내지니 자신이 사용하는 메일 주소를 입력해야 된다는 것이다. 가입하기 버튼을 누르면, '보안 확인' 화면이 나온다. 봇에 의한 무분별한 가입을 방지하기위한 컴퓨터에 의해 생성된 글씨가 보인다. 그 글자를 그대로 타이핑하고 가입하기 버튼을 눌러준다.

그림 5.34a 페이스북 홈페이지

가입 후 4단계에 걸친 작성 과정이 나온다. 1단계에서는 '친구 찾기'를 위한 정보를 입력한다. 입력할 것이 없다면, 다음 과정으로 '건너뛰기'를 누르면 된다.

그림 5.34b 친구찾기 정보 입력하기

2단계에서는 '관심사 추가'를 위한 정보를 입력한다. 이 부분 역시 나중에 입력해도 상관없으니 '건너뛰기'를 한다. 3단계에서는 '프로필 정보'를 입력하는 과정이 진행된다. 이 부분 역시 나중에 입력해도 상관없으니 '건너뛰기'를 한다. 4단계에서는 '프로필 사진'을 올리는 과정이 진행된다. '사진 없음'으로 만들어놓거나 엉뚱한 사진을 올리면 친구를 늘리기 어려울 수도 있으니, 이왕이면 자신의 개인 사진 중 잘 나온 것을 올린다. 이 부분 역시 나중에 입력해도 상관없으니 '건너뛰기'를 한다.

모든 과정을 마치고 처음에 작성한 이메일로 가면 <그림 5.34c>의 화면을 볼 수 있고 '가입완료하기' 버튼을 누르면 페이스북 가입이 완료된다. 물론 페이스북을 잘 사용하기 위해서는 프로필 정보를 충실하게 작성하고 계정 탭에서 계정 설정, 개인정보 설정을 해야 한다.

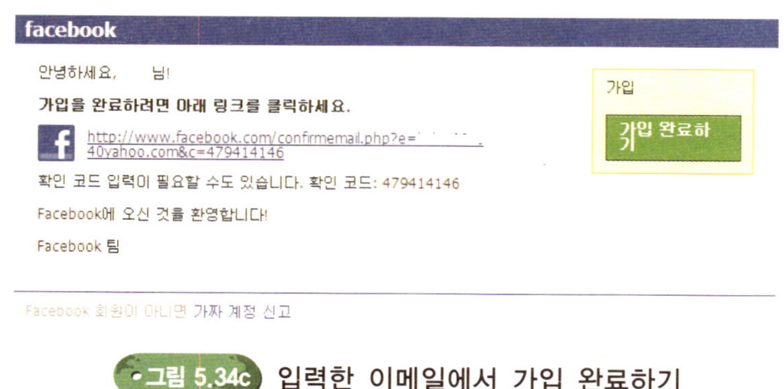

그림 5.34c 입력한 이메일에서 가입 완료하기

그림 5.34d 페이스북에 가입 완료 시 보이는 페이지

페이스북 가입을 완료하고 홈→개인설정→모바일 메뉴로 가 사용자의 휴대폰을 설정하면 모바일 페이스북 앱을 사용할 준비가 완료된다.

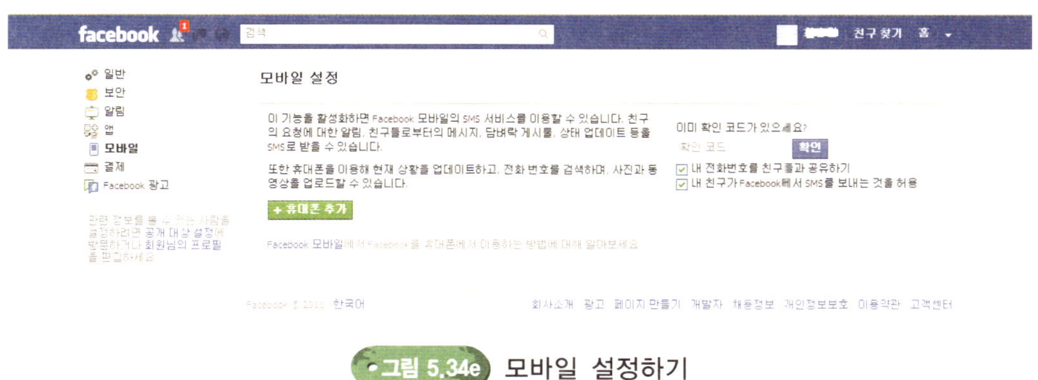

그림 5.34e 모바일 설정하기

각각의 스마트폰 앱스토어에서 페이스북 애플리케이션을 설치하고 실행을 한다. 정상적으로 실행되면 <그림 5.35>의 메인 화면을 가장 먼저 볼 수 있게 된다.

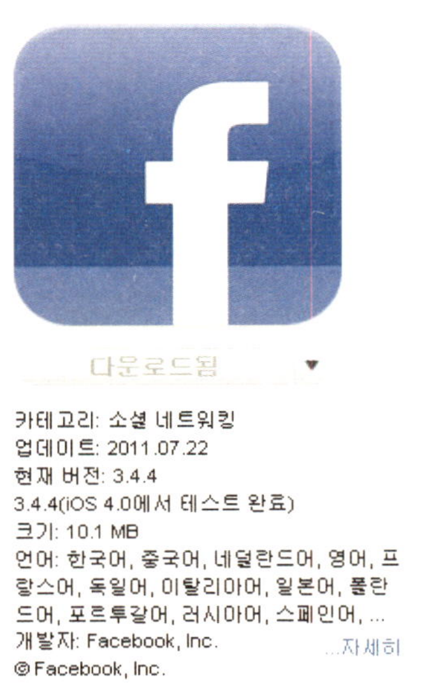

다운로드됨

카테고리: 소셜 네트워킹
업데이트: 2011.07.22
현재 버전: 3.4.4
3.4.4(iOS 4.0에서 테스트 완료)
크기: 10.1 MB
언어: 한국어, 중국어, 네덜란드어, 영어, 프
랑스어, 독일어, 이탈리아어, 일본어, 폴란
드어, 포르투갈어, 러시아어, 스페인어, ...
개발자: Facebook, Inc.
© Facebook, Inc.
...자세히

그림 5.35 메인 화면

• 뉴스피드(News Feed)

뉴스피드에서는 나의 페이스북 친구들이 작성한 글을 볼 수 있다. 트위터에 비유하자면 타임라인과 같다. <그림 5.36a>의 위쪽 오른편에 나타난 버튼은 리스트를 여러 상태로 보여주게 되는데 인기글이나 최신글, 사진이나 동영상 위주로의 리스트로 보여줄 수 있다.

그림 5.36a 뉴스피드

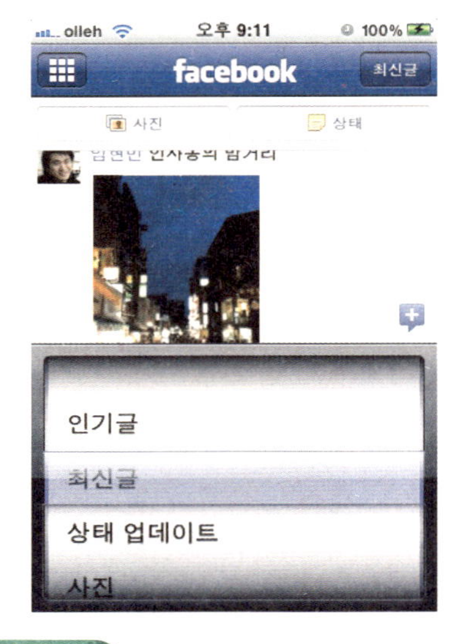

그림 5.36b 여러 상태의 뉴스피드 보기

● 프로필

<그림 5.35> 메인 화면에서 프로필로 들어간다. 프로필에서는 담벼탁과 내 정보, 사진 항목을 볼 수 있다. 내 담벼락에 글을 쓸 때에는 오른쪽 상단의 '게시물 작성'을 터치하면 되고, 사진을 올릴 때에는 왼쪽 상단의 '사진 공유'를 눌러 직접 촬영을 하거나 저장된 사진을 불러오기 할 수 있다.

그림 5.37a 담벼락 보기

그림 5.37b 게시물 작성하기

그림 5.37c 사진 선택하기

그림 5.37d 사진에 설명 넣기

사진을 아무것이나 하나 선택하고 설명쓰기를 눌러 내용을 작성한다. 그냥 업로드를 눌러도 사진은 올릴 수 있으나 내용이 없는 상태로 업로드된다. 설명 쓰기를 눌러 거기에 대해 Comment 를 작성하고 완료 버튼을 눌러 업로드 준비를 한다. 사진 작성을 완료 한 후에 업로드를 누르면 '사진 업로드 중⋯.'이라는 메시지가 뜬다. 그리고 완료가 되면 내 담벼락에 올렸던 사진이 보이 게 된다.

그림 5.37e 사진 업로드

그림 5.37f 담벼락에 올린 사진

<그림 5.38>의 하단 메뉴 중 정보를 누르면 자신의 프로필 정보를 볼 수 있다. 오른쪽 하단의 사진 버튼을 누르면 <그림 5.39>처럼 그 동안 본인이 올렸던 사진들을 볼 수 있다.

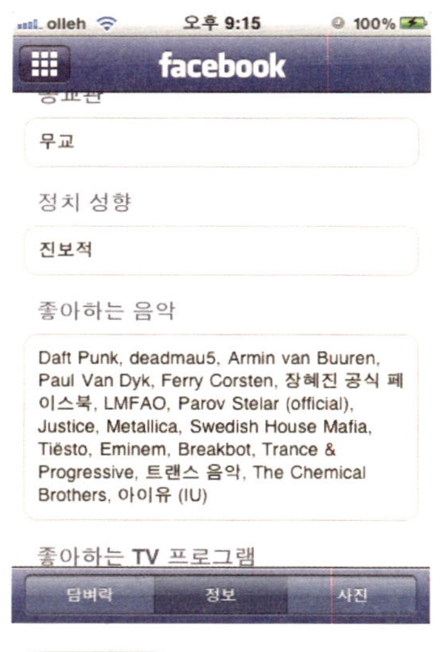

그림 5.38 자신의 프로필 정보

그림 5.39 올린 사진들 보기

● 친구(Friends)

메인 메뉴에서 친구를 눌러보면 <그림 5.40>에서 보듯이 하단에 Friends, 페이지, 요청, 세 개 항목이 나타난다. Friends(친구)는 말 그대로 내 친구의 목록을 볼 수 있고, 페이지는 내가 만든 페이지가 나타난다. 요청은 나에 대한 친구 요청에 대해 알려주고, 상단 오른편에 있는 동기화는 페이스북의 친구의 프로필 사진과 링크를 내 핸드폰 연락처에 추가할 수 있는 기능이다.

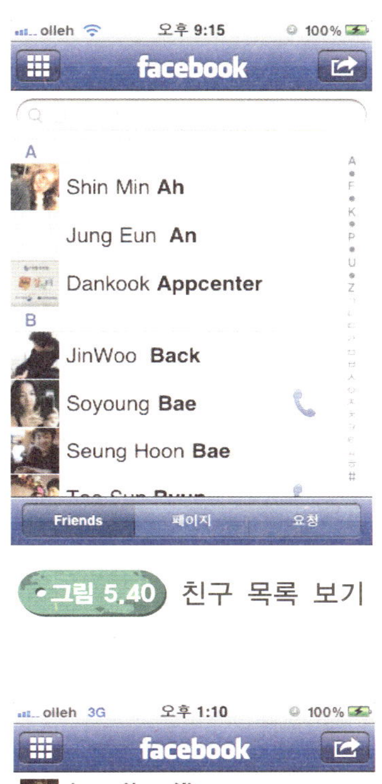

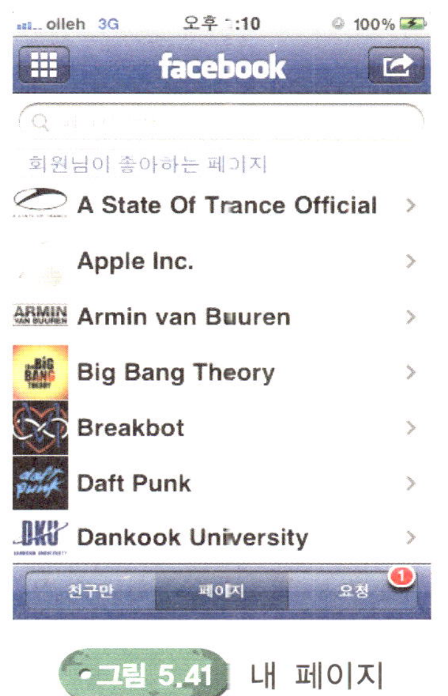

그림 5.40 친구 목록 보기

그림 5.41 내 페이지

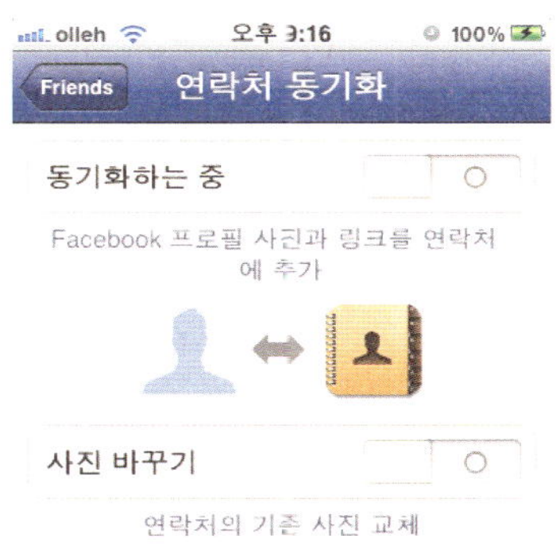

그림 5.42 친구 요청

그림 5.43 연락처 동기화 하기

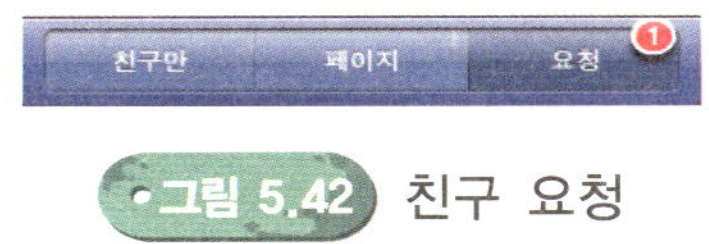

● 쪽지

메인에서 쪽지를 누르면 주고받은 쪽지를 볼 수 있고 <그림 5.44a>의 상단 오른쪽 글쓰기 버튼
을 누르게 되면 새로운 쪽지를 보낼 수 있다. 장소 기능은 아직 우리나라에서 개인위치정보를
아무나 얻을 수 없으므로 제공이 되지 않는다.

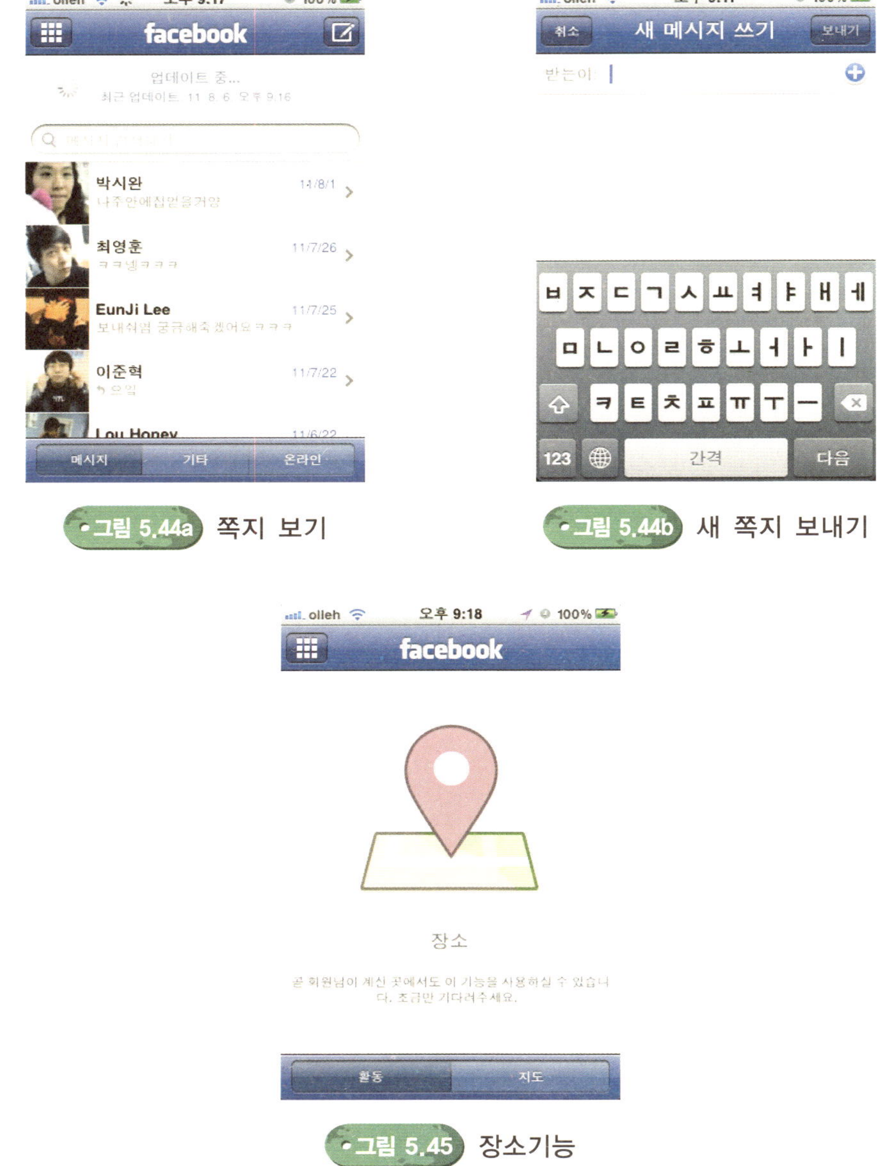

그림 5.44a 쪽지 보기   그림 5.44b 새 쪽지 보내기

그림 5.45 장소기능

● 그룹(Groups)

이번에는 메인에서 그룹으로 들어가 보겠다. 그룹으로 들어가면 현재 가입되어 있는 그룹 목록

이 보인다. 하나의 그룹을 선택해서 들어가면 그룹 담벼락과 게시물 작성, 사진 공유 등으로 글을 남길 수 있다.

그림 5.46a 그룹 목록

그림 5.46b 그룹 담벼락

- 채팅

메인 메뉴에서 채팅을 누르면 현재 접속되어 있는 친구들과 채팅을 할 수 있다. 단, 자신의 상태가 온라인이어야 한다. <그림 5.47>에서 보듯이 오프라인인 경우에는 오른쪽 상단에서 온라인으로 표시를 눌러야 한다. 목록에서 녹색불이 들어온 친구는 현재 온라인 상태로 대화를 진행할 수 있다.

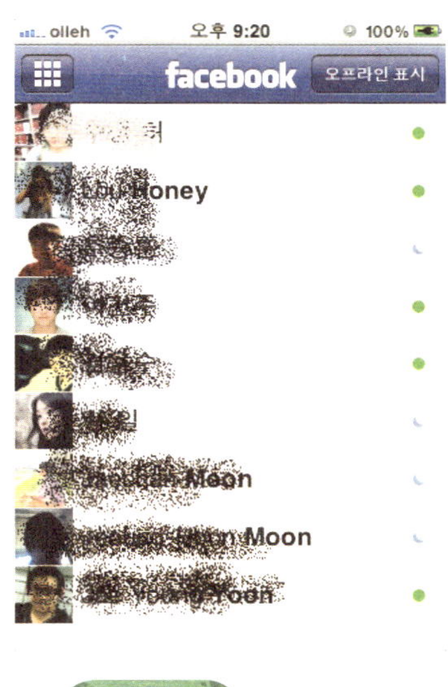

그림 5.47 채팅 목록

- **노트**

메인에서 이번에는 노트로 들어가면, 그 동안 작성했던 노트 리스트가 보인다. <그림 5.48a> 상단 오른편에 연필 아이콘을 누르면 새 노트를 작성할 수 있다.

그림 5.48a 노트 목록

그림 5.48b 노트 작성하기

- **계정**

두 번째 메인 화면을 보면 계정이 있고, 로그아웃, 계정 설정, 개인 정보 설정, 고객 센터 등을 설정할 수 있다. 로그아웃을 하게 되면 새로운 계정으로 로그인할 수 있다.

그림 5.49a 계정

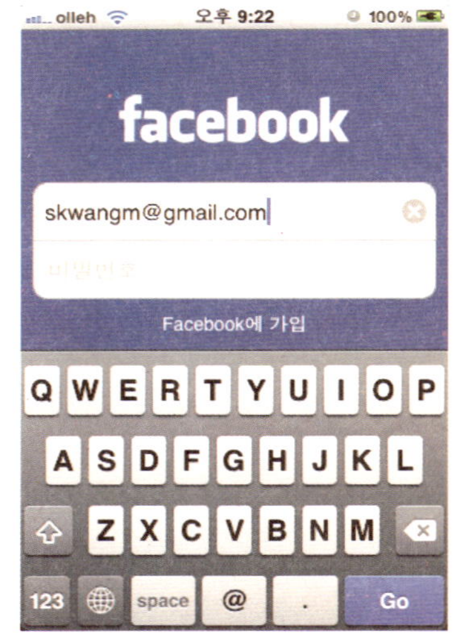

그림 5.49b 새 계정으로 로그인 하기

<그림 5.49c>는 개인 정보 설정, <그림 5.49d>는 고객 센터 그리고 <그림 5.49e>는 계정 설정
화면을 보여준다.

그림 5.49c 개인 정보 설정

그림 5.49d 고객센터

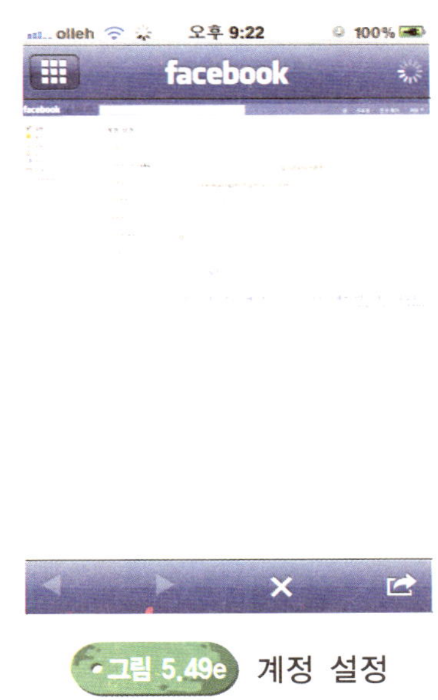

그림 5.49e 계정 설정

다) 카카오톡(Kakao Talk)

카카오톡은 전 세계 어디서나 아이폰과 안드로이드 사용자 간 무료로 메시지를 주고받을 수 있
는 서비스이다.

카카오톡은 많은 서비스 기능을 제공하고 다음과 같은 특징을 가지고 있다. 카카오톡은 일반 SNS는 다르게 가입과 로그인 절차가 없고, 전화번호만 있으면 사용할 수 있다. 현재 영어, 스페인어, 일어, 한국어 지원으로 해외 사용자도 편리하게 카카오톡을 이용할 수 있다. 내 연락처에 등록된 친구들 중 카카오톡을 설치한 친구들을 자동으로 친구 목록에 추가해주기 때문에 채팅을 하기 위해 별도로 친구를 등록할 필요가 없다. 실시간 그룹채팅 및 1:1 채팅을 즐길 수 있고 사진, 동영상, 연락처 등의 멀티미디어도 간편하게 주고받을 수 있다. 친구 목록을 별도의 파일로 저장하여 이메일을 통해 내보내기 할 수 있을 뿐 아니라, 친구 목록 불러오기를 통해 저장해둔 친구 목록을 언제든지 현재 친구 목록에 추가할 수 있어, 사용하던 기기가 변경되거나 전화번호가 바뀌어도 친구 목록을 그대로 사용할 수 있다. 또한 친구들과의 대화내용을 텍스트 메시지뿐만 아니라 주고받은 사진, 동영상 등 모든 내용을 파일로 첨부하여 별도로 보관할 수 있다. 카카오톡의 친구 추가는 서로의 연락처가 주소록에 있어여 하고, 만약 다른 사람이 내 번호를 가지고 있고, 나는 그 사람을 모른다면 친구추천 칸으로 돌아간다. 아이폰과 안드로이드폰 사이에서도 카카오톡으로 채팅이 가능하다.

SNS의 주된 기능은 '정보 공유'와 '네트워킹'이다. 반면에 카카오톡, 마이피플, 올레톡, 왓츠 앱 등은 '메신저 서비스' 또는 '메시징 서비스'라고 한다. 메시징 서비스는 일반적으로 댓글 방식인 SNS서비스보다는 연결성 있고 지속적인 대화가 편하기 때문에 기존의 SNS보다 정보 공유와 확산의 기능 그리고 네트워킹의 기능은 약하지만 작은 스마트폰 환경에서 보기 좋은 UI와 문자 메시지의 비용을 제로화하는 차별점이 있다.

카카오톡은 정보 공유나 확산성 그리고 네트워킹에는 SNS에 비해 기능적으로 약하고 폐쇄적인 구조로 비즈니스를 결합하기에는 다소 부적합한 경향을 보이고 있다. 엄청난 회원수를 보유하고 있는 카카오지만 기본적으로 무료로 서비스되기 때문에 매출을 올릴 수 있는 방법이 많지 않았다. 카카오의 SNG(Social Network Game) 진출은 '카카오톡'으로 돈을 벌 수 있는 최적의 방식이 게임을 서비스하고 여기서 발생하는 매출을 쉐어하는 것이라고 판단했기 때문으로 보인다. 지금은 위메이드 크리에이티브가 개발중인 게임들을 하나씩 붙여 가면서 성공 가능성을 타진하는 단계지만 이 단계가 지나면 본격적인 SNG 플랫폼으로 성장할 가능성이 높다. 마치 페이스북처럼 어떤 회사의 게임이라도 원한다면 누구나 서비스할 수 있는 플랫폼으로 발전할 수 있다. 모바일 메신저 시장에서 점유율 1위를 차지하고 있는 카카오톡은 게임이 서비스 될 경우 사용자들은 자신의 지인들과 함께 간편하게 게임을 즐길 수 있기 때문에 그 영향력은 엄청날 것이라는 게 업계의 분석이다.

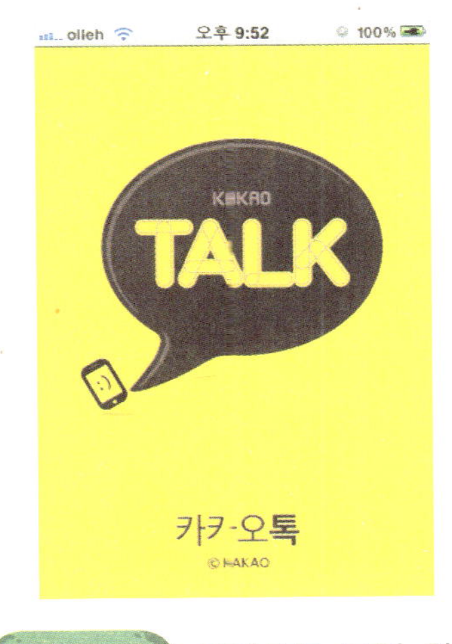

그림 5.50a 카카오톡 설치 화면

그림 5.50b 카카오톡 로딩 화면

● 등록하기

카카오톡의 특징 중 하나는 등록절차가 매우 간편하다는 것이다. 자신의 실명과 휴대폰 전화번호를 입력하면 확인을 위해 SMS로 인증번호를 보내고 그 인증번호를 입력하면 가입절차는 완료된다.

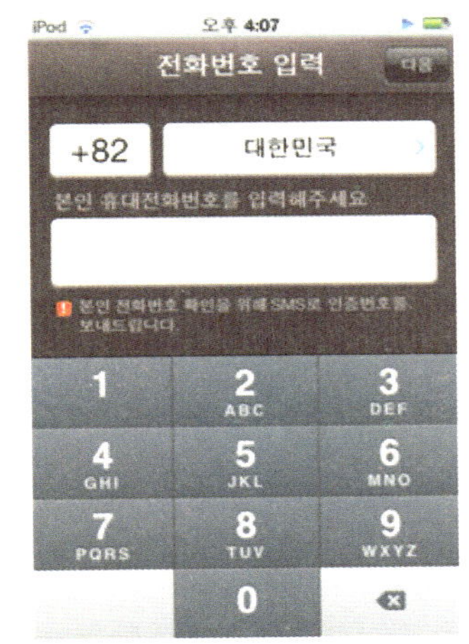

그림 5.51a 휴대폰 전화번호 입력

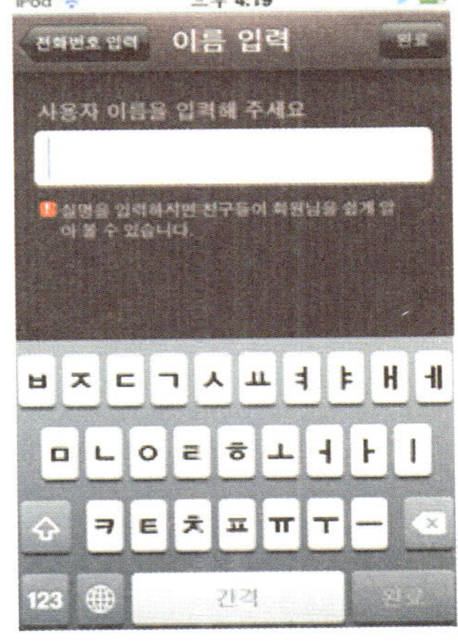

그림 5.51b 이름 입력

● 친구 목록

카카오톡을 실행하게 되면 <그림 5.52a>처럼 현재 등록된 친구들이 리스트 형태로 나타난다. 노란색 창으로 나타난 부분은 각 친구들의 프로필을 보여주는 화면이다. 사용자를 터치하게 되면 '1:1 채팅'과 전화번호 바로걸기 버튼이 있다.

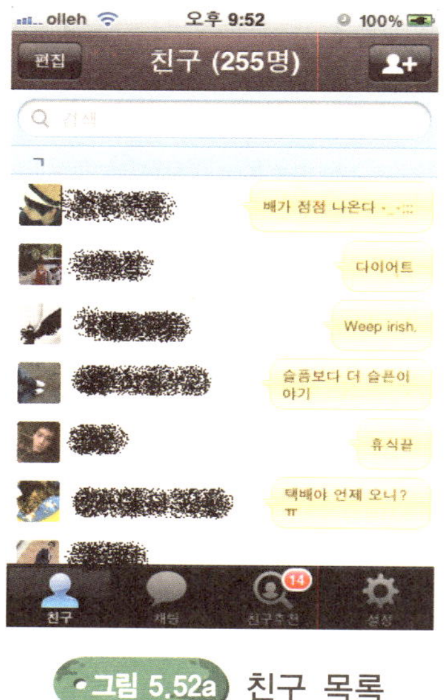

그림 5.52a 친구 목록

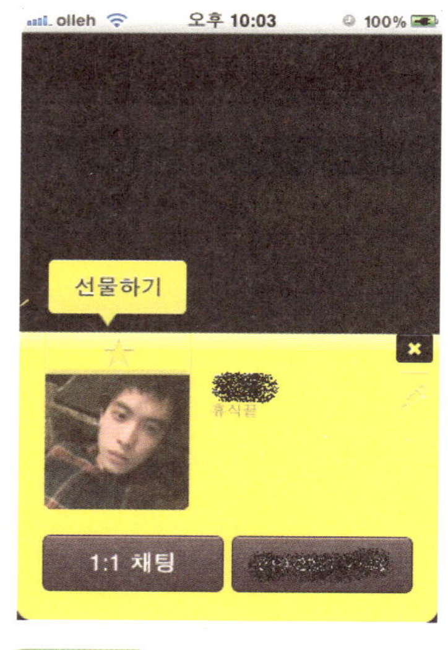

그림 5.52b 선택된 친구 프로필

● 채팅

<그림 5.53a>의 하단 메뉴 중 두 번째 탭인 채팅을 누르게 되면 현재까지 대화를 나눴던 사용
자에 대해 리스트로 보여준다. 그 중 하나를 택하게 되면 카카오톡을 설치한 이후(대화내용을 지
우기 전까지는 모두 저장됨)의 내용이 모두 나타나게 된다. 메시지 표현 형태는 노란색 부분이 본
인이 작성한 내용이고 하얀색 부분이 상대방이 입력한 메시지를 보여주게 된다.

그림 5.53a 채팅 목록

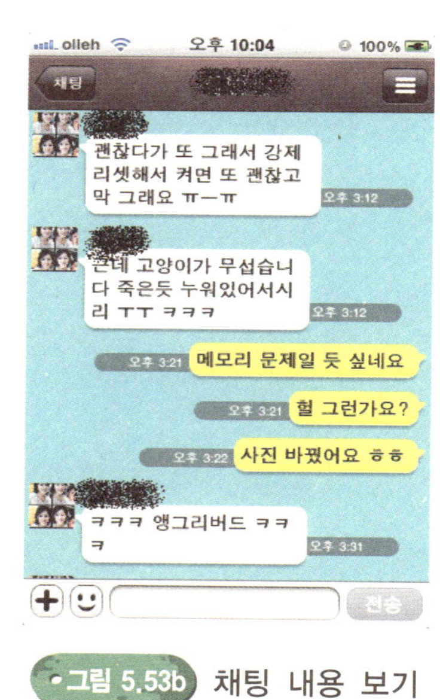

그림 5.53b 채팅 내용 보기

● 친구추천

<그림 5.54>의 하단 메뉴 중 세 번째 탭인 친구추천은 나를 알 수도 있는 사람을 추천을 해준다. 친구 추가를 하게 되면 친구 목록에 바로 추가가 되고 바로 채팅을 할 수 있게 된다.

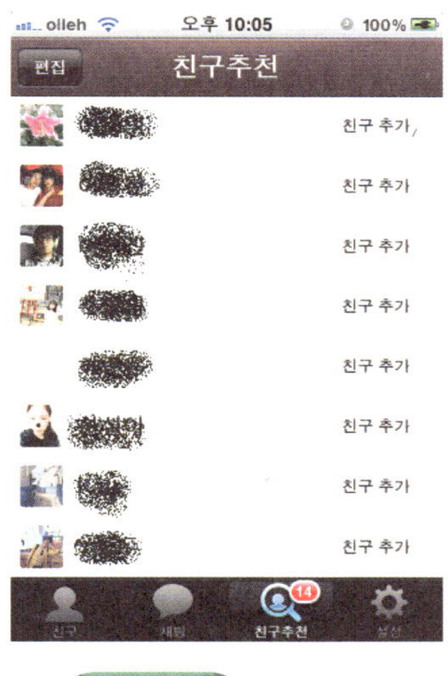

그림 5.54 친구추천

● 설정

<그림 5.55a>의 하단 메뉴 중 마지막 탭인 설정을 누르게 되면 카카오톡의 전반적인 설정을 다룰 수 있다. 내 프로필을 누르게 되면 현재 상대방에게 보이게 되는 프로필을 변경할 수 있다. 변경 내용은 프로필 사진과 이름, 상태메시지 등을 변경할 수 있다.

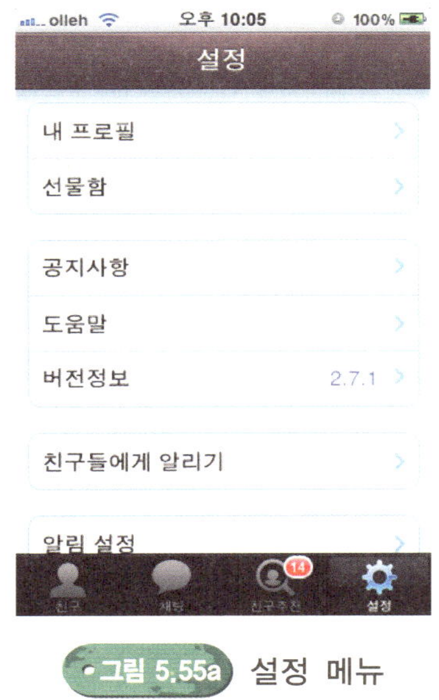

그림 5.55a 설정 메뉴

그림 5.55b 내 프로필

내 프로필 화면에서 프로필 사진을 변경하기를 원하면 사진을 터치하라. <그림 5.55c>와 같은 대화형 메뉴가 나와 변경하려는 사진을 촬영하거나 앨범에서 선택할 수 있다. 앨범에서 사진 선택을 선택하면 <그림 5.55d>와 같이 앨범에서 사진을 선택할 수 있다.

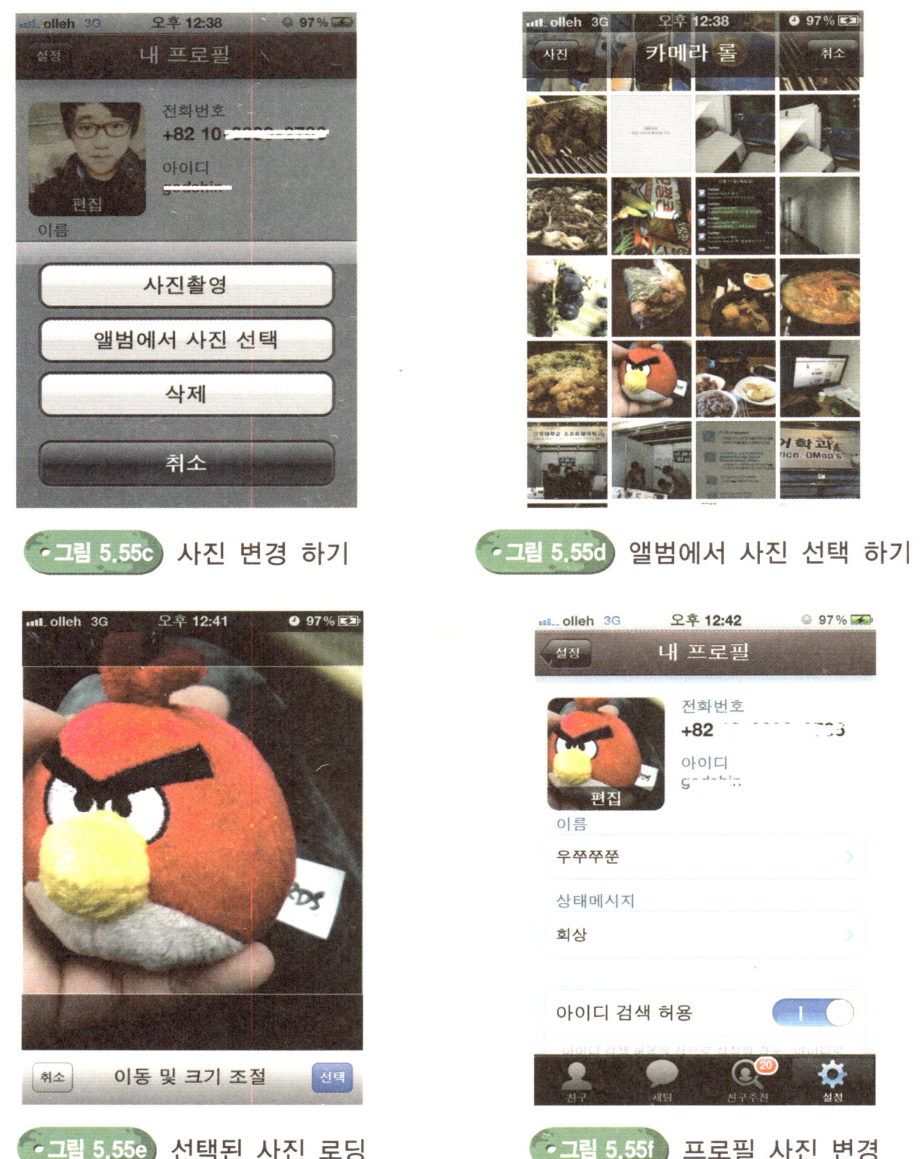

그림 5.55c 사진 변경 하기

그림 5.55d 앨범에서 사진 선택 하기

그림 5.55e 선택된 사진 로딩

그림 5.55f 프로필 사진 변경

설정에는 또한 카카오톡에서 공지해주는 공지사항과 도움말 등을 확인할 수 있다.

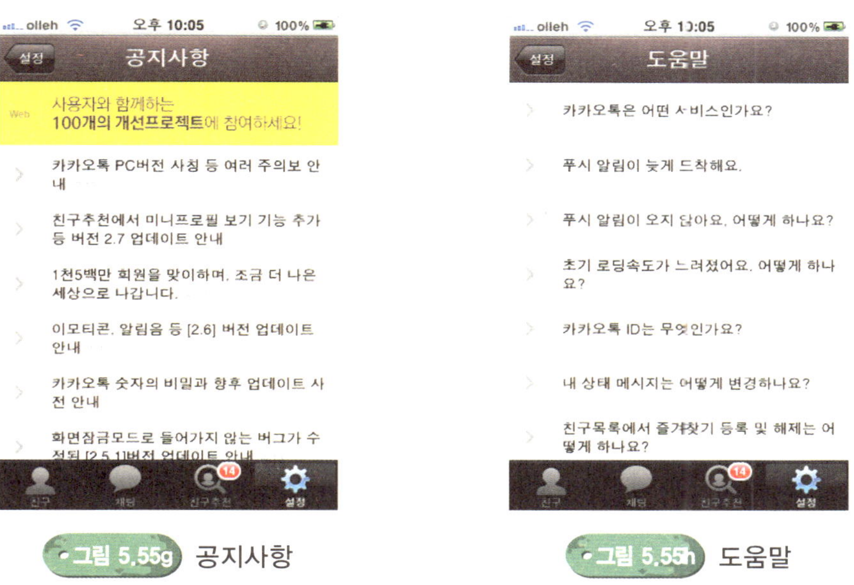

그림 5.55g 공지사항   그림 5.55h 도움말

친구 관리 및 기본적인 채팅 환경(배경화면과 폰트 크기 및 대화내용을 이메일로 보내기 등)을 변경할 수 있고, 알림 설정에서는 푸시를 자동으로 할지 수동으로 할지를 선택할 수 있고, 푸시 알림 시의 메시지 일부를 보여줄지를 선택할 수 있고, 알림음 변경 등을 할 수 있다.

그림 5.55i 친구관리 설정   그림 5.55j 배경화면 설정

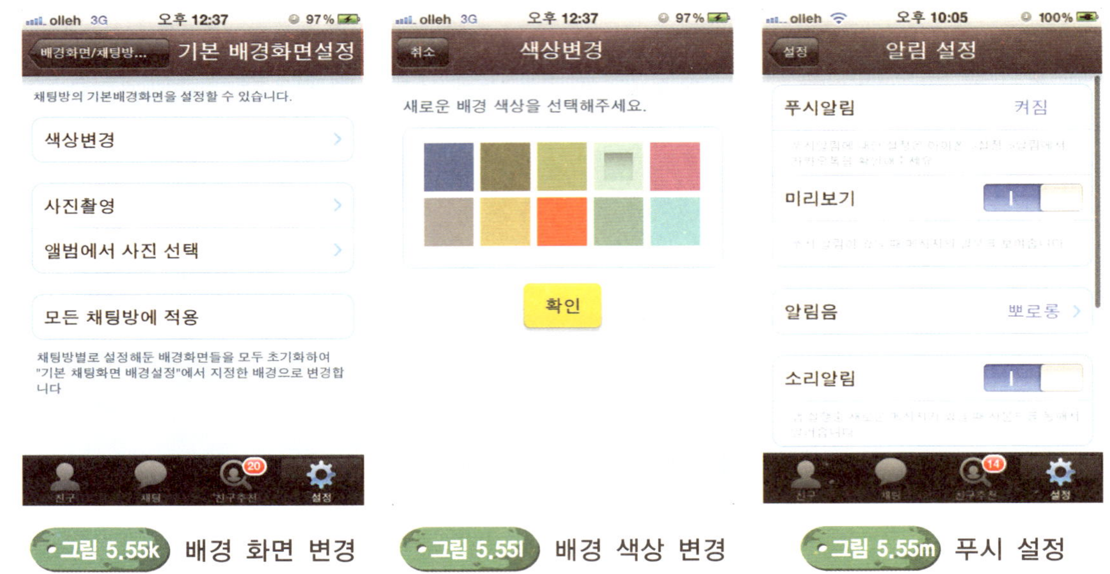

그림 5.55k 배경 화면 변경	그림 5.55l 배경 색상 변경	그림 5.55m 푸시 설정

5.2.4 모바일 정보검색

1) 모바일 정보검색의 개요

모바일 정보검색은 모바일 단말 사용자가 상시 휴대하고 있다는 것을 감안하여 언제, 어디서나, 사용자의 검색 요구에 대해 맞춤형으로 정보를 제공해야 한다. 그리고 모바일 단말의 특성상, 사용자의 의도를 유선 인터넷의 주 단말인 PC의 키보드보다는 다양하고 편리하게 입력하도록 해야 하며 검색 결과 역시 상대적으로 작은 단말의 화면을 고려하여 사용자가 쉽게 정보를 습득할 수 있도록 하여야 한다. 이와 같이 모바일 검색은 유선 인터넷 환경의 검색 기술을 바탕으로 하고 있으나 다음 세 가지 핵심 기술이 추가 반영되어야 모바일 검색만의 특성을 얻을 수 있다.

가) 단말에 최적화된 정보 제공 기술

정확한 검색이 되어야 한다. 제한된 모바일 화면에 보다 정확하고 요약된 검색 결과를 제시해야 하며, 이를 위해서는 모바일 지식화, 지식 마이닝 및 요약, 질의응답(Question and Answering, QA) 기술이 필요하다. QA란 사용자 질문의 의도를 세밀하게 파악한 후, 검색 대상 문서로부터 정답을 찾아 제공하는 기술을 말한다. 이를 위해 먼저 입력된 질문에서 사용자가 원하는 정답이 무엇인지 질의 의도를 파악할 수 있는 질의 유형이나 키워드 등의 정보를 추출한다. 또한, 기존 정보검색 방법에 의해 질의와 유사한 문서를 추출하고, 문서에서 다시 정답을 포함할 가능성이 있는 단락을 추출한 후, 단락에서 질의유형과 동일한 개체를 찾아내어 사용자에게 정답으로 제시하거나, 구조화된 지식베이스(KB)에서 직접 정답을 검색하여 제시한다. 최근에는 단답(factoid) 뿐만 아니라 서술형 정답, 나열형 정답 등에 대한 연구도 활발히 진행 중에 있다.

개인이 항상 휴대하는 모바일 단말의 특성으로 인해 사용자들은 이동하면서 검색하는 사용자들의 요구에 부합하여 현재 위치정보를 활용하는 서비스가 많이 출시되그 있다. 이에 발맞춰 최근 출시되는 모바일 단말에 GPS 정보추출 기능이 기본으로 포함되어 있다. 모바일 서비스에서 지역밀착형 서비스에 대한 요구는 더욱 거세질 것으로 보인다. 미국의 모바일 검색 사례를 보면 일반적인 정보(33%), 지역 정보(29%), 내비게이션 정보(26%)로 모바일 환경에서는 압도적으로 지역 생활 정보에 대한 검색이 많이 활용됨을 알 수 있다.

나) 개인 맞춤 기술

모바일 단말 사용자에게 딱 맞는 검색 결과를 제공해야 하며 이를 위해서는 모바일 사용자 최적화 서비스를 위한 모바일 개인화 검색 기술이 필요하다. 모바일 단말은 사용자가 항상 휴대한다는 점에서 사용자의 개인 정보를 충분히 수집할 수 있는 도구가 되기 때문에 이러한 특성을 고려한 개인 맞춤형 모바일 서비스가 필요하며, 검색 서비스에서도 개인화 검색이 효과적이다. 모바일 단말의 작은 화면에서 많은 검색 결과를 보기는 힘들기 때문에 모바일 사용자에게 적합한 요약된 검색 순위화가 필요하다. 이는 검색어 히스토리 및 사용자 프로파일을 통한 사용자 중심의 결과를 제시하여 해결하여야 한다. 개인화 검색을 위해서는 사용자의 성향을 파악하여 사용자의 개인 정보를 모델링하여 사용자에게 의미 있는 검색 결과를 제시할 수 있게 되는데 이러한 과정에서 얻게 되는 사용자의 취향이나 선호도는 곧바로 모바일 맞춤 광고의 중요한 정보로 연결된다.

개인화 기술은 일반적으로 사용자의 개개인의 행동을 수집, 저장하는 기술, 수집된 정보를 체계화하는 프로파일링 기술, 이러한 프로파일을 기반으로 사용자의 행동을 파악하는 사용자 모델링 기술로 나눌 수 있다.

다) 편리한 UI 기술

편리한 입력을 제공해야 한다. 음성 인식 인터페이스를 포함하여 이미지, 촉각, 모션 같은 다양한 입력 수단을 적용하여 모바일 단말의 입출력 방식을 보다 편리하게 개선해야 한다.

인간이 가장 편하게 입력을 할 수 있는 수단 중 하나인 음성 인터페이스는 현재 많은 정보 검색 어플에서 적용되고 있으나, 아직 완전한 음성인식 기술은 개발하기 위해서는 여러 가지 문제를 해결해야 한다. 음성인식의 과정은 크게 전처리부와 인식부로 나눌 수 있다. 전처리부에서는 사용자가 발성한 음성으로부터 인식대상이 되는 구간을 찾아 잡음 성분을 제거하고 인식과정을 위한 특징을 추출하는 것을 말한다. 인식부에서는 입력된 음성을 음성 데이터베이스로부터 훈련한 기준 단어와의 비교를 통해서 가장 가능성 있는 단어를 인식결과로 출력하게 되며, 단순 명령어가 아닌 문장을 인식할 때는 언어 모델을 이용하여 비교 단어를 제한하여 인식성능을 높이게 된다. 이러한 과정은 사람이 태어나서 말을 배울 때 여러 가지 단어나 문법을 수많은 반복훈련 과정을 통해 두뇌 속에 패턴화하는 학습과정과 학습된 패턴을 새로 입력된 음성과 비교하여 입력 음성이 무엇인지를 알아내는 인지과정을 모방한 것으로 볼 수 있다.

또한 전통적인 키워드 입력방식의 검색 방법을 탈피하여 증강현실(augmented reality) 기술을 이용한 검색 인터페이스가 출시되고 있다. 증강현실은 컴퓨터가 생성한 가상 사물을 실제 환경에 합성하여 원래의 환경에 존재하는 사물처럼 보이도록 하는 컴퓨터 기법이다. 기존의 정보검색 관점에서 보면, 스마트폰 카메라 화면에서 보이는 실세계 정보가 검색질의어에 해당하고, 카메라 화면에 합성되는 디지털 정보가 검색 결과에 해당한다. 증강현실 기술을 이용하면 PC와 비교하여 상대적으로 불편한 스마트폰 인터페이스의 단점을 극복하고, 스마트폰의 이동성과 카메라 기능을 최대한 이용할 수 있는 장점이 있다

2) 모바일 정보검색의 종류

가) 다음(Daum)

안드로이드폰은 안드로이드 마켓에서 검색해서 다운 받을 수 있고, 아이폰 사용자는 앱스토어에서 검색하여 다음(Daum) 애플리케이션을 받을 수 있다.

그림 5.56a 다음 앱 받기

그림 5.56b 다음 앱 로딩 화면

<그림 5.57a>는 다음 애플리케이션의 실행 화면이다. 기존의 모바일 검색이나 카페, 뉴스 등만을 볼 수 있었던 형태에서 동영상이나 실시간 검색 순위, 쇼핑, 메일, 날씨, 지식 검색, 부동산, 증권, 환율 등 수많은 기능을 제공받을 수 있다

모바일 다음 애플리케이션을 실행하면 세 개의 앱 페이지와 실시간 검색 페이지 등 총 네 개의

페이지로 구성이 되어 있다. 페이지를 옆으로 슬라이드하면 메일, 카페, 블로그, 티스토리, 뉴스, 스포츠, 웹툰 등 다음의 다양한 온라인 서비스를 빠르고 손쉽게 이용할 수 있다. 또한 각 아이콘들은 길게 눌러서 사용자 임의대로 정렬할 수 있다.

그림 5.57a 다음 앱 페이지 1

그림 5.57b 다음 앱 페이지 2

그림 5.57c 다음 앱 페이지 3

<그림 5.58a>는 각 아이콘을 길게 눌러 위치를 변경하는 화면이다. <그림 5.58b>는 다음의 대표적인 검색 서비스 기능인 음성, 음악, 사물, 코드 검색 기능이다. 이제 이 검색 기능에 대해 자세하게 알아보자.

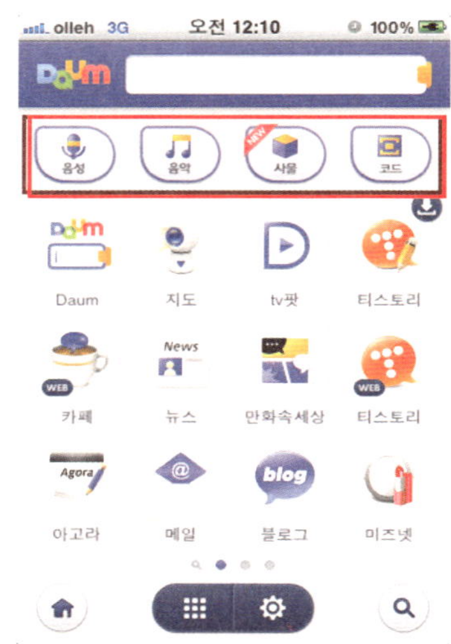

그림 5.58a 아이콘 위치 변경

그림 5.58b 음성, 음악, 사물, 코드 검색 기능

첫 번째로는 음성검색을 살펴보도록 한다. 다음 음성검색은 단어와 단어를 연결 조합해 인식할 수 있도록 했기 때문에 1개의 단어는 물론 2단어 이상 조합된 검색 키워드까지 지원되는 장점을 가지고 있지만, 그만큼 오류도 자주 발생한다. 구글 음성검색에 비해 발음이 또박또박하지 않거나 소음이 있을 경우에는 제대로 검색이 되지 않았다.

음성검색의 장점으로는 이동 혹은 운전 중에도 검색할 수 있고, 긴 검색어도 빠르게 검색할 수 있고, 또한 오타를 신경 쓰지 않아도 된다.

그림 5.59a 음성검색

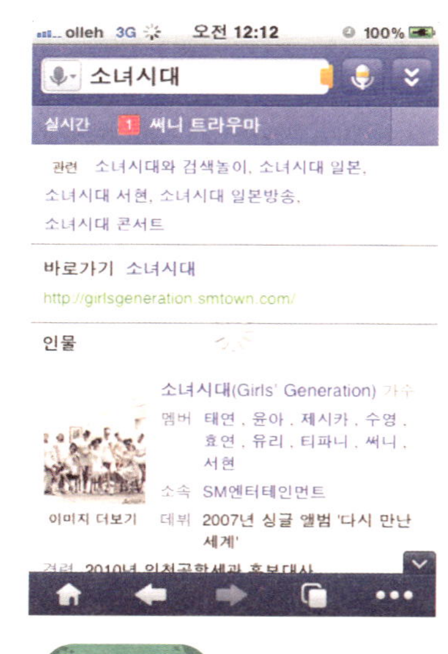

그림 5.59b 음성검색 결과

두 번째 기능은 음악검색 기능이다. 음악검색은 Shazam, Sound Hound 같은 애플리케이션에서 히트를 쳤던 기능이지만 국내 음악검색은 제공되는 것이 많지 않았다. 하지만 다음 음악검색은 국내 음악의 대부분을 지원할 정도로 국내 사용자에게 최적화되었다고 할 수 있다.

그림 5.60a 음악검색 인식

그림 5.60b 음악검색 분석

그림 5.60c 음악검색 결과

세 번째 기능은 사물 검색이다. 영화 포스터나 도서, 음반표지, 주류 라벨까지도 사진을 찍게 되면 그와 관련된 부가 정보를 제공해준다. 영화 포스터를 검색하면 영화에 대한 인터넷 평과 관람 가능한 영화관 관람 시간도 알 수 있고, 도서 검색을 하게 되면 드서에 대한 금액과 독자의 평, 인터넷 최저가를 알 수 있다.

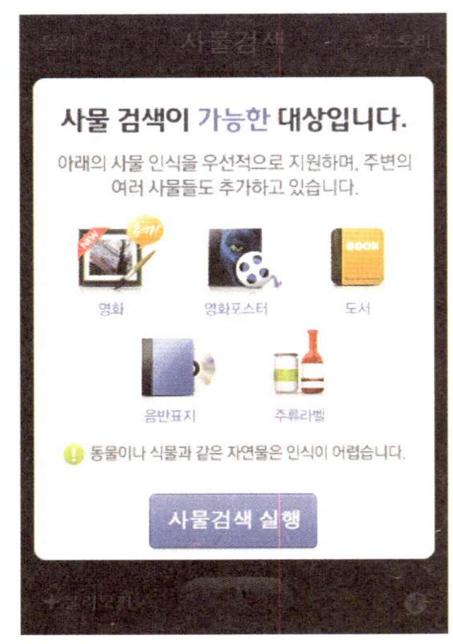

그림 5.61a 사물 검색이 가능한 대상

그림 5.61b 책 사진 찍기

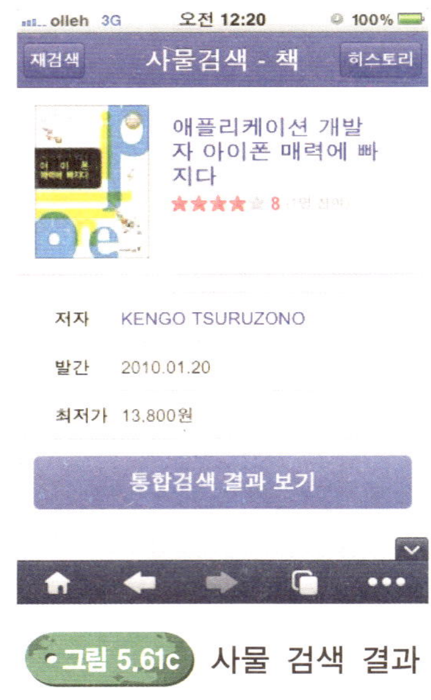

그림 5.61c 사물 검색 결과

마지막으로 알아 볼 기능은 QR 코드 검색 기능이다. QR 코드가 등장하기 이전은 바코드로 인식하였으나 요즘에는 QR 코드가 잡지, 식료품의 뒷면, 각종 이벤트 사이트 등에서도 쉽게 발견할 수 있다. 스마트폰으로 QR 코드를 찍게 되면 자동으로 링크가 연결이 되어 해당 사이트나 이벤트 페이지로 이동하게 된다.

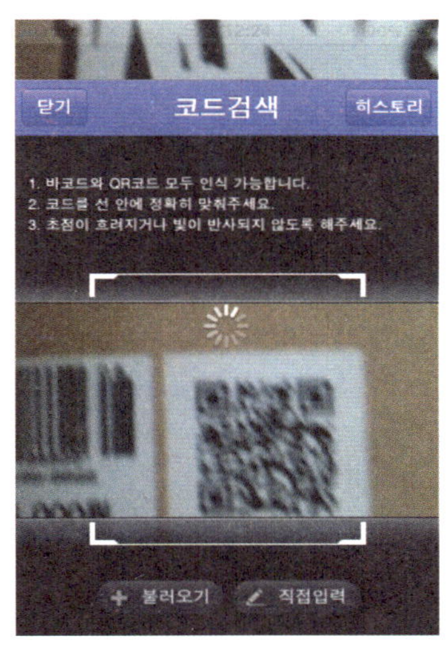

그림 5.62a QR 코드 검색

그림 5.62b QR 코드 검색 결과

QR 코드 검색이 있다면 당연히 바코드 검색도 있다. 바코드 검색도 마찬가지로 QR 코드처럼 최저가 검색이나 제품에 대한 정보를 보여준다.

그림 5.63a 바코드 검색

그림 5.63b 비코드 검색 결과

인터넷에서 검색할 웹 페이지를 기존에는 한 뷰에서만 가능했으나 다음에서는 최대 8개까지 다중 검색창을 지원한다.

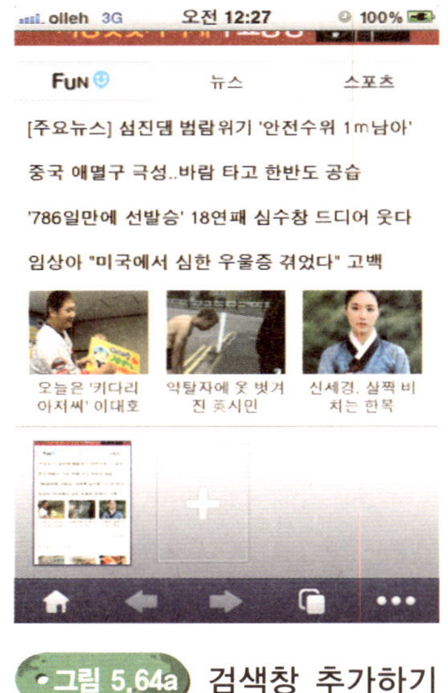

그림 5.64a 검색창 추가하기

그림 5.64b 검색창에서 선택하여 보기

다음 기본 애플리케이션 화면에서 왼쪽 페이지를 보게 되면 실시간 검색 및 인물, 도서, 영화, 방송 등 총 5개의 카테고리의 실시간 검색 순위를 표시해준다.

그림 5.65a 인물 인기검색   그림 5.65b 실시간 검색   그림 5.65c 도서 인기검색

그림 5.65d 방송 인기검색

그림 5.65e 영화 인기검색

다음 앱에서 자기가 원하는 미니 앱이나 또 다른 앱을 설치할 수 있다. 위의 화면은 미니 앱 중 하나인 날씨 어플을 위젯 형태로 설치한 화면이다. 또한 안드로이드용 다음 애플리케이션은 안드로이드 마켓에서 다운 받은 어플도 다음 모바일 애플리케이션 화면에 추가할 수 있다.

그림 5.66a 다른 앱 설치하기

그림 5.66b 앱 페이지 3에 날씨 앱을 위젯 형태로 설치

나) 구글 고글스(Google Goggles)

아이폰과 안드로이드폰과 같은 스마트폰에서 키보드로 내용을 입력하는 것은 그리 쉽지 않다.

오래 사용하다 보면 익숙해지기는 하지만 컴퓨터용 키보드를 결코 따라 갈 수 없다. 구글은 이런 이유로 음성검색과 고글스 같은 카메라로 사진을 찍어 검색하는 애플리케이션을 출시하였다.

● 그림 5.67a 고글스 시작화면   ● 그림 5.67b 일반 사물은 인식 불가, 고글스 설명 동영상

위에 아이콘들은 고글스로 검색할 수 있는 종류를 보여준다. 예를 들어 <그림 5.68a>에서 보듯이 미국 샌프란시스코에 있는 금문교에 갔다가. 금문교에 대해 궁금하면 사진을 찍어 구글에 물어보면 금문교에 대한 상세정보를 바로 알 수가 있다.

● 그림 5.68a Landmarks 검색

고글스는 텍스트나 말이 아닌 이미지를 통해 검색하는 기능이다. 사용자가 찍은 사진을 구글 데이터 센터로 전송하면, 시각 알고리즘을 통해 전송된 이미지는 기호화되며, 구글에 보관된 이미지들과 대조하는 과정을 거쳐 검색 결과를 보여주는 방식이다. 이 기술은 패턴인식이라는 이미지 처리과정을 통해 수행할 수 있는데, 이미지를 정확하게 판독하는 것은 매우 어려운 일이다. <그림 5.67b>에서 볼 수 있듯이 일반적인 사물을 정확하게 인식하는 이미지 판독 기술은 아직 나오지 않았다.

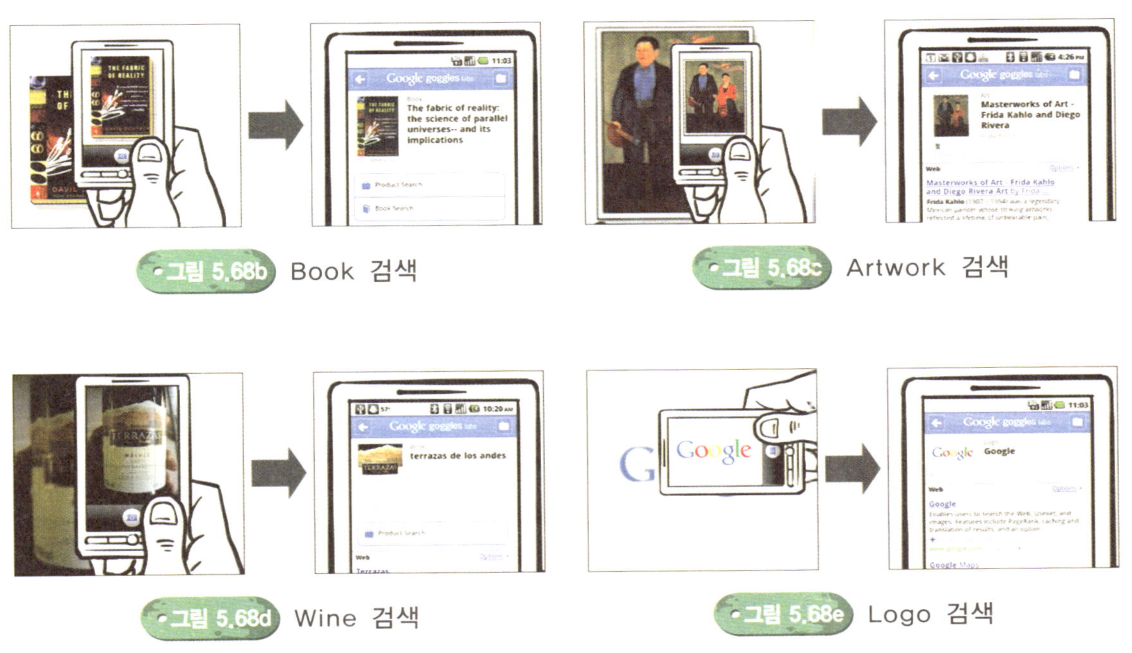

그림 5.68b Book 검색

그림 5.68c Artwork 검색

그림 5.68d Wine 검색

그림 5.68e Logo 검색

현재 인식할 수 있는 카테고리는 책과 DVD, 랜드마크, 예술품, 제품, 그리고 로고의 이미지를 검색할 수 있다.

그림 5.68f Text 인식

그림 5.68g Contact Info 인식

<그림 5.68f>는 광학 문자 인식(OCR, optical character recognition) 기술을 이용한 문자 인식을

보여준다. 아직 한글 인식은 지원되지 않는다. <그림 5.68g>는 명함 인식 기능을 보여준다. 명함을 찍게 되면 문자로 변환하여 Contact로 보여준다. 이는 명함의 주소, 이메일, 전화 등을 스마트폰의 연락처에 쉽게 추가할 수 있게 해준다.

다) 아사달

그림 5.69a 아사달 로딩 화면　　　그림 5.69b 다양한 업소 정보　　　그림 5.69c 업소 검색

아사달은 모바일 시대에 맞추어 새롭게 만들어진 LBS(Location Based Service) 기반의 지역정보 포털 서비스이다. 아사달 앱의 주요 콘텐츠는 다음과 같다.

- 국내의 모든 모바일 홈페이지를 검색하여 접속할 수 있다. 포털에서도 찾을 수 없는 모바일 홈페이지 URL이 모두 들어 있다.

- 맛집, 펜션, 병원, 미용실, 부동산 정보 등 다양한 업소의 정보를 찾을 수 있다.

- 업소의 정보는 내 위치를 중심으로 찾는다. 현재 내 위치와 가장 가까운 업소 순으로 검색 결과가 나오기 때문에 편리하다(사용사례: 내 위치 근처의 미용실을 찾거나, 부동산 업소를 찾을 때 편리하다).

그림 5.70a 기준위치 설정

그림 5.70b 기준위치 재설정

그림 5.70c 이태원역으로 기준위치 설정

그림 5.70d 이태원역 주변 커피전문점 검색

만약 내 위치가 아닌 다른 위치를 중심위치로 삼고 싶으면, 중심위치를 변경할 수 있다. 사용자가 직접 중심위치를 최대 10개까지 등록할 수 있다. 지정된 중심위치를 기준으로 업소를 찾는다.(사용사례: 현재 나는 종로에 있다. 그런데 오늘 이태원에서 약속을 하려고 한다. 그러면 이태원역을 중심위치로 지정한 후, 업소 검색을 하면 나는 비록 종로에 있더라도 이태원역 근처의 업소를 보여준다.)

- 20개의 대분류 카테고리와 수백 개의 하위 카테고리로 구성되어 있어, 다양한 분류의 업소 정보를 쉽고 편리하게 찾을 수 있다.

- 업소의 주소를 클릭하면 해당 업소의 지도를 볼 수 있다. 현재 내 위치와 업소의 거리가 표시되어 빠르고 쉽게 업소를 찾아갈 수 있다.

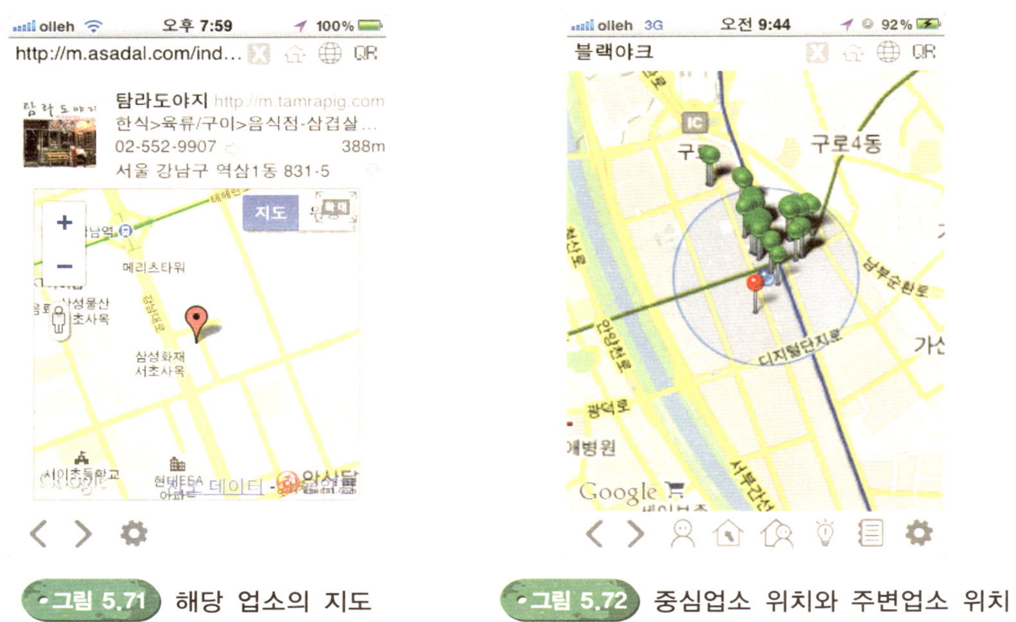

그림 5.71 해당 업소의 지도	**그림 5.72** 중심업소 위치와 주변업소 위치

아사달 앱의 주요 기능은 다음과 같다.

- 브라우저 기능, 지도 기능, QR 코드 리더기 기능으로 구성되어 있다.

- 상단의 주소창에 도메인(예: m.naver.com)을 입력하면 해당하는 웹사이트에 접속할 수 있다. 아사달에 등록된 업소의 경우 한글로 업소명만 입력해도 해당 웹사이트로 바로 접속할 수 있다. (예: 청와대, 네이버, 야후, 한성수산, 섬마을 등)

- 주소창 옆에는 총 세 개의 버튼이 있다. 좌로부터 홈 버튼, 지도 버튼, QR 코드 리더기 버튼이다. 각 버튼을 클릭하면 해당하는 서비스에 부합하는 2차 메뉴 버튼이 화면 하단에 출력된다.

- 홈 버튼을 클릭하면 본 서비스의 메인 페이지인 m.asadal.com으로 바로 접속을 할 수 있다. m.asadal.com에는 아사달에 등록된 다양한 모바일 홈페이지들이 전시되어 있다.

- 지도 버튼을 클릭하면 현재 내가 접속해 있는 홈페이지를 중심으로 지도가 보인다. <그림 5.72>의 지도에는 내 위치, 중심업소 위치, 주변업소 위치가 함께 표시된다. 내 위치는 현재 내가 있는 현 위치를 나타내며, 중심업소 위치는 여러 업소 중에서 중심으로 지정된 업소의 위치를 나타낸다. 지도 기능이 활성화된 경우, 하단에 내 위치, 중심업소 위치를 표시하는 기

능의 버튼이 있다. 내 위치와 중심 업소 위치를 한 화면에서 보고자 할 경우에는 함께 보기 버튼을 클릭하면 된다. 주변에 업소가 너무 많을 경우에는 주변업소 보임/숨김 버튼으로 원하는 업소의 정보를 한눈에 볼 수도 있다.

- QR코드 리더기 버튼을 클릭하면 QR코드를 촬영할 수 있다.

5.2.5 위치기반서비스

1) 위치기반서비스의 개요

위치기반서비스(LBS, Location-Based Service)는 무선 인터넷 사용자에게, 사용자의 변경되는 위치에 따르는 특정 정보를 제공하는 무선 콘텐츠 서비스들을 가리킨다. LoCation Services(LCS)로 지칭되기도 한다. 위치 기반 서비스는 무선 단말에 내장된 GPS칩을 통해 사용자의 위치를 측정할 수 있다. 이 경우 무선 단말은 복수 GPS 위성으로부터의 신호를 수신하고 신호로부터 위치 좌표를 계산하는 측위 기능 전체를 직접 담당하며 이동통신망을 통해 그 좌표를 입력값으로 각종 정보를 조회할 수 있다. 그러나 현재의 이동통신망에 보급되어 있는 단말은 저전력 및 낮은 계산 성능 문제로 위성신호 수신과 좌표 계산 기능을 직접 수행하는 데에 어려움이 있다. 이에 따라 GPS 신호를 보조적으로 이용하고, 인접 이동통신 기지국의 거리 관계 및 전파 상태 측정값을 추가하여 복합적으로 위치 좌표를 계산하는 혼합 측위 방식이 다양하게 고안되어 왔으며 이를 일반적으로 A-GPS(Assisted GPS)라고 지칭한다.

위치 기반 서비스의 몇 가지 예는 다음과 같다. 현금 출납기나 식당 등 가까운 위치의 서비스나 시설 정보를 조회할 수 있고 할인 중인 주유소 위치 정보나 교통정체 상황 경고 등 알림 서비스들 및 친구 위치 찾기 등이 있다. 이동통신 사업자는 위치 기반 서비스 가동을 통해 다음과 같은 부가적인 서비스 기능을 추구할 수 있다.

- **지역적으로 분산된 자원의 관리** : 택시, 배달원, 대여 장비, 병원(의사), 선단 등

- **물자 위치 추적** : 스스로 위치 보고를 할 수 없는 수화물이나 화물 상자 같은 물건들도 passive sensor나 RF 태그 등을 이용하여 위치 관리에 사용할 수 있다.

- **(주위에서) 사람이나 물건 위치 찾기** : 필요한 서비스 제공자(의사 등), 서비스 사업체, 이동 경로, 날씨, 교통 상황, 숙소 예약, 분실 휴대전화, 비상 구조 서비스 등

- **목표 근접 시 알림 기능**(Push형 또는 Pull형) : 목표 지정 광고, 친구 리스트, 데이트 상대 찾기, 공항 접근 시 자동 체크인

- **목표 근접 시 자동 수행**(Push형 또는 Pull형) : 위치 기반 자동 지출(통행 요금 자동 지불) 등

2) LBS를 이용한 애플리케이션의 종류

가) 포스퀘어(foursquare)

포스퀘어는 땅따먹기 SNS라는 별칭을 갖고 있는 매우 독특한 발상의 위치기반 SNS이다. 포스퀘어 사용자는 어느 곳을 가던지, 체크인(Check-in)이라는 기능으로 해당 장소에 왔다 간다는 영역표시를 할 수 있다. SNS와 게임, 위치정보, 현실 세계를 절묘하게 조화시켰다.

예를 들어, <그림 5.73b>에서처럼 포스퀘어로 단국대 미디어 센터에서 체크인을 하게 되면, 단국대 미디어 센터에 왔다 간다는 표시이다. 다른 사용자들은 나의 체크인을 보고 내가 단국대 미디어 센터에 왔다 간 것을 알 수 있고, 체크인을 할 때마다 나에게는 게임처럼 점수가 주어지고, 배지(BADGES)가 주어진다. 동일한 장소를 다른 사람보다 여러 번 체크인을 하게 되면, 나는 그 장소의 '시장(Mayor)'이 된다. 이 때문에 땅따먹기 SNS라고 한다.

그림 5.73a 처음 실행 화면

그림 5.73b 체크인 하기

포스퀘어 사용자는 체크인을 할 때마다 장소에 대한 추가 메모를 남길 수도 있고, Tip을 별도로 남길 수도 있다. Tip을 남기게 되면, 다른 사람들이 비슷한 위치에 왔을 때, 근처의 식당이나 카페, 빌딩 등의 장소에 대해 사람들이 남긴 팁을 보게 된다. 예를 들어, 강남 어느 일식집에 대한 평가를 팁으로 남기게 되면, 다른 포스퀘어 사용자가 해당 팁을 보고 그 일식집에 갈지 말지를 결정할 수도 있다. 포스퀘어는 아이폰의 위치 정보(GPS, 3G, WIFI)를 사용하여, 근처에 위치한 장소들을 자동으로 보여주게 되어 있다. 장소에 대한 정보에는 누가 왔다 갔는지도 알 수 있고, 지도를 터치하면 구글맵과 연동되어 지도상의 위치도 쉽게 확인할 수 있다. 체크인 할 때마다 포인트와 뱃지가 주어지는 게임성을 가미하여 SNS 친구들과 또는 지역별로 포스퀘어 순위를 확인할 수도 있다.

나) 아임IN

위에서 설명한 포스퀘어(Foursquare)의 한국형 서비스이다. 아이폰과 안드로이드 기반 스마트폰에서도 사용할 수 있는 사용자의 위치를 이용한 땅따먹기 게임이자 SNS이다. 바로 영역표시 하듯 자기가 위치한 장소에 흔적을 남기면서 그를 통해 이웃도 생기고 해당 장소 대장이 되기도 하는 그런 놀이라고 보면 된다.

실행하면 간단하게 이용가이드가 삽화와 함께 설명되고 있어 처음 이용하는 사용자도 쉽게 파악할 수 있게 하였다.

그림 5.74a 아임in 앱 정보

그림 5.74b 이용가이드 1

그림 5.74c 이용가이드 2

그림 5.74d 트위터와 연동하기

그리고 아임IN 역시 본인의 트위터 계정과 연결해서 트위터로 자신의 발자국을 발행할 수 있다. 단순 게임이 아니라 SNS 서비스로도 주목받는 이유가 이렇게 위치를 소재로 한 이야기들을 공유함으로써 정보도 되고 오프라인 공감대도 가져갈 수 있는 기반이 되기 때문이다. 설정에 가서 이렇게 본인의 트위터와 연동할 수 있다.

아임IN을 실행하면 <그림 5.75a>의 화면을 보여준다. GPS를 이용해 사용자의 현 위치를 파악한 후 그 위치 주변에서 일어난 발도장들을 보여준다. 그리고 <그림 5.75b>과 같이 내가 찍을 발도장 위치를 고를 수 있는 리스트가 나온다.

그림 5.75a 주변에서 진행 중인 발도장

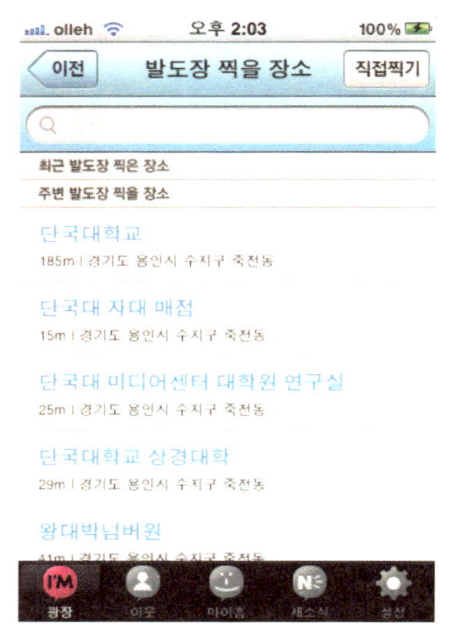

그림 5.75b 발도장 찍을 장소 목록

<그림 5.75b>와 같이 리스트에서 '단국대 미디어센터 대학원 연구실'을 선택하여 코멘트와 함께 발도장을 찍을 수 있고 사진을 찍어서 같이 남길 수 있다. 사진과 글을 담아 발도장을 찍으면 최종적으로 확인이 된다. 여기에서도 포스퀘어에서의 mayor처럼 해당 위치의 대장 먹기 게임이 이루어진다.

그림 5.75c 코멘트 추가하기

그림 5.75d 사진 추가하기

그림 5.75e 발도장 찍기

그림 5.75f 지도로 보기

아임IN과 같은 서비스가 많은 데이터를 축적해 나가면서 개인으로서는 다이어리와 같은 정보를 쌓을 수 있다는 장점이 있다. 언제 어디서 내가 무엇을 했는지가 자연스럽게 담겨지게 된다는 것이다. 그러면서 비슷한 장소와 취향을 공유하는 이웃들도 만날 수가 있다. 출몰하는 지역이 비슷하거나 하면 이웃으로 추가해서 친구도 될 수 있고, 원래 친한 친구였다면 이곳을 통해서 친구는 지금 어디서 뭘 하고 있는지도 공유할 수 있어서 보다 다양한 SNS 기반 소재가 될 수 있다.

그림 5.76 이웃 추천

다) 아임IN핫스팟

KTH에서 아임IN 애플리케이션에 이어 맛집에 포인트를 맞춘 아임IN핫스팟이라는 어플을 출시하였다. 위치기반 애플리케이션이기 때문에 로딩 화면이 지나고 나면 <그림 5.77b>와 같이 '현재 위치 사용 승인' 경고창이 뜨고, '승인' 버튼을 터치하면, <그림 5.77c> 푸시 알람 설정을 할 수 있다. <그림 5.77d>는 탭이 세 개로만 구성된 첫 화면의 심플한 느낌을 보여준다. 첫 번째 탭인 '뜨는 스팟'은 아임IN 애플리케이션에서 실제로 사용자들이 남긴 발도장 및 포스트 데이터를 바탕으로 뜨는 스팟(음식점) 정보를 제공받아 랭킹이 매겨지는 메뉴이다. 이 때문에 매일 매일 살아 움직이는 생생한 정보와 랭킹을 볼 수 있다.

그림 5.77a 로딩 화면

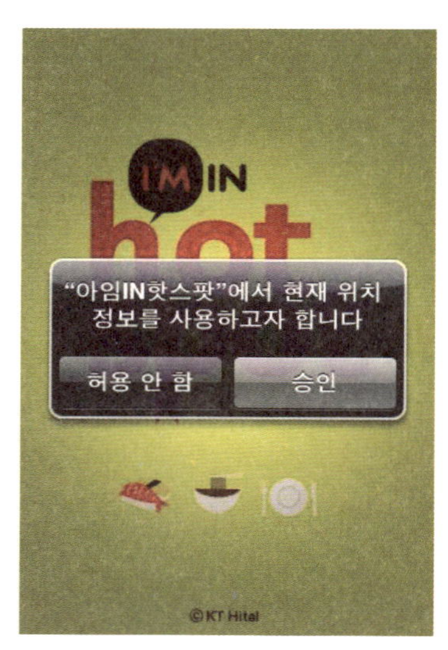

그림 5.77b 위치 정보 사용 승인

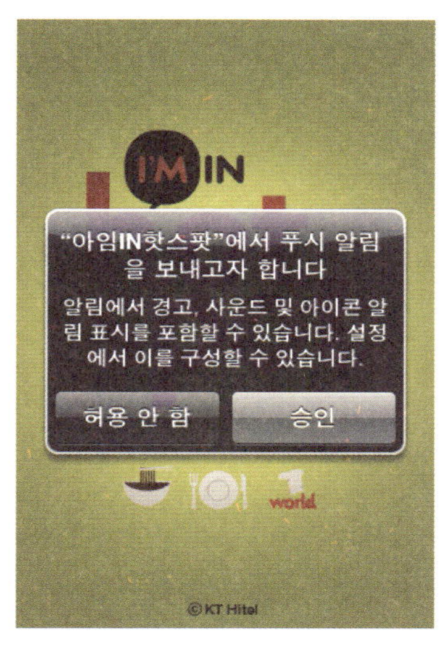

그림 5.77c 푸시 설정

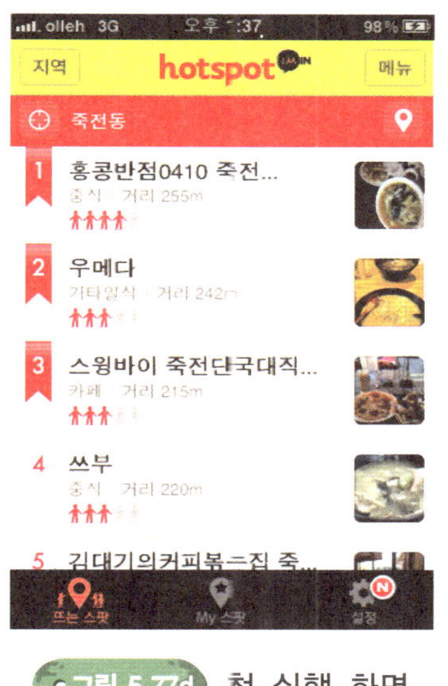

그림 5.77d 첫 실행 화면

<그림 5.77d>의 왼쪽 상단에 있는 '지역' 버튼을 터치하게 되면 <그림 5.78a>와 같이 지역을 선택할 수 있는 화면이 나오는데, 지역별로 분류되어 있어서 맛집 정보를 쉽게 찾을 수 있다.

그림 5.78a 지역 선택

그림 5.78b 강남구 선택

그림 5.78c 지도 화면

<그림 5.77d>의 오른쪽 상단에 보면 '메뉴'라는 버튼이 있다. 이 메뉴 버튼을 터치하면 <그림 5.79a>의 메뉴 선택 화면을 볼 수 있고, 강남구 신사동 주변에 와서 '카페&디저트' 메뉴 기준으로 선택하게 되면 그에 따른 맛집 정보 랭킹이 매겨진 화면을 볼 수 있다. 신사동에서 카페&디저트 중에 '커피스미스'를 터치하면 카페의 주소, 전화번호, 이용시간, 부가정보, 홈페이지가 나오

며 아임IN 애플리케이션에서 사용자들이 직접 찍어 올린 사진들을 볼 수 있다. 사진 밑으로 '찜하기', '통화하기', '공유하기' 버튼이 있고 그 밑으로 최신 날짜 순 정렬로 아임IN 애플리케이션의 사용자 포스트 내용들이 있어서 생생한 리뷰를 확인할 수 있다.

그림 5.79a 메뉴 선택

그림 5.79b 카페 정보

그림 5.79c 사용자들의 포스트 내용

그림 5.79d 사진 보기

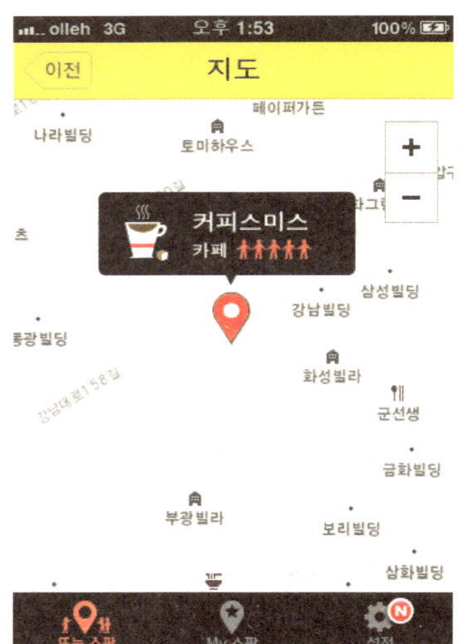

그림 5.79e 지도에서 위치 보기

지도 버튼을 터치하면 <그림 5.79e>에서 보듯이 파란 지도 위에 커피스미스의 위치를 보여주는데, 직접 찾아갈 때는 지도 화면을 사용하는 것이 편리하다.

<그림 5.79b>에서 볼 수 있는 '찜하기'를 터치하면 'My 스팟'에 추가할 수 있다. '통화하기'를 터

치하면 바로 커피스미스에 통화가 연결된다. '공유하기'를 터치하면 SMS, 카카오톡, 트위터 및 페이스북으로 맛집 정보를 바로 공유할 수 있는 창이 뜬다.

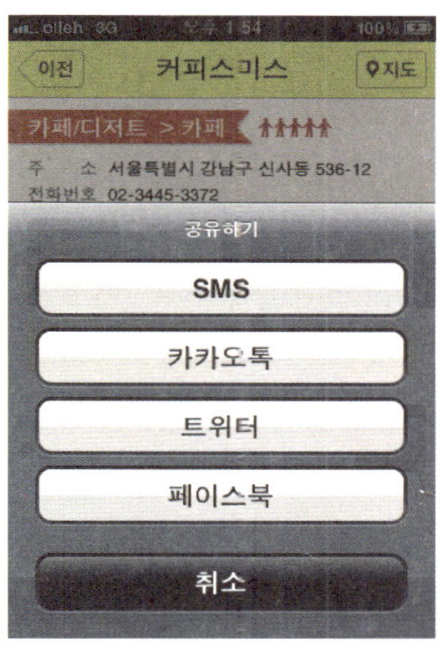

그림 5.80a 찜하기 · · · · · · · · · · · · · · · · **그림 5.80b** 공유하기

두 번째 탭인 'My 스팟'은 내가 찜한 맛집 정보들을 한 공간에서 볼 수 있는 메뉴이다. 예를 들어, 커피스미스 정보 창에서 '찜하기'를 터치하면 'My 스팟에 추가되었습니다.'라는 경고창이 뜨고 커피스미스가 My 스팟에 저장된 걸 확인할 수 있다. <그림 5.81a>의 오른쪽 상단의 '편집' 버튼은 My 스팟에 저장되어 있는 맛집 리스트들을 전체 삭제하거나 개별 삭제할 수 있는 화면으로 변환되면서 리스트를 관리할 수 있게 해준다.

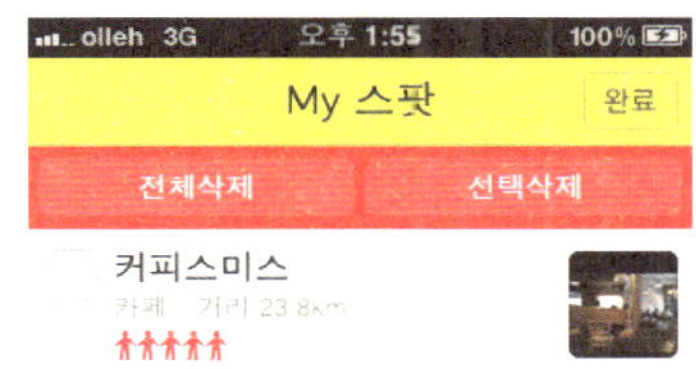

그림 5.81a My 스팟 · · · · · · · · · · · · · · · · **그림 5.81b** My 스팟 관리하기

5.2.6 전자책

1) 전자책의 개요

전자책(e-Book)은 책의 내용을 디지털 정보로 가공하고 저장한 출판물의 통칭이다. 전자책은 휴대기기(스마트폰, PMP, PDA 등)나 컴퓨터로 볼 수 있는 특수한 포맷의 파일이라 할 수 있다. 일반적으로 전자책이라고 할 때는 텍스트 파일과 같은 범용 파일 포맷이 아니라 저작권 보호를 위해 DRM 기능을 탑재할 수 있는 특수한 포맷을 가진 파일을 말한다. 전자책 솔루션에 따라 조금씩 다르지만 일반적으로 메모, 줄긋기, 검색 기능을 지원하는 경우도 있다. 전자책 형태가 통일되지 않은 것이 유통에 많은 비용을 소모하게 한다. 다른 형태를 사용하는 업체는 전자책 유통을 위해 자신들의 형태로 변형하는 제작 작업을 항상 진행해야 한다. 전자책 포맷의 통일을 위해 e-Pub 형태가 도입되고 있다.

2) 전자책 시장의 활성화

전자책의 성장은 미국의 인터넷 서점인 아마존에서 시작되었다. '전 세계 언어로 된 모든 책을 60초 안에 제공하는 것'이라는 모토 아래 아마존은 2007년 11월에 킨들(Kindle)이라는 전자책 단말기(e-Book 리더기)를 내놓고 전자책 시장에 본격 진출했고 이 단말기가 2008년에 50만 대 이상 팔리면서 성공적으로 출판 시장에 안착했다. 킨들의 성공에는 몇 가지의 이유가 있는데 그중 첫 번째로 전자 잉크(e-ink) 기술을 꼽을 수 있겠다. LCD와 같은 액정은 쉽게 눈이 피로하고 햇빛 아래서는 가독성이 떨어지지만 전자 잉크를 사용한 단말기는 비교적 가볍고 배터리가 오래가며 가독성이 우수한 장점이 있다. 둘째로는 3G(3세대 이동통신 기술 규격)망을 이용한 신문 및 e-Book의 신속한 다운로드 통신망 지원이다. 이러한 통신망을 이용하여 어디서나 책이나 신문, 잡지 등을 단 몇 분 내에 다운 받을 수 있다. 마지막으로 휴대가 용이하다는 점이다(킨들은 광고를 통해 휴가지에서 여성이 한 손으로 킨들을 볼 수 있다는 점을 자주 부각시켰다). 대체로 2G의 용량을 지원하는 전자책 단말기는 많게는 1,500~2,000권 정도의 온라인 도서를 저장할 수 있으며 가볍고 한 손으로도 조작이 가능하기 때문에 여성과 노인들에게도 각광을 받고 있다.

2010년 1월 27일, 스티브 잡스는 그간 비밀에 쌓여 있던 태블릿 PC의 발표회를 가졌다. 초기에는 아이폰의 크기만 키워놓은 듯한 단조로운 모습과 기능에 비판의 목소리도 높았으나, 당시 스티브 잡스가 예견한대로 크기만 다른 것 같은 이 '물건'이 넷북과 전자책을 대체하는 혁신적인 기기로 급성장하였다. 아이패드가 출시된 이래로 앱스토어에 올라온 어플의 수는 35만종이며 그중 아이패드용 어플의 숫자도 꾸준히 증가하고 있는 추세이다. 특별히 전자책 시장만으로 한정하더라도 아마존 킨들이 아이패드의 어플로 탑재되었고 많은 매체들과 제휴를 맺는 등, 기존 전자책 단말기 대비 칼라 지면의 전문 서적이나 패션 잡지 등의 경쟁력이 높은 것으로 평가 받고 있다. 2011년 3월 2일 출시된 아이패드2는 듀얼코어 탑재와 중량 15%, 두께 30%가 줄어드는 등 많은 개선을 보였다.

단말기 중심의 전자책 시장에 또 다른 변화의 조짐도 있다. 검색 사이트에서 온라인 인터넷 솔루션의 표준으로 변모하고 있는 구글은 다른 회사들이 단말기를 중심으로 시장 진입을 시도하는 것과는 달리 자신의 주력 부문인 '검색'을 앞세워 작년부터 구글북스(Google Books)라는 서비스를 시작했다. 초기에 몇몇 대학과 협력하여 시작된 이 프로젝트는 이미 구간 도서를 중심으로 700만 종의 종이책을 디지털 텍스트로 변환했다. 이 서비스는 절판된 책이나 저자의 허락을 받은 도서의 전체를 검색할 수 있으며 시판 중인 서적은 정보나 책의 일부분을 볼 수 있도록 하였다. 물론 구글북스 서비스에 출판사들의 반대가 이어지고 있지만 이 서비스가 가진 잠재력과 출판계의 파급 효과는 실로 엄청날 것으로 예상된다. 이쯤되면 실로 출판계의 디지털 혁명이라 할 만하다.

3) 전자책 종류

가) 킨들(Kindle)

킨들은 앞에서 설명한 대로 아마존 전자책을 읽기위해 나온 e-Book 리더기로, 킨들을 이용하면 영미권의 각종 책을 무료로 또는 유료로 구입하여 볼 수 있다. 우리나라에서도 킨들을 구입이 가능하지만 우리나라 e-Book 시장이 워낙 미비하다 보니 제대로 된 척도 별로 없고, 무료 책 구하기는 더욱 어려운 실정이다. 그러나 이제는 아이패드나 갤럭시 탭을 같은 태블릿 PC를 가지고 있는 사용자도 아마존 계정에 가입하여 킨들 어플을 통해서 동일하게 무료로 책을 받아서 볼 수가 있다.

그림 5.82a 킨틀 홈

그림 5.82b 책 넘기는 효과

킨들 어플을 처음 실행한 첫 화면이다. 아이북과 거의 같은 인터페이스를 가지고 있다. 아이북처럼 책 넘기는 효과도 보여주고 상당히 읽기 편하게 되어 있다. 글씨 크기도 변경할 수 있고 책 검색도 쉽게 할 수 있다.

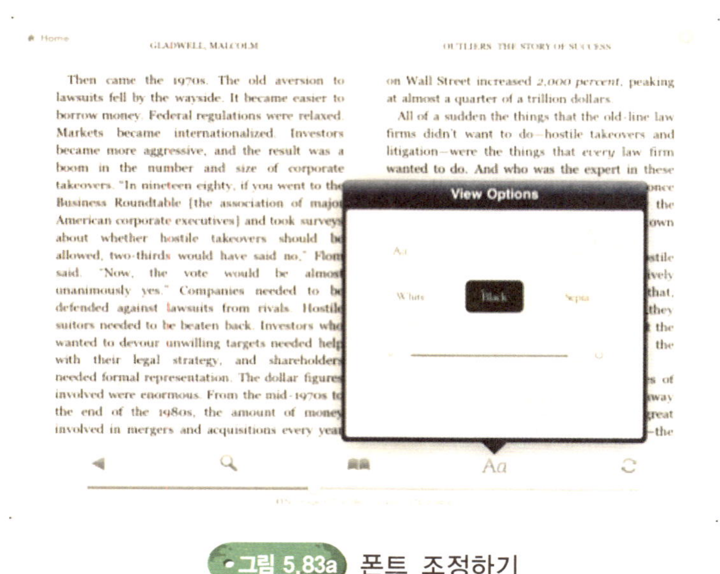

그림 5.83a 폰트 조정하기

또한 내장되어 있는 사전을 이용해서 손쉽게 단어를 찾을 수 있는데, 한영사전이 아니라 영영사전이다. 아무 단어나 1초 정도 꾹 누르면 사전을 다운로드하고 바로 사용할 수 있다. 원하는 단어나 구문을 하이라이트 할 수도 있고, 노트를 할 수도 있다.

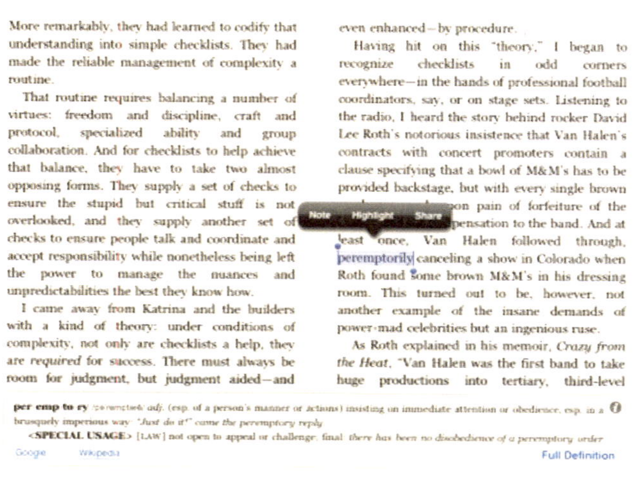

그림 5.83b 사전 사용하기

나) 아이북(iBook)

아이패드에서 지원하던 iBook을 아이폰에서도 지원하게 되었다. iBook은 책을 다운로드 받고 읽는 새로운 방법을 제시한다. 베스트셀러와 고전 명작을 읽을 수 있는 iBook Store가 있고, 나만의 책장으로 원하는 문서를 볼 수 있는 페이지도 제공한다.

책을 보다가 모르는 단어를 손가락으로 터치하고 있으면 총 5개의 메뉴가 나타난다. 첫 번째는 아이폰이나 아이패드에서 지원하는 문장 복사하기 기능과, 사전, 하이라이트, 메모, 그리고 검색 메뉴가 나타난다. 사전을 선택하면 영영사전으로 단어의 뜻을 찾아준다.

그림 5.84 iBook 메인

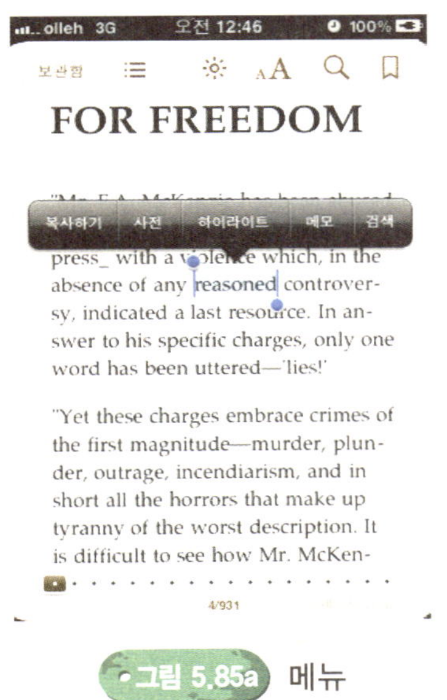

그림 5.85a 메뉴

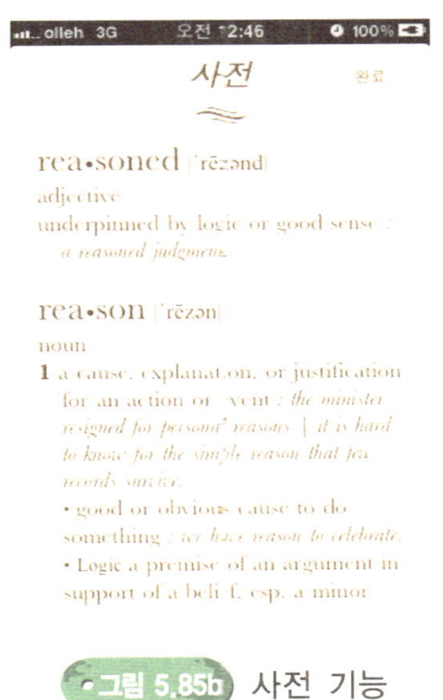

그림 5.85b 사전 기능

사전 기능만 제공되는 것이 아니라 형광펜처럼 하이라이트 표시 기능도 제공된다. 하이라이트 부분은 색상을 변경할 수 있다.

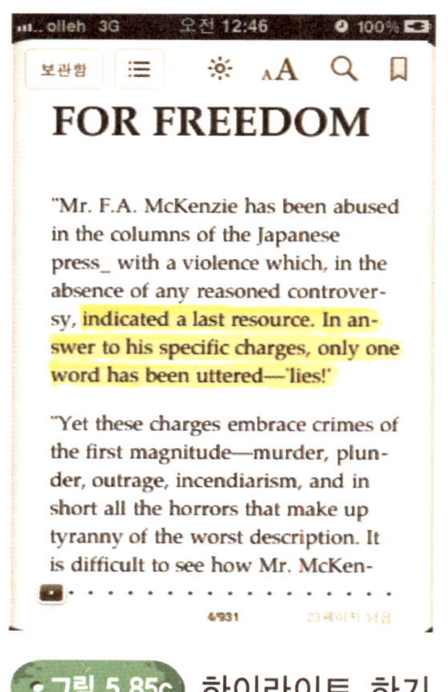

그림 5.85c 하이라이트 하기

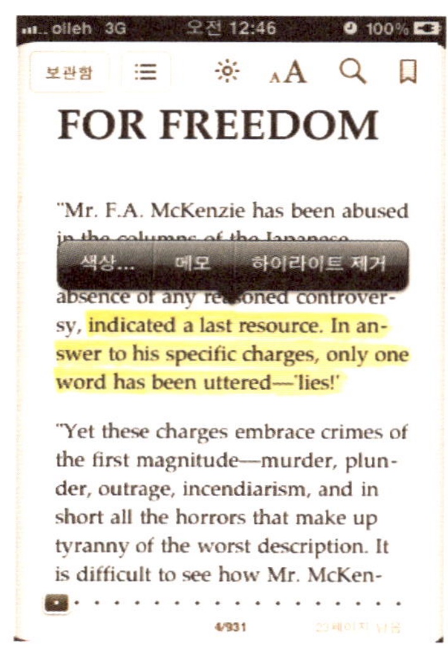

그림 5.85d 색상 변경 메뉴

아래 그림은 보라색으로 색상을 변경한 예이다.

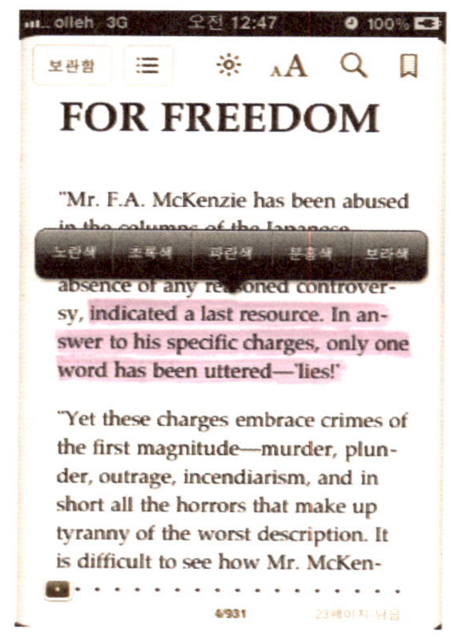

그림 5.85e 변경 가능한 색상

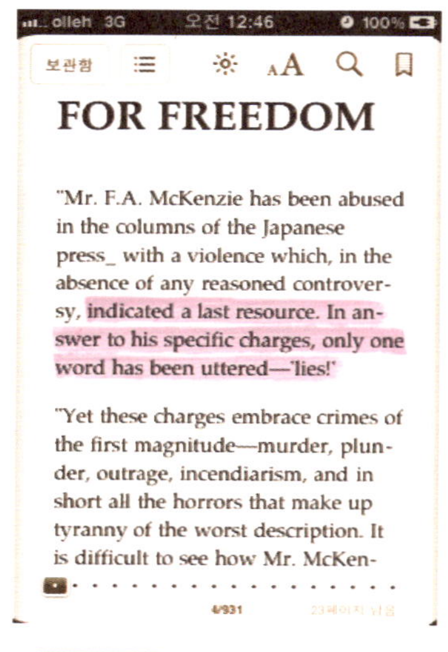

그림 5.85f 보라색으로 변경

밑줄만 긋는 것이 아니라 <그림 5.85g>에서 보듯이 메모도 남길 수 있다. 책을 보다가 자신의 생각이나 중요한 내용을 따로 기록할 수 있다.

책을 볼 때 페이지 우측 상단에 책갈피(북마크)가 있다. 책갈피 기능을 사용하게 되면 북마크되어 언제든 다시 그 페이지로 돌아올 수 있다. 또한 <그림 5.85i>에서 보듯이 하이라이트나 메모를 남겨도 북마크처럼 별도 표시가 남아서 언제든 표시해둔 곳을 쉽게 찾을 수 있다.

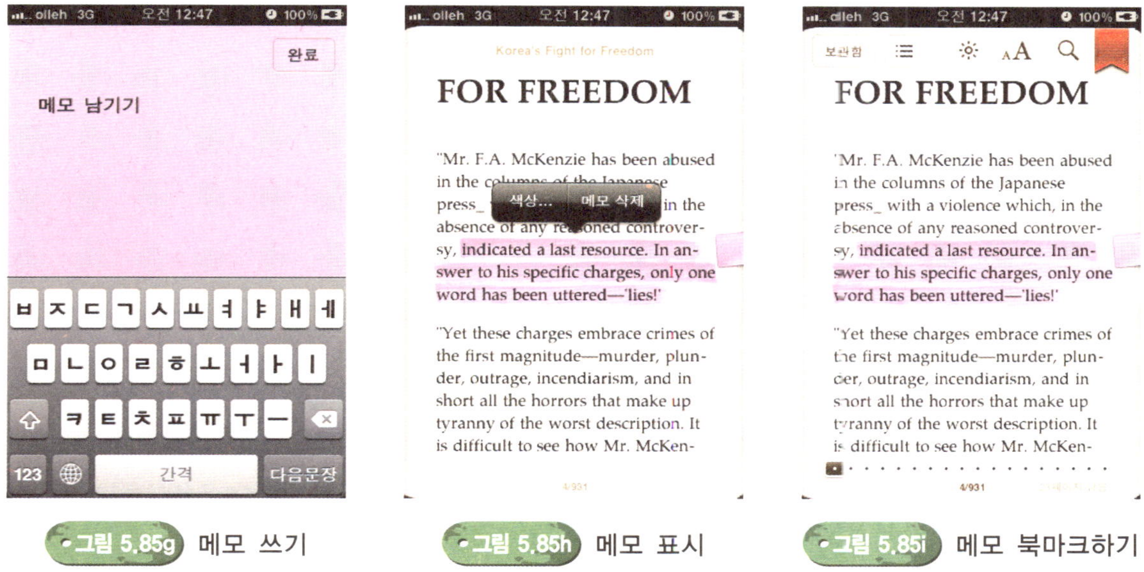

그림 5.85g 메모 쓰기

그림 5.85h 메모 표시

그림 5.85i 메모 북마크하기

<그림 5.86b>은 그림책을 읽고 원하는 부분에 책갈피를 넣는 화면을 보여준다.

그림 5.86a 그림책

그림 5.86b 그림책에 책갈피 넣기

목차를 통하여 쉽게 책의 내용을 파악할 수 있고, 각 책의 책갈피 부분을 통하여 자신이 책갈피

한 부분을 확인할 수 있다.

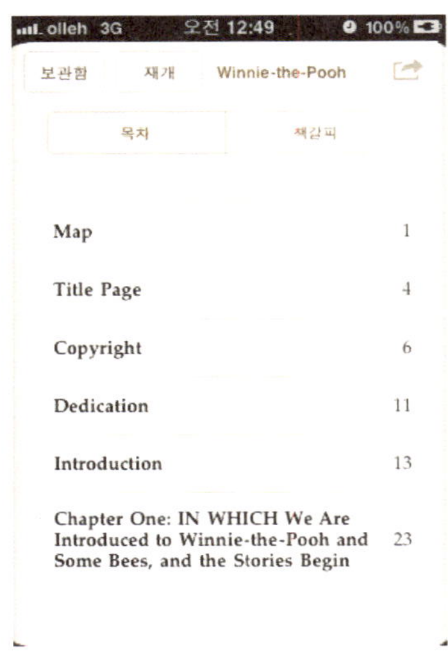

그림 5.87a 목차 보기

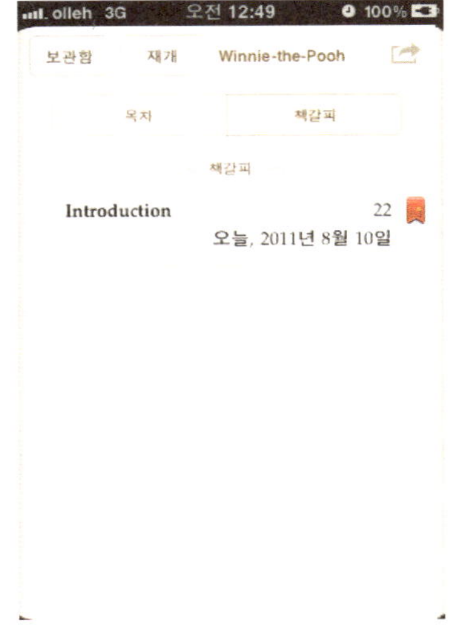

그림 5.87b 책갈피 보기

폰트 설정이나 화면 밝기 설정도 할 수 있고, 책 검색 또한 할 수 있다.

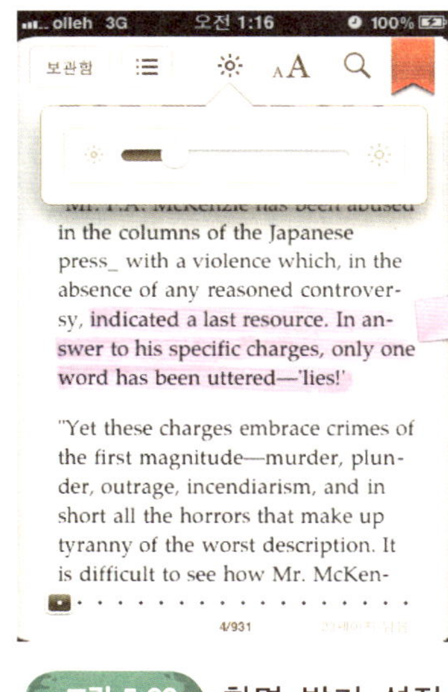

그림 5.88a 화면 밝기 설정

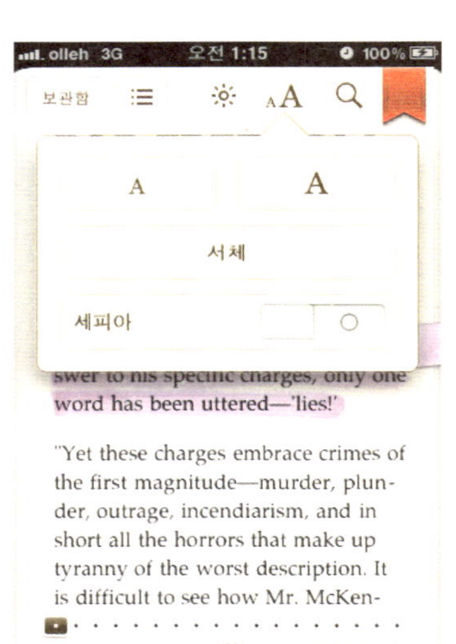

그림 5.88b 폰트 설정

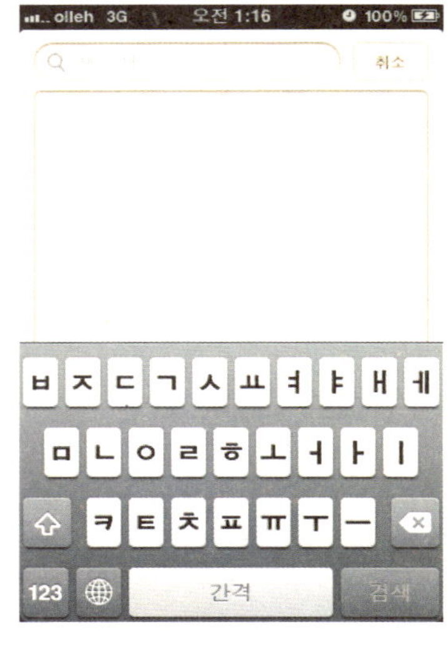

그림 5.88c 책 검색하기

<그림 5.84>의 iBooks 메인 화면 오른쪽 상단에는 스토어(Store) 버튼이 있는데 터치하면 <그림 5.89a>의 책 스토어를 보여준다. 책 스토어 하단 메뉴는, 추천, 차트, 탐색, 검색, 그리고 구입목

록 총 5가지 메뉴로 구성되어 있다. 추천은 신간이나 특별 이벤트 도서를 보여주고, 차트는 인기 유료 도서, 인기 무료 도서 및 뉴욕타임즈 인기도서 순위를 보여주고, 탐색은 ABC 순으로 정렬된 책을 볼 수 있고, 검색은 책을 검색할 때 사용하며 마지막으로 구입목록은 구입한 책 목록을 볼 수 있고 재다운로드 할 수 있다.

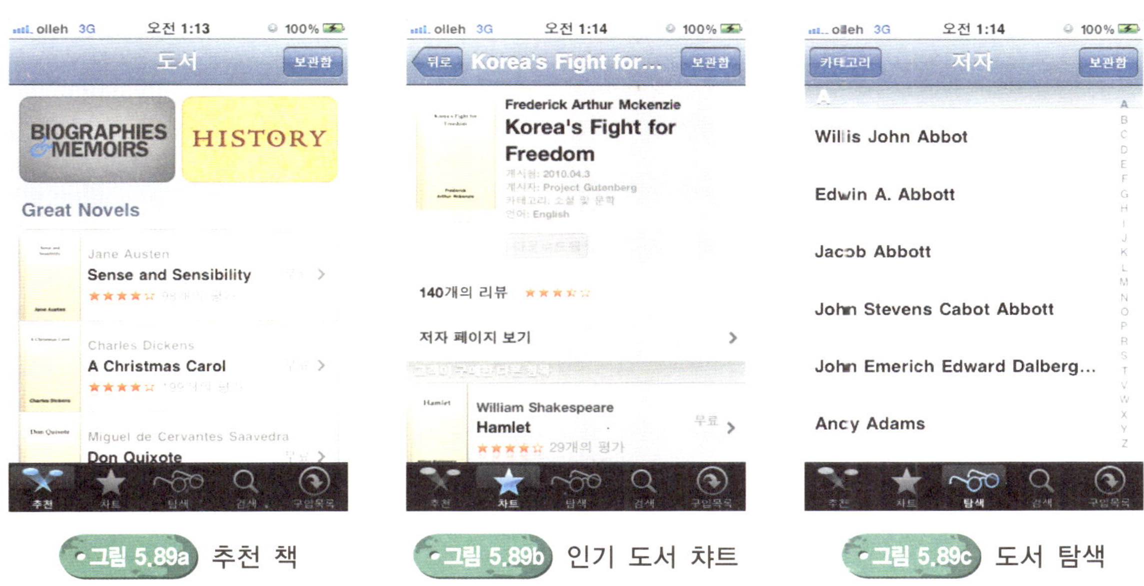

그림 5.89a 추천 책 · 그림 5.89b 인기 도서 챠트 · 그림 5.89c 도서 탐색

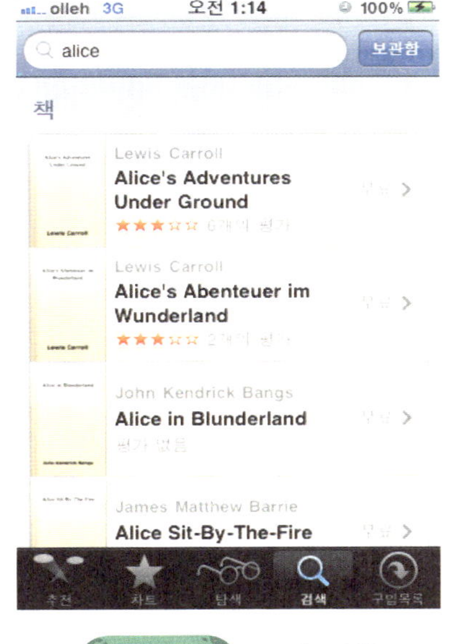

그림 5.89d 도서 검색

그림 5.89e 구입 목록

5.2.7 모바일 증강현실

1) 모바일 증강현실의 개요

증강현실(AR, Augmented Reality)은 사용자가 눈으로 보는 현실세계에 가상 물체를 겹쳐 보여주는 기술이다. 현실세계에 실시간으로 부가정보를 갖는 가상세계를 합쳐 하나의 영상으로 보여주므로 혼합현실(MR, Mixed Reality)이라고도 한다. 현실 환경과 가상환경을 융합하는 복합형 가상현실 시스템(Hybrid Virtual Reality System)으로 1990년대 후반부터 미국·일본을 중심으로 연구·개발이 진행되고 있다.

현실세계를 가상세계로 보완해주는 개념인 증강현실은 컴퓨터 그래픽으로 만들어진 가상환경을 사용하지만 주역은 현실 환경이다. 컴퓨터 그래픽은 현실 환경에 필요한 정보를 추가 제공하는 역할을 한다. 사용자가 보고 있는 실사 영상에 3차원 가상영상을 겹침(overlap)으로써 현실 환경과 가상화면과의 구분이 모호해지도록 한다는 뜻이다.

증강현실에서 사용되는 핵심기술은 하드웨어 기술과 소프트웨어 기술로 구분할 수 있으며, 하드웨어 기술은 디스플레이, 입력 장치, 컴퓨팅 장치로 구분된다. 소프트웨어 기술은 영상 처리 및 인식 기술, 트래킹 기술, 영상 정합[5](image registration) 기술, 3D 처리 기술, 증강현실 콘텐츠 기술, 상황인지 처리 기술, 그리고 증강현실 클라이언트 기술 등으로 구분된다. 초기에 증강현실 기술은 데스크톱 환경에서만 개발되어 왔으나 모바일 컴퓨팅 기술이 발전함에 증강현실이 모바일 환경에 이상적인 형태로 적용되었다. 현재 모바일 증강현실의 보다 나은 성능 향상을 위해 카메라 제어, 위치정보 활용 기술, 영상인식 및 정합 기술, 3D 처리 가속화 등에서 많은 연구개발들이 진행되고 있다.

2) 모바일 증강현실을 이용한 애플리케이션 종류

가) Layar

Layar는 세계 최초의 증강현실 애플리케이션으로 최근에는 Layar Reality Browser, Layar Vision, Layar Player, 그리고 서드파티 레이어(Layer)를 지원하는 증강현실 플랫폼으로 발전하였다.

Layar 플랫폼 안에 레이어는 사용자에게 상호작용할 수 있는 3D 가상 객체를 다루는 여러 가지 형태의 경험을 할 수 있게 해준다. 위치기반의 레이어는 사용자 근처에 있는 역사적 장소나 기념물 혹은 카페나 편의점 같은 꼭 필요한 장소를 쉽게 찾을 수 있게 해준다. Layar Vision은 새로운 종류의 레이어를 만들 수 있게 해준다. 예를 들어 3차원의 가상 옷가계를 만들어 새로운 옷을 브라우징할 수 있게 하거나 집 벽에 예술작품을 가상으로 위치시켜 볼 수 있는 레이어를 만들 수 있다. 이용자가 이 레이어를 Layar Reality Browser에 설치하여(유료/무료) 사용할 수 있

---

5) 하나의 장면이나 대상을 다른 시간이나 관점에서 촬영할 경우, 영상은 서로 다른 좌표계에서 얻어지게 된다. 영상 정합(image registration)은 이와 같은 서로 다른 영상을 변형하여 하나의 좌표계에 나타내는 처리기법이다.

게 한다. Layar Vision은 현실의 사물을 인식하기 위해 컴퓨터 비전 기술을 사용하여 사물의 시각지문(visual fingerprint)를 설치한 레이어를 만들어 배포한다. <그림 5.90>은 연극 혹은 영화 포스터에 시각지문이 장착된 레이어를 이용하여 증강현실 예약 시스템이 어떻게 사용되는가를 보여준다. Layar Vision은 아직 베타 테스트 중이다.

그림 5.90 증강현실 포스터 예약 시스템

Layar Player SDK는 앱 개발자가 복잡한 증강현실 코드를 자신의 앱에 장착할 수 있게 해준다. 그럼 layar Reality Browser를 다운 받고 실행해 보자. 현재 한글 레이어는 그리 많지 않다. 현재 Favorite 탭에 보이는 레이어가 주변 건축물과 이벤트의 증강현실을 보여주는 레이어다.

그림 5.91a 레이어 어플

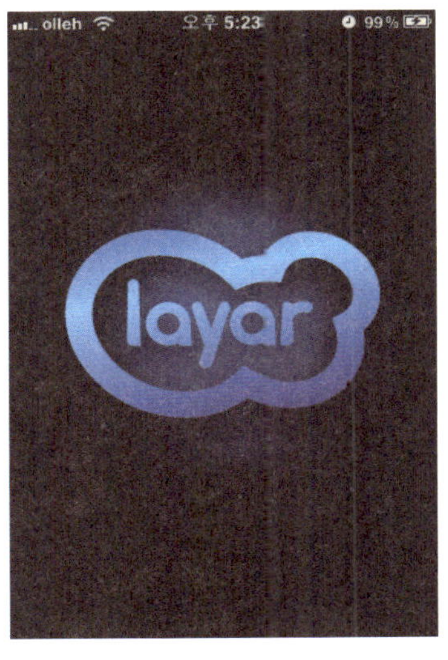

그림 5.91b 레이어 로딩 화면

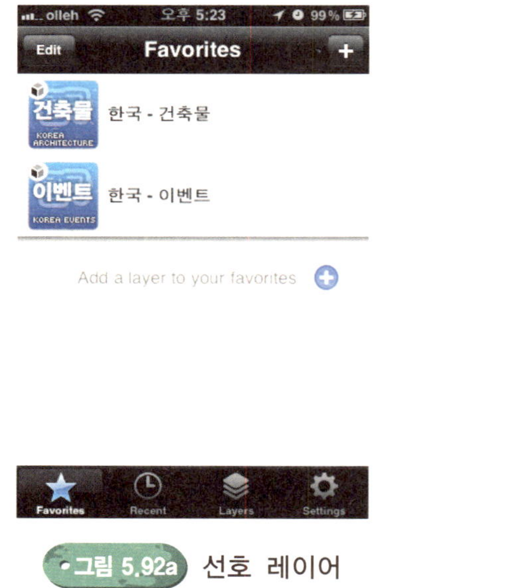

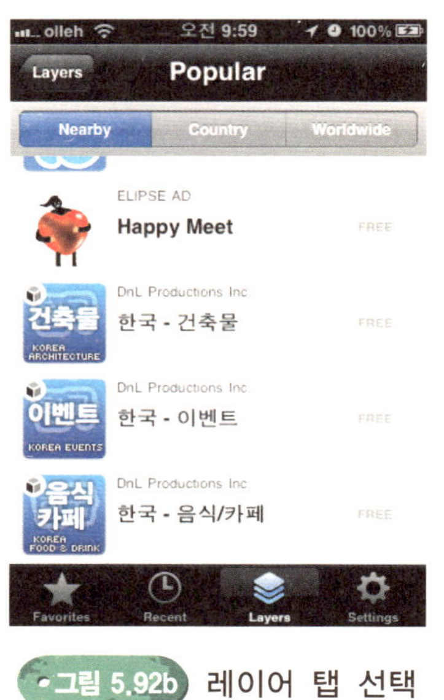

그림 5.92a 선호 레이어

그림 5.92b 레이어 탭 선택

예를 들어 주변의 커피숍을 찾기를 원한다면 레이어 탭으로가 한국 음식/카페 레이어를 선택하여 Favorite 탭에 추가시켜 보자. <그림 5.92c>에서 오른쪽 위에 있는 ☆ 버튼을 터치하면 <그림 5.92d>에서처럼 Favorite 탭에 추가된 것을 볼 수 있다.

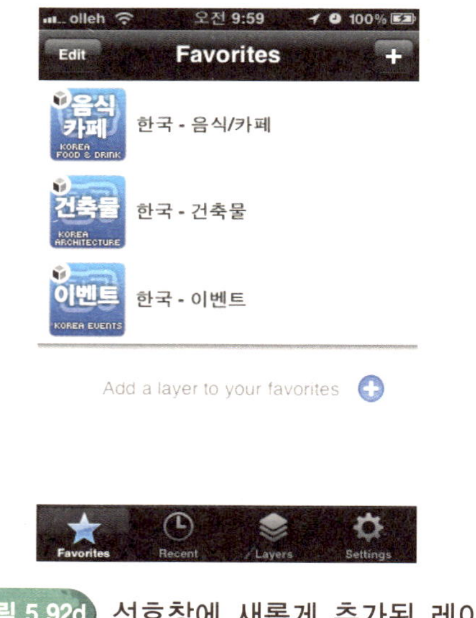

그림 5.92c 선택된 레이어

그림 5.92d 선호창에 새롭게 추가된 레이어

그리고 한국 음식/카페 레이어를 터치하면 바로 주변의 음식점과 카페의 위치를 증강현실로 볼 수 있다.

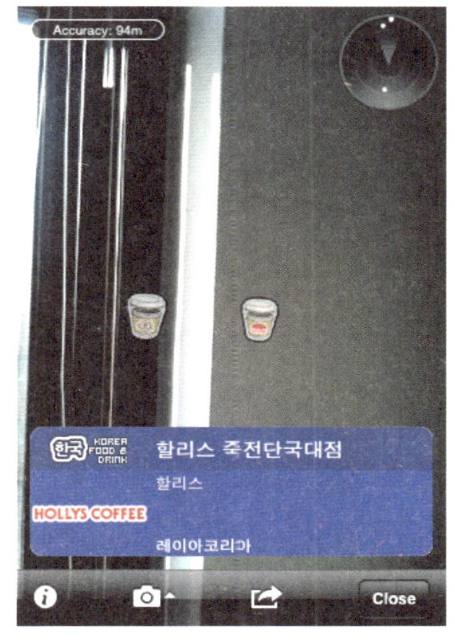

그림 5.93a 주변 카페 증강현실 1   그림 5.93b 주변 카페 증강현실 2

하단 메뉴 중 카메라 아이콘을 터치하면 음식점과 카페 정보를 리스트 혹은 구글 맵에서 볼 수도 있다.

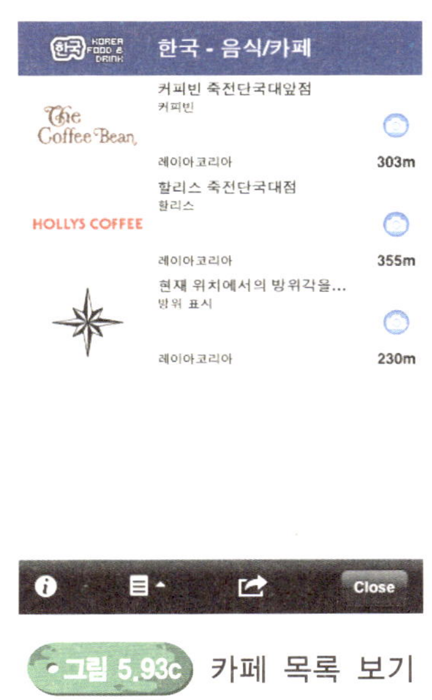

그림 5.93c 카페 목록 보기   그림 5.93d 지도로 보기

지도에 보이는 매장을 한 곳을 선택하게 되면 아래 화면처럼 메뉴가 나온다. 'Take me there'를 누르게 되면 구글 맵에 현재 위치에서 선택한 매장까지의 길을 찾아 준다.

그림 5.93e 매장 선택

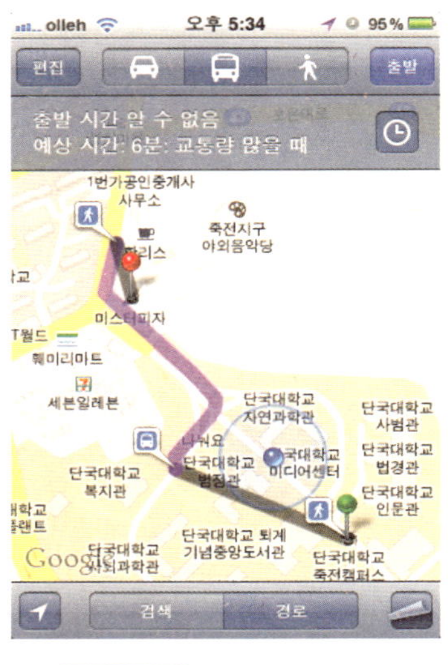

그림 5.93f 매장 길 찾기

다음은 주변의 트위터를 사용하고 있는 사람들을 찾아주는 Tweeps Around(3D)라는 레이어를
소개한다. 실행 방법은 이전 예와 동일하다.

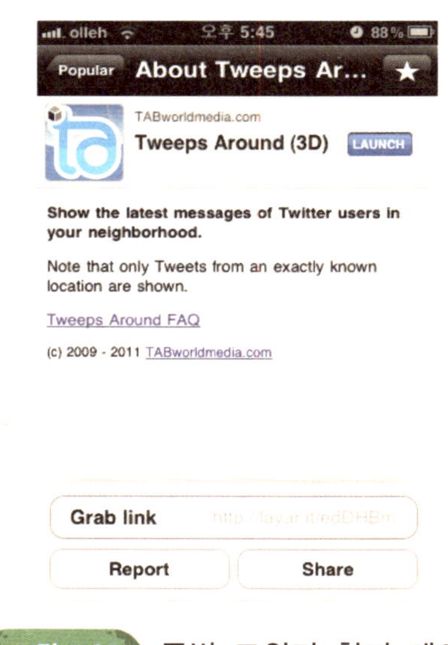

그림 5.94a 주변 트위터 찾기 레이어

그림 5.94b 트위터 3D

그림 5.94c 주변 트위터 찾기 증강현실

음식/카페 레이어와 동일하게 증강현실, 리스트 그리고 구글 맵으로 즈변의 트위터들의 위치를
확인할 수 있다.

그림 5.94d 리스트로 보기

그림 5.94e 지도로 보기

마지막 예제는 위키피디아에서 나온 주변 검색 레이어이다.

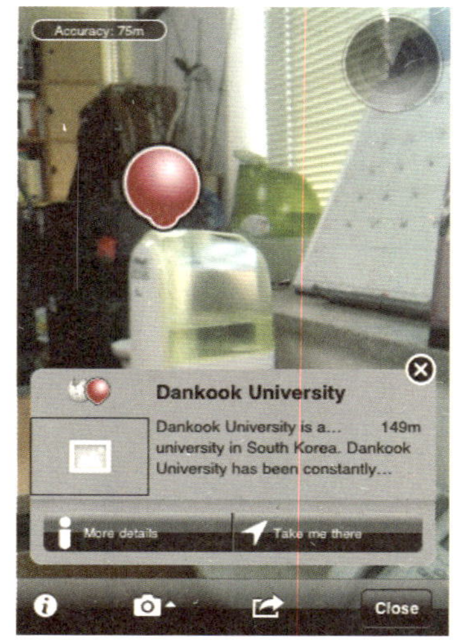

그림 5.95a 주변검색 증강현실

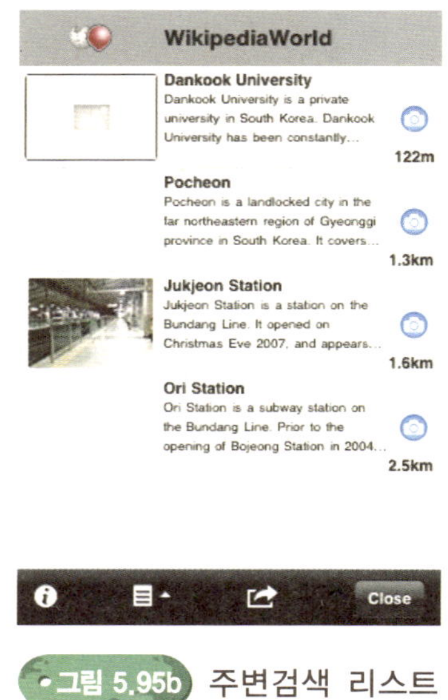

그림 5.95b 주변검색 리스트

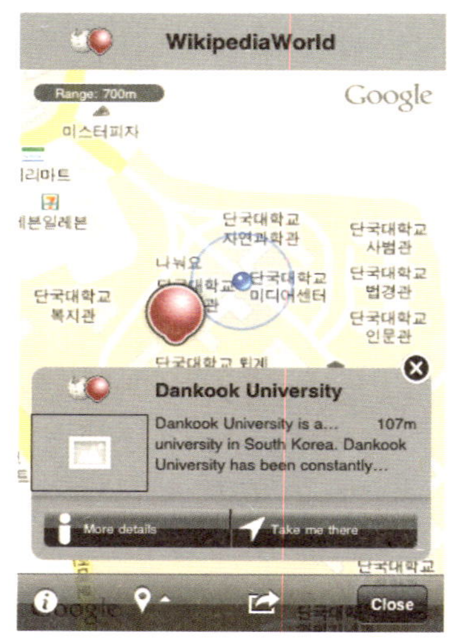

그림 5.95c 주변검색 지도

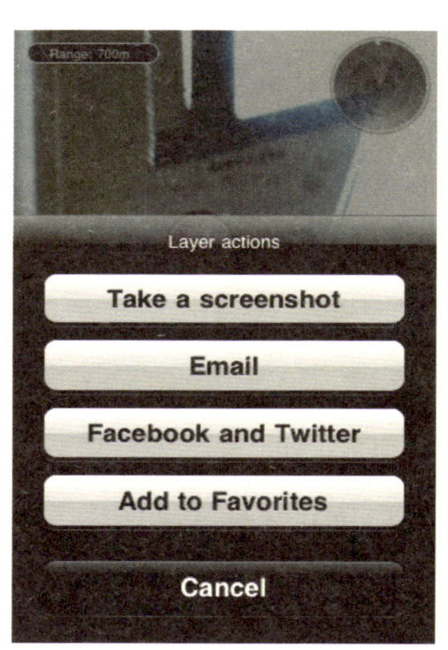

그림 5.95d 사진 전송 혹은 공유 메뉴

<그림 5.95d>는 단국대학교에 WikipediaWorld 레이어의 정보를 포함한 증강현실 사진을 이메일로 전송하거나, 페이스북 혹은 트위터 사용자들과 공유하는 방법을 보여준다. 메뉴 스크린 샷으로 가기 위해서는 <그림 5.95c>하단의 메뉴에서 휘어진 화살표(Layar Actions)를 터치하면 된다.

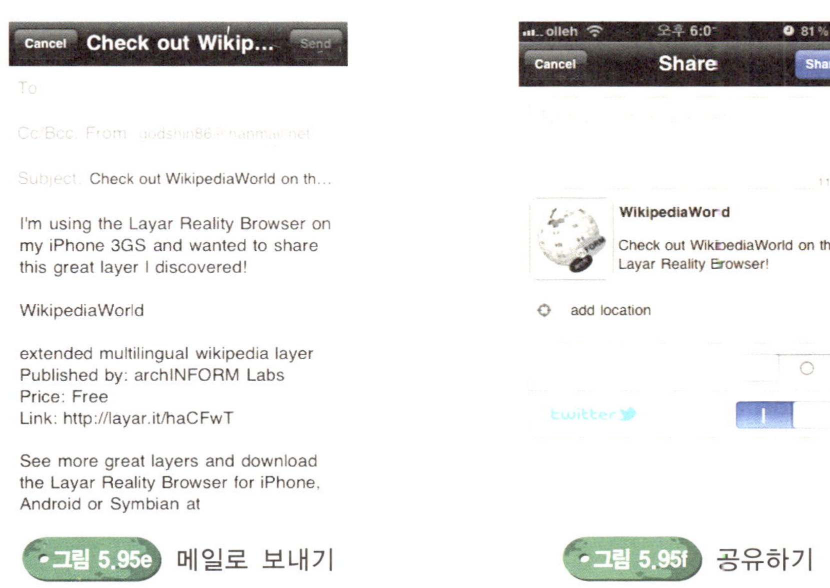

그림 5.95e 메일로 보내기

그림 5.95f 공유하기

그 외에도 수천 개의 유용한 레이어가 있다. 아래 레이어는 World Weather Online에서 제공하는 날씨 정보를 보여준다. 사용자의 위치정보에 따라 그 지역의 5일 날씨 예보를 보여준다.

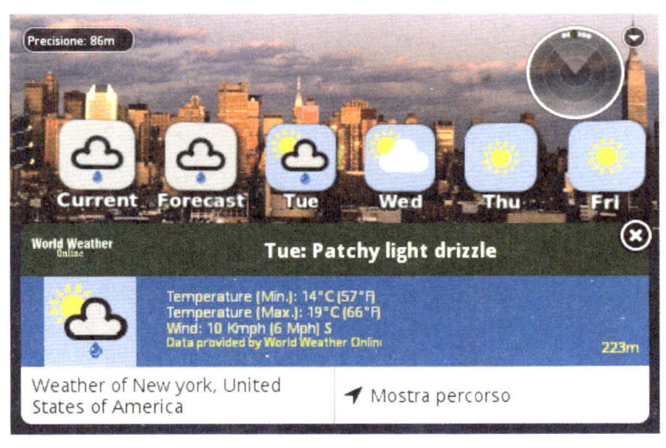

그림 5.96 날씨 정보 레이어

5.2.8 기타

현재 가장 많이 사용하고 유용한 애플리케이션에는 정보 검색과 유틸리티 애플리케이션이 대부분을 차지하고 있다. 본 장에서 아직 소개하지 않은 애플리케이션을 간단히 살펴보자. 우선 정보 검색 애플리케이션으로는 교통 정보, 날씨 정보, 취업 정보, 건강 정보, 기업 정보, 관공서 정보, 맛집 정보 등이 있고 유틸리티 애플리케이션으로는 카메라, 얼굴 인식, 이모티콘, 연락처 관리, 어플 등이 있다.

1) 유용한 정보검색 애플리케이션 종류

● 경기버스정보

경기도 내 시내버스의 운행상황을 실시간 수집, 가공하여 이용자들에게 버스위치 및 정류소 도착예정시간 등을 제공한다. 서울버스 애플리케이션도 무료로 설치할 수 있다.

그림 5.97 경기도 버스 정류소 검색

● 경기교통정보

수도권의 고속국도, 일반국도, 간선도로, 경기도내 시내구간 도로 등 경기도 교통정보센터가 수집 및 연계한 구간에 대하여 실시간 소통상황을 지도정보와 텍스트 정보 그리고 CCTV 정지영상으로 제공하고 있다.

그림 5.98 경기도 실시간 교통 소통 상황 보기

- 지하철(Jihachul)

경로탐색, 전철시간표, 출구정보 등을 제공한다. 출발역과 도착역을 지정하여 최소 시간, 혹은 최소 환승으로 갈 수 있는 방법을 제공받을 수 있다.

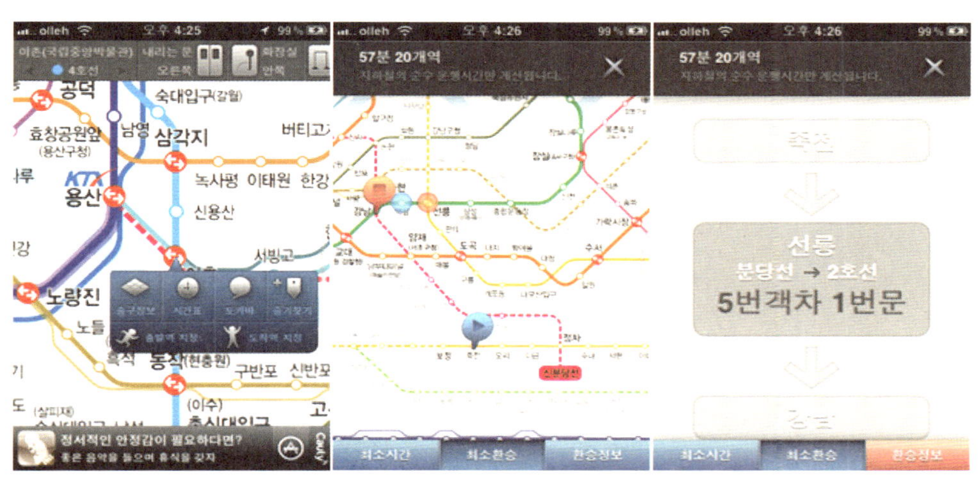

그림 5.99 서울 지하철 최소 환승 정보 보기

- 고속도로 교통정보

한국도로공사에서 실시간으로 제공하는 고속도로 교통정보 애플리케이션이다.

그림 5.100 실시간 고속도로 교통 정보

● 정류장 알람

서울, 경기, 인천, 대전, 대구, 광주, 울산, 부산의 버스 노선별 정류장이나 정류장 명칭을 검색하여 목적지인 정류장에 도착하면 사용자에게 알람으로 알려주는 애플리케이션이다. 지도상에서 선택한 정류장을 확인할 수 있으며, 알람 반경을 조절할 수 있다.

그림 5.101　정류장 도착 알림 서비스

● 케이웨더(Kweather)

케이웨더는 기상청 예보가 아닌 자체 예보센터에 의해 국내 최초의 민간예보 날씨 애플리케이션으로 예보, 현재 날씨 등을 보여준다.

그림 5.102　케이웨더 날씨 예보

- 커리어(CAREER)

취업포털 사이트인 커리어(www.career.co.kr)가 국내 최초로 아이폰용 취업 애플리케이션 '커리어'를 출시했다. 이 '커리어'는 단순히 사이트에 등록된 취업정보를 확인하는 것에 그치지 않고 바로 입사지원까지 가능하도록 되어 있다.

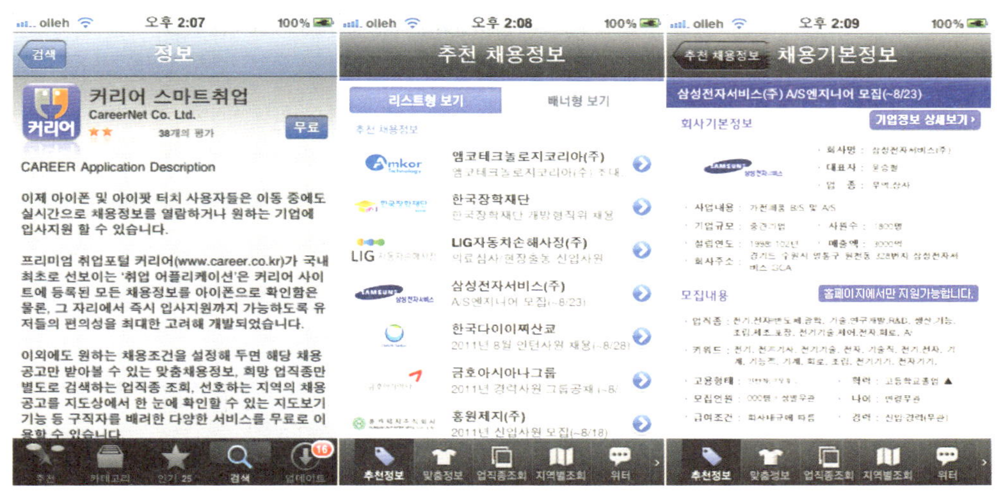

그림 5.103 커리어 채용 정보

- 의학백과 마이닥터

다양한 질병을 색인별, 진료과별로 검색해서 증상, 치료법 등을 상세하게 제공한다.

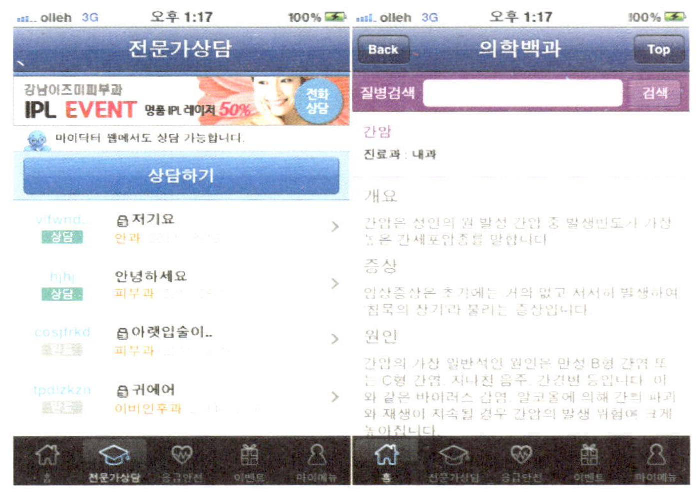

그림 5.104 다양한 질병 검색

- 건강정보

건강보험심사평가원에서 제공하는 의료/건강정보 애플리케이션이다. 병원 찾기, 약국 찾기, 건강 매거진, 긴급신고, 내가 먹는 약 알아보기 등이 있다.

그림 5.105 주변의 의료 정보

- 매일경제 기업정보

국내 주요법인 2만4천여 사의 기업정보와 재무제표를 담고 있다. 회사명, 대표자명, 조건검색을 통해 검색이 가능하다.

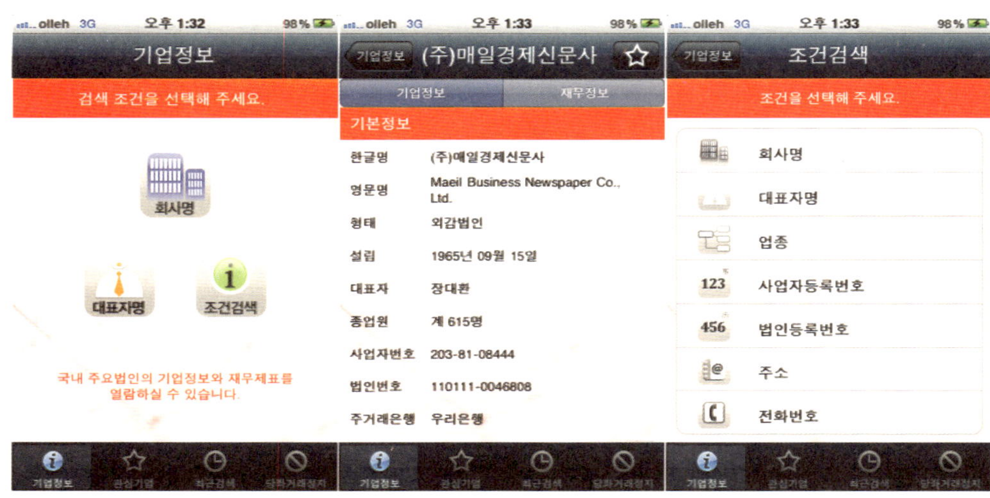

그림 5.106 기업 정보 검색

- **관공서 정보**

관공서 검색 및 민원 정보, 지역 축제 정보를 검색해볼 수 있다.

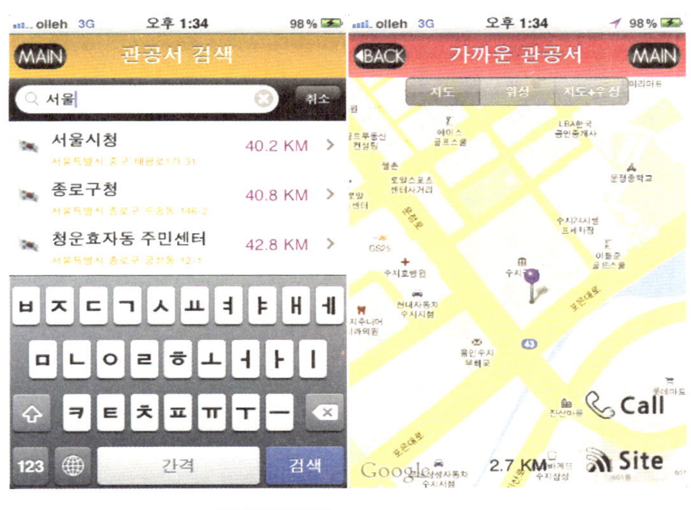

그림 5.107 관공서 검색

- **오피넷(유가 정보 서비스)**

오피넷 웹사이트(www.opinet.co.kr)에서 제공하는 전국 주유소의 실시간 판매 가격 정보를 스마트폰에서도 동일하게 이용할 수 있다. 아이폰의 GPS 기능을 통해 주변의 주유소 정보를 확인하고, 값 싸고 서비스 좋은 주유소를 쉽고 빠르게 찾아갈 수 있도록 도와준다. 주유소의 연료별 '판매 가격', '부가 서비스'(세차, 셀프, 행사 등), '위치' 등 주유소와 관련된 상세정보를 확인 할 수 있으며, '오늘의 유가', '지역별 유가 통계', '고속도로 주유소 정보'와 같은 다양한 서비스도 제공한다.

그림 5.108 유가 정보 서비스

- 쿡타운(Qooktown)

내 손 안의 전화번호부 쿡타운은 매일 업데이트되는 업소 정보, 업소주가 직접 등록하는 상세한 업소 정보와 쿠폰, 이벤트 정보를 만날 수 있고, 최대 1km까지 내 주변의 업소 정보를 증강현실과 맵을 통해 이용할 수 있다.

그림 5.109 주변 업소 정보 검색

- 오마이셰프(레시피 정보검색)

오마이셰프는 냉장고 속 재료로 만들 수 있는 요리를 찾아주는 똑똑한 레시피 검색엔진이다. 선택한 메뉴에 필요한 재료들을 클릭 한 번으로 구매 목록에 담아서 하나씩 체크하면서 장을 볼 수 있고, 요리를 하면서 주머니에 넣어놓고 필요할 때마다 상세 레시피를 확인할 수 있다.

그림 5.110 요리 레시피 검색

- 배달통

전국 270여 개 프랜차이즈 및 협력사의 업무제휴를 통해 영업시간, 배달 가능 여부, 매장 소개, 대표 메뉴, 쿠폰 등 방대하고 정확한 배달 음식점 정보를 제공한다. 실제 사용자들이 직접 체험하고 느낀 생생한 매장별 평가 글을 통해 배달 맛집 선택이 용이해졌다.

그림 5.111 배달 음식점 정보 검색

2) 유용한 유틸리티 애플리케이션 종류

- 이럴땐 이런앱

스마트폰 초보자의 필수 앱 가이드로 수많은 앱들의 홍수 속에서 무슨 앱을 써야하실지 모를 때 필요한 앱이다. 누구나 쉽게 스마트폰을 접할 수 있도록 꼭 필요한 앱들을 활용 주제별로 분류했고, 수많은 아이폰 앱 중에서 가장 활용도가 높고, 추천할 만한 무료 앱들을 매일매일 업데이트하여 올린다.

그림 5.112 앱 추천

● 미니고객센터

고객센터에서 가장 많이 이용하시는 서비스를 쉽고 빠르게 사용하실 수 있도록 간편하게 구성한 무료 앱이다. 이용할 수 있는 서비스는 총 사용량(음성, 문자 메시지, 무선 인터넷 등)을 조회, 요금 조회, 및 현재 사용 중인 서비스(요금 상품, 부가 서비스, 데이터 상품 등)을 조회 등을 할 수 있는 앱이다.

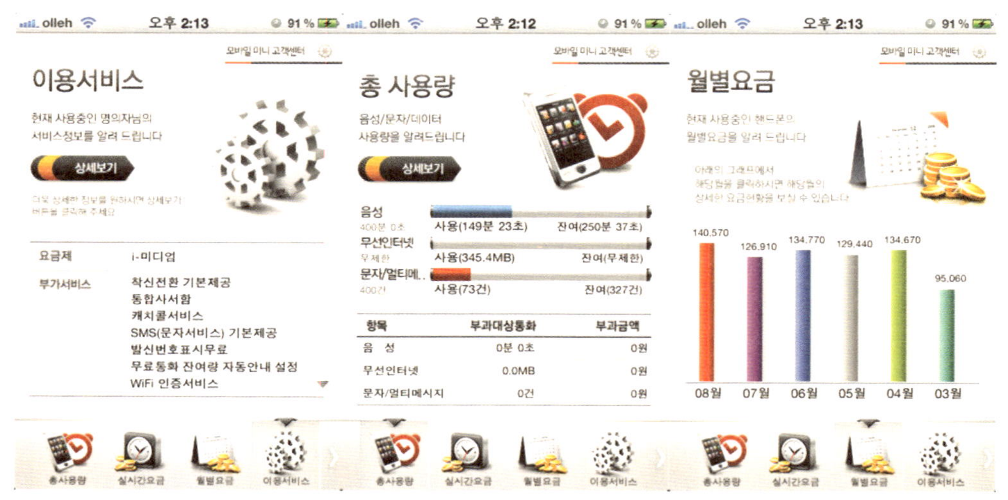

그림 5.113 현재 사용 중인 모든 이용 서비스 보기

● Bump

Bump는 사람들과의 공유를 두 대의 폰을 부딪치는 것만큼 간단하게 해준다. 전송하고자 하는 것을 선택한 다음, 폰을 들고 다른 Bump 사용자와 가볍게 손을 부딪치면 전송을 할 수 있다. 그리고 근처에 없는 친구들과 메시지를 주고받을 수 있다. Bump에 친구를 추가하고 메시징을 하면 이것은 장거리의 '가상 부딪히기'와도 같다.

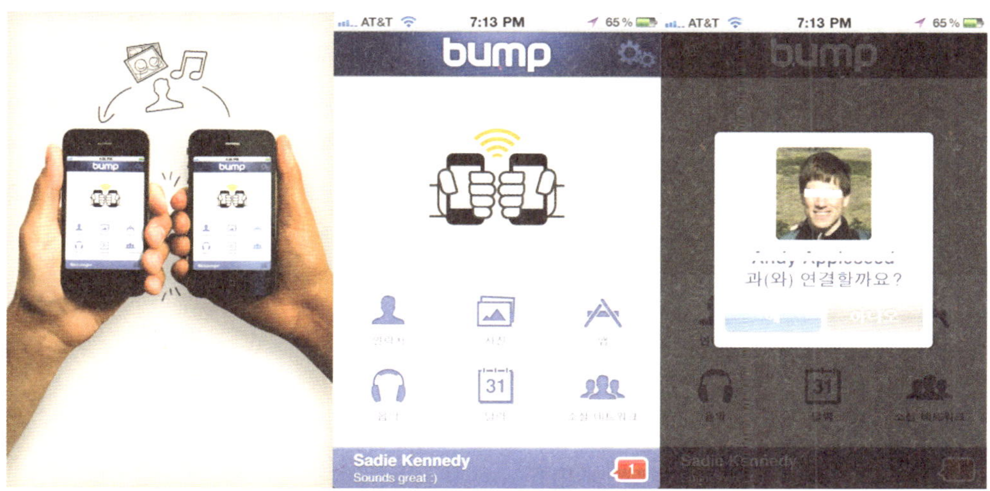

그림 5.114 파일 및 메시지 등의 근접 무선 전송

슈퍼카메라

슈퍼카메라는 현존하는 대부분의 카메라 기능을 포함하고 있다. 로모, 뽀사시(SoftLight), 블룸(Bloom) 및 빗방울효과(Rain drops) 등의 필터와 프레임, DSLR 스타일 플래시 컨트롤, 그리고 배터리 정보 표시 등을 포함한다.

그림 5.115 사진에 필터와 프레임 적용

Groupy

저장된 연락처를 특정 그룹에 지정하는 앱이다. 사용자는 새로운 그룹을 생성, 삭제, 이름변경 등을 할 수 있다.

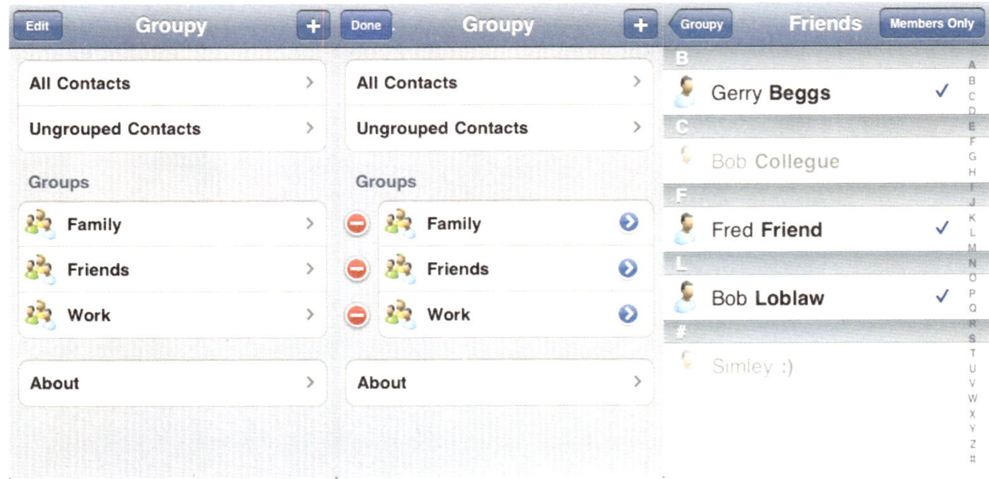

그림 5.116 저장된 연락처를 특정 그룹으로 분류하기

구글 번역

구글이 아이폰용 구글 번역 어플을 공개 했다. 57개국 언어를 상호 번역가능하고 15개국 언어에 대해서는 음성인식 및 TTS(Text To Speech)를 지원한다. 즉, 말로 입력하면 원하는 언어로 번역 후 다시 말로 들려준다. 번역이 말 그대로 그냥 한 언어를 다른 언어로 바꿔주는 기능에서 벗어나, 다른 언어를 사용하는 사람들 사이에 의사소통의 보조 도구로 활용될 수 있게 되었기 때문이다. 여행갈 때 구글 번역기는 꼭 필요한 앱이 될 것이다.

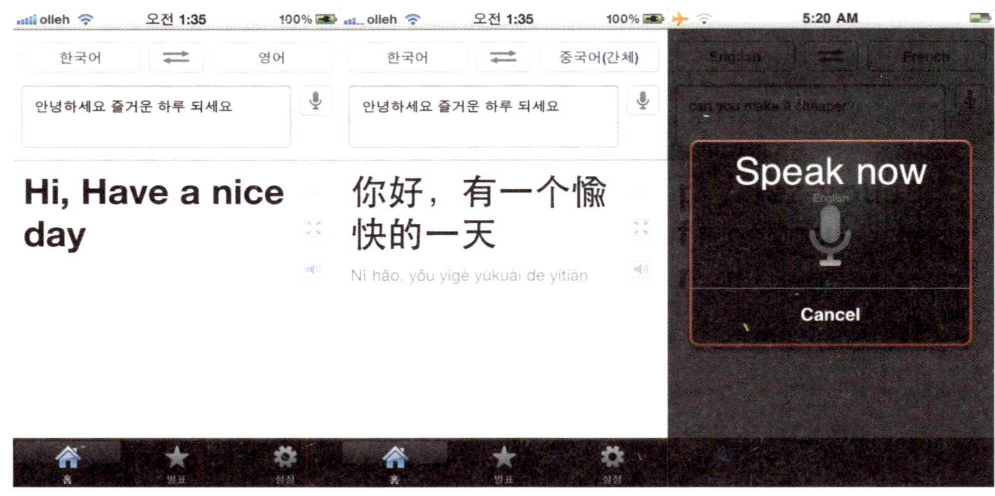

그림 5.117 텍스트 번역, TTS, 음성인식

용어정리

☞ **로밍**

로밍(Roaming)은 서로 다른 통신 사업자의 서비스 지역 안에서도 통신이 가능하게 연결해주는 서비스를 말한다. 주로 해외에서 기존에 국내에서 쓰던 번호로 이동통신 기능을 가능하게 해준다.

☞ **모바일 애플리케이션**

모바일 애플리케이션(Mobile Application)이란 인터넷 접속, 개인정보 곤리, 휴대용 멀티플레이어 기능을 갖춘 스마트폰, 휴대용 미디어 플레이어 아이팟(iPod) 및 아이패드(iPad)등과 같은 모바일 기기를 통해 구동되는 소프트웨어를 지칭한다.

☞ **모바일 앱**

모바일 앱(Mobile App)은 모바일 애플리케이션을 말하며, 모바일 단말기에 전용으로 제작된 앱을 말한다. 네이티브앱(Native App), 웹앱(Web App) 그리고 하이브리드앱(Hybrid App)으로 분류할 수 있다.

☞ **모바일 웹**

모바일 웹(Mobile Web)은 이동 단말기에서 일반 웹에 접속할 수 있는 브라우징 기술이다. 이동통신, 텔레매틱스, 홈 네트워크 등에 사용되는 각종 단말기에서 유선 웹 사이트에 접속할 수 있는 기술로 월드 와이드 웹 컨소시엄(W3C)에서 표준화를 진행 중이다.

☞ **모바일 클라우드**

모바일 클라우드(Mobile Cloud)란 모바일 단말기(주로 스마트폰)를 사용하여 클라우드에 있는 애플리케이션과 데이터를 액세스함으로써 IT 서비스를 제공받을 수 있는 컴퓨팅 환경을 말한다. 모바일 클라우드 환경에서 서비스 이용자는 단말기(디바이스) 사용과 종류에 관계없이 언제 어디서나 동일한 환경의 컴퓨팅 환경을 제공받을 수 있다.

용어정리

☞ 브랜드 앱

브랜드 앱(Brand App)은 기업의 브랜드를 알리기 위한 목적으로 개발되는 모바일 앱을 통칭하는 말이다. 브랜드 앱의 목적은 기업의 전반적인 마케팅 전략에 따라 얼마나 효과적인 마케팅 요소를 구현하느냐가 관건이다.

☞ 블루투스

블루투스(Bluetooth)는 휴대폰과 휴대폰 또는 휴대폰과 PC 간에 사진이나 벨소리 등 파일을 전송하는 무선전송기술을 말한다. 블루투스는 근거리 무선통신 규격의 하나로, 반경 10~100m안에서 각종 전자·정보통신 기기를 무선으로 연결, 제어하는 기술 규격이다.

☞ 셀룰러 시스템

Cellular System. 넓은 서비스 지역을 작은 구역(cell)으로 분할하여, 각각 그 구역을 관할하는 기지국을 서로 간에 간섭·방해를 일으키지 않도록 계획적으로 설치하여 동일 주파수의 반복 이용을 향상시킨 무선 시스템이다. 대표적인 셀룰러 시스템은 휴대·자동차 전화 시스템으로, 가입자 수용을 늘리고 통화 구역을 전국 규모로 확대할 필요가 있었기 때문에 주파수 이용 효율을 높이고 많은 가입자를 수용하기 위하여 이 방식의 시스템이 확대 보급되었다.

☞ 스마트워크

스마트워크(Smart Work)란 종래의 사무실 근무를 벗어나 언제 어디서나 효율적으로 일할 수 있는 업무개념을 뜻한다. 스마트 워크에는 모바일 기기를 이용해 업무를 수행할 수 있는 모바일 오피스, 영상회의 시스템 등을 활용하는 원격 근무, 재택 근무 등이 포함된다.

☞ 스마트폰

Smart Phone. 움직이는 개인비서라 할 만큼 똑똑한 휴대전화를 말한다. PDA폰에서 진화한 형태로 다양한 응용프로그램을 사용할 수 있다. 애플 아이폰, 구글 안드로이드폰, 림 블랙베리 등이 스마트폰이다.

☞ 스트리밍

스트리밍(streaming)은 네트워크를 통해 실시간으로 콘텐츠를 단말에 전송하여 재생하는 기술이다.

☞ 안드로이드 OS(Operation System)

누구나 온라인 콘텐츠를 자유롭게 개발해 안드로이드 시장에 올릴 수 있는 개방성이 최대 장점이다. 가장 보편적인 스마트폰 OS는 노키아 심비안이며, 마이크로소프트의 윈도우모바일, 림 블랙베리 OS, 애플 아이폰 OS 등이 있다.

☞ 얼리어답터

얼리어답터(early adopter)란 남들보다 신제품을 빨리 구입해서 사용해야 직성이 풀리는 소비자 군을 일컫는다. 영어 단어 early(빠른)와 adopter(채택하는 사람)를 조합해서 만들어낸 말이다. 얼리어답터는 제품이 출시될 때 가장 먼저 구입해 평가를 내린 뒤 주위에 제품의 정보를 알려주는 성향을 가졌다. 제품이 출시될 때 남들보다 먼저 제품에 관한 정보를 접하고, 제품을 먼저 구입해 제품에 관한 평가를 내린 뒤 주변 사람들에게 제품의 특성을 알려준다.

☞ 애플리케이션

Application. 애플리케이션 프로그램(응용프로그램)의 줄임말로 특정한 목적을 위해 개발된 모든 프로그램을 의미한다. 예를 들어 워드프로세서, 웹 브라우저, 이미지 편집 프로그램 등 운영체제를 제외한 모든 소프트웨어가 애플리케이션에 속한다.

☞ 앱스토어

'애플리케이션 스토어(Application Store)'의 준말로, 모바일 애플리케이션(휴대폰에 탑재되는 일정 관리, 주소록, 알람, 계산기, 게임, 동영상, 인터넷 접속, 음악 재생, 내비게이션, 워드, 액셀 등의 콘텐츠 응용프로그램)을 자유롭게 사고 팔 수 있는 온라인 상의 '모바일 콘텐츠(소프트웨어) 장터'를 의미한다.

☞ 위치기반서비스

LBS(Location-based service). 무선인터넷 사용자에게 사용자의 위치 변경에 따르는 특정 정보를 제공하는 무선 콘텐츠 서비스다.

☞ 웹

웹(Web)은 월드 와이드 웹(World Wide Web)의 줄임말로 세계 규모의 거미집 또는 거미집 모양의 망이라는 뜻이다. 웹은 하이퍼텍스트 기능에 의해 인터넷 상에 분산되어 존재하는 온갖 종류의 정보를 통일된 방법으로 찾아볼 수 있게 하는 광역 정보 서비스 및 소프트웨어를 말한다. 웹, 월드 와이드 웹, WWW, W3 모두 같은 의미로 사용된다.

☞ 웹앱

웹앱(Web App)은 웹(Web)기술을 기반으로 만들어진 애플리케이션을 말한다. 웹앱은 풀스크린 모드, 애니메이션 효과, 터치 인터페이스, 향상된 스타일 등을 구현하여 네이티브 애플리케이션과 유사한 실행환경과 UX를 제공하는 형태의 애플리케이션이다.

용어정리

☞ 인스턴스 메신저

인스턴트 메신저(IM, Instant Messenger)란 인터넷을 통해 쪽지, 파일, 자료들을 실시간 전송할 수 있는 서비스로 채팅이나 전화와 마찬가지로 실시간으로 의사소통이 가능하다.

☞ 인앱애드

인앱애드(in-app ad)는 애플리케이션에 탑재되는 탑재형 광고 상품을 말한다. 일반적으로 노출형 광고 형태로 배너 및 동영상 광고 형태를 가진다.

☞ 임베디드 소프트웨어

개인용 컴퓨터(PC) 이외 전자 기기의 임베디드 시스템에 내장(embedded)되어 제품에 요구되는 특정한 기능을 구현할 수 있도록 하는 소프트웨어를 말한다. 일상에서 쉽게 접하는 휴대폰, 텔레비전, 세탁기, 엘리베이터 등의 제품 안에 내장된 시스템에서 하드웨어를 제외한 나머지 부분이라고 말할 수 있다.

☞ 증강현실

증강현실(Augmented Reality)은 컴퓨터가 생성한 가상 사물을 실제 환경에 합성하여 원래의 환경에 존재하는 사물처럼 보이도록 하는 컴퓨터 기법이다. 현실세계에 실시간으로 부가정보를 갖는 가상세계를 합쳐 하나의 영상으로 보여주므로 혼합현실(Mixed Reality, MR)이라고도 한다. 현실환경과 가상환경을 융합하는 복합형 가상현실 시스템(hybrid VR system)으로 1990년대 후반부터 미국·일본을 중심으로 연구·개발이 진행되고 있다.

☞ 태블릿 PC

Tablet PC. 태블릿이란 도형 입력판이란 뜻으로 태블릿 PC는 키보드 대신에 터치스크린을 입력 장치로 사용하는 PC를 지칭. 최근 애플의 태블릿 PC 출시를 앞뒤로 다시 주목받고 있다.

☞ 클라우드 컴퓨팅 서비스

클라우드 컴퓨팅 서비스는 하드웨어, 소프트웨어 등 IT 자원을 필요할 때 필요한 만큼 빌려 쓰고 사용한 만큼의 요금을 지불하는 것을 말한다.

☞ 푸시(push)

인터넷 브라우저에서 채택하고 있는 기술로 사용자가 어떤 조건에서 정보가 보내져야 할 것인가를 결정하면, 그것에 따라 사용자에게 정보가 배달되는 것이다. 기존의 브라우저에서는 사용자가 일일이 검색을 해야 원하는 정보를 얻을 수 있지만 푸시 기술에 의해 정보를 제공하는 웹사이트에 접속하기만 하면 사용자가 미리 선택한 항목이나 주제의 정보들이 자동적으로 제공된다.

☞ 풀브라우징(full browsing)

일반 컴퓨터가 아닌 휴대전화에서도 PC와 동일한 형태로 인터넷을 할 수 있는 서비스를 말한다. 풀 브라우징은 PC 익스플로러 등 인터넷 브라우저를 통해 인터넷 사이트를 보는 것처럼 휴대전화에서도 동일한 화면을 볼 수 있게 해준다.

☞ 플랫폼(platform)

응용 프로그램이 실행될 수 있는 기초를 이루는 컴퓨터 시스템을 의미한다. 컴퓨터 시스템은 하드웨어 층, 운영체제(OS) 층, 응용 프로그램 층으로 구성되는데, 이 시스템의 맨 아래층만을 흔히 플랫폼이라고 한다. 그러나 응용 프로그램의 설계자들은 하드웨어와 운영체제 층을 모두 플랫폼이라고 한다.

☞ ActiveSync

액티브싱크(ActiveSync)는 마이크로소프트사가 마이크로소프트 윈도우 계열의 운영체제를 위해 개발한 데이터 동기화 프로그램이다. PC를 사용하는 사람들에게 문서, 일정, 연락처 목록과 전자우편을 액티브싱크 프로토콜을 지원하는 핸드헬드 PC, 휴대 전화 등의 휴대용 기기와 데스크톱 컴퓨터 사이에서 전송할 수 있는 방법을 제공한다.

☞ AP

Access Point(액세스 포인트). 무선랜을 구성하는 구성장치 중 하나이다. 대부분의 무선인터넷은 단지 유선으로 된 인터넷 신호를 단지 무선으로 변환시켜주는데, 유선신호를 무선으로 변환해 전파를 송수신하는 장비를 AP EH는 유무선공유기라 한다.

☞ API

API(Application Programming Interface)는 운영체제와 응용프로그램 사이의 통신에 사용되는 언어나 메시지 형식을 말한다. API는 응용 프로그램이 운영체제나 데이터베이스 관리 시스템과 같은 시스템 프로그램과 통신할 때 사용되는 언어나 메시지 형식을 가지며, API는 프로그램 내에서 실행을 위해 특정 서브루틴에 연결을 제공하는 함수를 호출하는 것으로 구현된다.

☞ Cross Platform

소프트웨어나 하드웨어 등이 다른 환경의 운영체제(OS)에서 공통으로 사용되는 것을 말한다. 예를 들면 한 개 기종의 하드웨어가 워크스테이션(WS) 또는 개인용 컴퓨터(PC)에서 사용되거나, 유닉스 시스템이나 윈도우, 맥 OS 등의 복수 환경에서 사용되는 것을 말한다.

☞ DMB

DMB(Digital Multimedia Broadcasting)는 이동통신과 방송이 결합된 새로운 방송서비스이다. 휴대폰이나 PDA에서 다채널 멀티미디어 방송을 시청할 수 있다. 방송과 통신이 결합된 새로운 개념의 이동 멀티미디어 방송 서비스로, 전송 방식과 네트워크 구성에 따라 지상파 DMB와 위성 DMB로 구분된다.

☞ DRM

DRM(Digital Rights Management)은 디지털 콘텐츠의 무단 사용을 막아, 제공자의 권리와 이익을 보호해주는 기술과 서비스를 통틀어 일컫는 말이다. 불법 복제와 변조를 방지하는 기술 등을 제공한다. 콘텐츠 제공자의 권리와 이익을 안전하게 보호하며 불법복제를 막고 사용료 부과와 결제대행 등 콘텐츠의 생성에서 유통·관리까지를 일괄적으로 지원하는 기술이다.

☞ e-Book

e-Book(전자책)은 문자나 화상과 같은 정보를 전자 매체에 기록하여 서적처럼 이용할 수 있는 디지털 도서를 총칭한다. 독자 입장에서 보면 종이책에 비해 가격이 저렴하고 필요한 부분만 별도 구입이 가능하다는 점이 편리하고, 출판사 입장에서도 제작비와 유통비를 절약할 수 있고 업데이트가 쉽다는 장점이 있다.

☞ GPS

GPS(Global Positioning System)는 GPS 위성에서 보내는 신호를 수신해 사용자의 현재 위치를 계산하는 위성항법시스템이다. 위치 정보는 GPS 수신기로 세 개 이상의 위성으로부터 정확한 시간과 거리를 측정하여 세 개의 각각 다른 거리를 삼각 방법에 따라서 현 위치를 정확히 계산할 수 있다. 비행기, 선박, 자동차뿐만 아니라 세계 어느 곳에서든지 인공위성을 이용하여 자신의 위치를 정확히 알 수 있다.

☞ Handoff

이동 전화 가입자가 다른 무선 구역으로 이동할 때 자동적으로 현 통화 채널을 다른 무선 구역의 통화 채널로 전환해줌으로써 통화가 계속 되게 하는 기능을 말한다. 기지국마다 보통 2~3km의 통화가능 반경(셀)을 가지고 있는데 만일 Handoff가 이뤄지지 않을 경우 휴대폰이 해당 반경을 벗어나면 바로 통화가 끊기게 된다. Handoff 새로운 통화 채널을 열기 전에 기존의 채널을 먼저 끊는 Hard Handoff와 기존의 채널을 끊기 전에 통화 채널을 먼저 연결하는 Soft Handoff가 있다.

☞ HTML5

HTML5(Hyper Text Markup Language 5)는 웹 문서를 만들기 위한 기본 프로그래밍 언어 HTML

의 최신 규격이다. HTML5는 엑티브X(Active X)를 설치하지 않아도 동일한 기능을 구현할 수 있고, 특히 플래시(flash)나 실버라이트(Silverlight), 자바FX(JAVA FX) 없이도 웹 브라우저(Web Browser)에서 화려한 그래픽 효과를 낼 수 있다.

☞ IPTV

IPTV(Internet Protocol Television)은 초고속 인터넷을 이용하여 정보 서비스, 동영상 콘텐츠 및 방송 등을 텔레비전 수상기로 제공하는 양방향 텔레비전 서비스를 말한다. 인터넷과 텔레비전의 융합이라는 점에서 디지털 컨버전스의 한 유형이라고 할 수 있다. 시청자가 자신이 편리한 시간에 보고 싶은 프로그램만 볼 수 있다는 점이 일반 케이블 방송과는 다른 점이다.

☞ LBS

LBS(Location Based Service, 위치 기반 서비스)는 무선 인터넷 사용자에게, 사용자의 변경되는 위치에 따르는 특정 정보를 제공하는 무선 콘텐츠 서비스들을 가리킨다.

☞ LTE

HSDPA(고속하향패킷접속)보다 12배 이상 빠른 고속 무선데이터 패킷통신 규격을 가리킨다. 롱텀에볼루션(Long Term Evolution)의 머리글자를 딴 것으로, 3세대 이동통신(3G)을 '장기적으로 진화'시킨 기술이라는 뜻에서 붙여진 명칭이다. WCDMA(광대역부호분할다중접속)와 CDMA(코드분할다중접속)2000으로 대별되는 3세대 이동통신과 4세대 이동통신(4G)의 중간에 해당하는 기술이라 하여 3.9세대 이동통신(3.9G)라고도 하며, 와이브로 에볼루션과 더불어 4세대 이동통신 기술의 유력한 후보 가운데 하나로 꼽힌다.

☞ MMS

멀티미디어 메시징 서비스(Multimedia Messaging System)는 정지영상을 비롯, 음악 및 음성 그리고 동영상 등 다양한 형식의 데이터를 상대편에게 송부하는 동시에 검색할 수 있는 메시징 시스템이다. 서비스 가입자는 전자우편·팩스·음성메시지 외에도 동영상 뉴스, 동영상 우편물 등 멀티미디어 요소가 가미된 다양한 메시지를 단말기 종류에 상관없이 언제 어디서나 열람 또는 전송할 수 있다.

☞ OHA

OHA(Open Handset Alliance)는 완전 개방형 모바일 플랫폼 개발을 위해 구글이 중심이 되어 결성한 단체이다. 단말기, 반도체, 통신 서비스, 소프트웨어, 상용화 등 5가지 분야를 대표하는 총 34개의 회사가 연합한 단체이다. 세계 유수의 IT 기업인 구글, 인텔, 모토로라, 퀄컴, 삼성전자, LG전자 등이 참여하고 있다.

용어정리

☞ SDK

SDK(Software Development Kit)는 일반적으로 소프트웨어 기술자가 특정한 응용 프로그램(애플리케이션)을 만들 수 있게 하는 개발 도구의 집합이다. 일반적으로 SDK에는 애플리케이션 개발에 필요한 프로그램과 문서 그리고 API(Application Programming Interface)가 포함되어 있다.

☞ SIM 카드

SIM(Subscriber Identification Module) 카드는 가입자 식별 모듈(Subscriber Identification Module)을 구현한 IC 카드로 GSM 통신방식을 사용하는 단말기의 필수요소이다. 이 카드 안에는 가입자 정보를 가지고 있어서 GSM 단말기에 이 카드만 꽂으면 자기 단말기처럼 쓸 수 있다.

☞ SMS

SMS(Short Message Service)는 휴대전화를 이용하는 사람들이 별도의 다른 장비를 사용하지 않고 휴대전화만으로도 짧은 문장의 메시지를 주고받을 수 있는 서비스를 말한다. 단문 메시지 서비스라고도 한다.

☞ SNG

SNG(Social Network Game)는 소셜 네트워크 게임 또는 소셜 게임(Social Game)을 의미한다. 페이스북, 마이스페이스, 믹시, 싸이월드 등의 소셜 네트워크 서비스 플랫폼을 기반으로 사용자의 온라인 인맥과 유대관계를 증진하기 위해 사용자 참여 및 관계 맺기를 극대화한 새로운 형태의 사회적 인맥 기반의 게임이다. 게임 자체가 목적인 일반 온라인 게임과는 달리 손쉬운 인터페이스를 통해 모든 연령층의 사용자를 대상으로 해당 SNS 네트워크 내 사용자 간 친밀감과 동질성을 증대시키는 것이 특징이다.

☞ SNS

SNS(Social Network Service)는 온라인 상에서 불특정 타인과 관계를 맺을 수 있는 서비스를 말한다. 이용자들은 SNS를 통해 인맥을 새롭게 쌓거나, 기존 인맥과의 관계를 강화시킨다. 미국의 트위터, 마이스페이스, 페이스북, 한국의 싸이월드, 미투데이 같은 1인 미디어와 정보 공유 등을 포괄하는 개념이다. 현재 많은 사람이 다른 사람과 의사소통을 하거나 정보를 공유하고 검색하는데 SNS를 일상적으로 이용하고 있다

☞ TTS

TTS(Text to Speech)는 자동으로 문자를 음성으로 변환하는 기술이다. 미리 녹음된 육성을 이용하는 현재의 음성 서비스와는 달리 문자를 바로 소리로 바꿔 전달한다. 약 10만 단어가 들어있는 전자사전과 500여 개의 문법규칙을 적용, 문장을 자동 분석해 합성음으로 바꿔준다.

☞ QR 코드

QR 코드(Quick Response Code)는 사각형의 가로세로 격자무늬에 다양한 정보를 담고 있는 2차원(매트릭스) 형식의 코드이다. 바코드보다 훨씬 많은 정보를 담을 수 있는 격자무늬의 2차원 코드로 스마트폰으로 QR 코드를 스캔하면 각종 정보를 제공받을 수 있다. QR 코드는 숫자 최대 7,089자, 문자(ASCII) 최대 4,296자, 이진(8비트) 최대 2,953바이트, 한자 최대 1,817자를 저장할 수 있으며, 일반 바코드보다 인식속도와 인식률, 복원력이 뛰어나다. 바코드가 주로 계산이나 재고관리, 상품 확인 등을 위해 사용된다면 QR 코드는 마케팅이나 홍보, PR 수단으로 많이 사용된다.

☞ Wi-Fi(와이파이)

Wi-Fi(와이파이)는 홈 네트워킹, 휴대전화, 비디오 게임 등에 쓰이는 유명한 무선기술의 상표 이름이다. 초기 설비투자비용이 적고 구축이 용이하고 속도가 빠르다. 유무선 공유기를 사용하면 무료로 사용이 가능하다. 다만, 이동 중 사용이 불가능하며 전파의 송수신 서리가 짧아 특정 장소에서만 사용할 수 있다.

☞ Wibro(와이브로)

Wireless Broadband(와이브로)는 무선 광대역 인터넷 기술로 시속 100km의 속도로 이동 중에도 사용이 가능하며 전파의 송수신 거리가 Wi-Fi에 비해 비약적으로 늘어난다.

☞ UI

사용자 인터페이스(User Interface)는 사용자가 휴대전화와 의사소통을 할 수 있도록 만들어진 유·무형의 매개체라 할 수 있다. 통신 단말기에서 사용자 인터페이스는 사용자와 단말기 간 상호작용을 가능하게 해주는 기능을 수행한다.

☞ USIM

USIM(Universal Subscriber Identity Module)은 '범용(汎用) 가입자 식별 모듈'이라고 하며, SIM보다 한 단계 진화한 방식으로 비동기 3세대 이동통신(WCDMA)의 단말기에 필수적으로 삽입되는 손톱만한 크기의 칩이다. USIM은 소형 CPU와 메모리로 구성되는데, CPU는 암복호화 기능으로 사용자를 식별하고, 메모리는 부가 서비스를 위한 저장 공간으로 이용된다. 메모리에는 신용카드나 교통카드, 멤버십카드 등의 기능을 넣을 수 있으며, 특히 OTA(Over The Air) 기술로 뱅킹이나 카드 서비스 승인만 받으면 별도 칩을 발급받지 않고도 무선으로 서비스를 탑재할 수 있다.

☞ UX

사용자 경험(User Experience)은 사용자가 시스템·제품·서비스 등의 즈·간접적인 이용으로 얻게 되는 총체적 경험으로서, 단지 기술을 효용성 측면에서만 보는 것이 아니라 사용자의 삶의 질을 향상시키는 방향으로 이해하려는 새로운 접근법을 말한다. IT 분야에서 체계적으로 받아들이고 적용하기 시작한 개념으로, 기능이나 절차상의 만족뿐 아니라 사용자가 지각 가능한 모든 면에서 참여 및 관찰을 통해 경험하는 가치의 향상을 추구하며, 긍정적인 사용자 경험의 창출은 사용자 니즈(needs)의 만족, 브랜드 충성도 향상 등에 기여한다.

Table

Figures

저자소개

이재동
단국대학교 소프트웨어학과 교수/단국—삼성 모바일연구소 소장
letsdoit@dankook.ac.kr

최홍인
단국대학교 콘텐츠 & 컨버전스 연구소 책임연구원
kchoi@dankook.ac.kr

최인복
단국대학교 단국—삼성 모바일연구소 선임연구원
pluto612@dankook.ac.kr

모바일 과학 개론

초판 1쇄 발행 2012년 1월 31일

지은이	이재동 외
펴낸이	최규학

편집인	고광노
본문디자인	초심디자인
표지디자인	Lean Park

발행처	도서출판 ITC
등록번호	제8—399호
등록일자	2003년 4월 15일
주소	경기도 파주시 교하읍 문발동 파주출판도시 535—7 307호
전화	031—955—4353(대표)
팩스	031—955—4355
이메일	chaeon365@itcpub.co.kr

인쇄	해외정판사
용지	신승지류유통
제본	동호문화

ISBN—13	978—89—6351—035—4	93560
ISBN—10	89—6351—035—2	

값 20,000원

www.itcpub.co.kr